工程优化设计及应用

张　臣　袁言杰　王小平　编著

科学出版社

北　京

内 容 简 介

本书介绍工程优化设计问题的基本原理、基本方法和实际工程应用，内容主要包括工程优化设计的基本理论、工程优化设计问题的求解方法、结构优化设计方法和工程优化设计应用实例，并结合工程优化设计实例对如何建立工程优化数学模型和选择优化方法进行介绍。本书从实际工程应用角度出发进行工程优化设计的原理和方法的阐述，力求由浅入深。

本书既可以作为飞行器制造工程、机械工程专业本科生的教材，也可以作为工程技术人员的参考书。

图书在版编目（CIP）数据

工程优化设计及应用 / 张臣，袁言杰，王小平编著. —北京：科学出版社，2021.11

ISBN 978-7-03-069479-9

Ⅰ. ①工… Ⅱ. ①张… ②袁… ③王… Ⅲ. ①工程设计－最优设计 Ⅳ. ①TB2

中国版本图书馆 CIP 数据核字（2021）第 151545 号

责任编辑：李涪汁 曾佳佳 霍明亮 / 责任校对：杨聪敏
责任印制：张 伟 / 封面设计：许 瑞

科学出版社 出版
北京东黄城根北街 16 号
邮政编码：100717
http://www.sciencep.com
北京中石油彩色印刷有限责任公司 印刷
科学出版社发行 各地新华书店经销
*
2021 年 11 月第 一 版 开本：787×1092 1/16
2023 年 1 月第二次印刷 印张：12 3/4
字数：300 000

定价：89.00 元

（如有印装质量问题，我社负责调换）

前　言

工程优化设计是随着计算机技术的迅速发展和广泛应用而产生的一种现代设计方法，具有显著的现代新技术特色。掌握工程设计优化的基本理论和方法、熟练运用优化技术是工科学生走向工作岗位的必备能力之一。在飞行器设计与制造领域，存在大量复杂的产品结构与制造工艺的优化问题，工程优化设计将优化设计的基本理论和计算机技术应用于工程产品设计中，从各种可行方案中优化获得最优方案，对于缩短工程产品设计周期、提高设计质量具有重要意义。

本书是在我们已有的《工程优化设计及应用》本科生讲义的基础上编写的，核心的内容主要包括工程优化设计的基本理论、工程优化设计问题的求解方法、结构优化设计方法和工程优化设计应用实例。全书共分 10 章，第 1 章介绍优化问题的基本概念和数学模型；第 2 章介绍工程优化设计的极值理论与数学基础；第 3～7 章分别介绍一维搜索优化方法、无约束优化方法、线性规划、约束优化方法和多目标函数的优化方法等优化方法；第 8 章介绍遗传算法、模拟退火算法、人工神经网络与神经网络优化算法、混合优化算法等优化设计新方法；第 9 章介绍结构优化设计；第 10 章介绍工程优化设计应用实例。

在本书编写中，张臣老师和王珉老师提供了他们多年教学使用的相关资料，张臣老师拟定了本书的内容和章节安排，袁言杰老师对本书第 10 章内容进行了梳理，王小平老师对本书内容进行了审校。本书的初稿从 2015 年开始在飞行器制造工程专业本科生中使用，并根据教学效果进行了修改和补充。在编写和修改过程中，专业相关课程教师对本书提出了宝贵建议。硕士研究生宋云、卢明、侯磊、魏盼、栾博、石晗、刘东奇和胡鑫对全书的插图和实验进行了修改与初步排版。

由于作者水平有限，书中难免有不足之处，敬请广大读者批评指正。

作　者

2021 年 5 月

目　录

第1章 绪　　论

1.1 优化设计概述

1.1.1 优化问题

优化一语来自英文 optimization，其本意是寻优的过程，即做任何事情都力求用最小的付出得到最佳的效果，这就是优化。在设计活动中，设计人员可以同时提出几种不同的方案，选出较好的方案加以采用，这就是“优化”的思想。不过这种优选的效果，在很大程度上带有经验和局限性。设计者希望寻求一组最合理的设计参数，使由该组参数所确定的方案既能满足各种设计的性能要求，又能使技术指标与经济指标达到最佳，即实现优化设计。在计算机应用以前，人们曾经用经典的函数极值概念，处理一些简单的优化设计问题。由于工程问题的复杂性，这种方法在实际的应用受到限制。自计算机问世以后，设计才从传统的方法走向优化设计的方法。

例如，在机械领域，设计一台单色轮转胶印机，其优化设计的关键是选择并决定设计对象的各项参数，即合理地选择各种机构的运行速度、金属结构件的几何尺寸及其他一些必要的参数，使其具有较好的性能与较低的制造成本。在优化设计对象的各项基本参数时，往往某些参数与性能之间存在矛盾，如为了保证某个零件的必要强度和稳定性，希望它的截面积不能小于某一个极限值；但从降低制造成本的观点来看，又希望截面积的几何尺寸小一些，以便节约材料，于是与强度及稳定性要求存在矛盾。优化设计的任务就是在分析的基础上综合各方面的因素，得出一个合理的方案，以期获得最佳或较好的效果。此外，在生产计划安排、产品设计、工厂布局、物资调动等方面同样存在优化问题，同样需要从众多设计方案中寻找尽可能优化的设计方案。

因此优化设计就是以数学规划理论为基础，根据给定的设计要求和现有的技术条件，应用专业理论和优化方法，在计算机上从满足给定设计要求的许多可行方案中，按照给定目标自动地选出最优设计方案的一种现代设计方法。研究和解决优化问题的方法称为优化方法，优化方法的数学理论就是优化理论，也称数学规划，是用科学方法和手段进行决策及确定最优解的数学理论。在进行优化设计时，首先将工程领域设计问题进行数学描述，将其转化为一组由数学表达式组成的工程领域设计问题的数学模型，依据优化理论选择相应的优化方法，借助计算机进行运算求解，得到一组最佳的设计参数和对应的优化设计方案，这组设计参数就是优化设计的最优解。

1.1.2 优化设计的发展

历史上最早记载的优化问题可追溯到古希腊的欧几里得（Euclid，公元前约 330 年—

公元前275年），欧几里得曾指出：在周长相等的各种矩形中，正方形的面积最大。17世纪微积分的建立给出了求函数极值的一些准则，对优化的研究提供了一些理论基础。在以后的两个世纪中，优化技术及其理论的进展比较缓慢。直到20世纪40年代初，由于军事上的需要产生了运筹学，并使优化技术首先应用于解决战争中的实际问题，如轰炸机最佳俯冲轨迹的设计等。数学规划方法是在第二次世界大战期间发展起来的一个新的数学分支，线性规划与非线性规划是其主要内容，20世纪50年代末，数学规划方法被首次用于结构优化，并成为优化设计中求优方法的理论基础。20世纪60年代初计算机引入结构设计领域后，优化设计逐步形成一种有效的设计方法，利用这种方法，不仅使设计周期大大缩短、计算精度显著提高，而且可以解决传统设计方法所不能解决的复杂优化设计问题。一般来说，对于工程设计问题，所涉及的因素越多，问题越复杂，优化设计结果取得的效益就越大。

现代化工程设计的复杂化、大型化和精密化，使得一个决策的好坏对经济效益有重大影响，因此要寻求最优的决策，以获取最好的经济效益，这就为优化设计技术发展提供了必要性。同时，计算机技术的飞速发展为优化设计技术提供了有力的工具（如穷举法），使许多以前无法解决的问题现在有了解决的可能。

目前，优化设计的思想广泛地应用于工业、农业、商业和国防等各部门，解决如生产规划、经济管理、能源利用、产品设计、工艺过程设计、控制系统等方面的优化问题，有力地促进了技术进步和国民经济发展。

1.1.3　优化设计的一般过程

一个工程优化设计问题的解决，一般要经过如下四个阶段。

1）确定设计目标

根据工程设计问题需求，确定所追求的目标。目标大致可分为两类：一类是极大化目标（效果目标），如效益、利润、生产率等；另一类是极小化目标（成本目标），如成本、时间、重量、体积、人力、材料等。目标可以是单目标也可以是多目标。

2）建立数学模型

运用相应的专业知识确定设计目标的表达式、设计变量及设计变量要满足的各种限制条件，或者要满足的各种性能要求，并用数学表达式描述设计目标、设计变量和各种限制条件与性能要求，建立数学模型。由于是利用计算机求解，因此数学模型必须能全面、准确地描述工程设计问题。

3）选择合适的优化方法

根据数学模型中的目标函数和约束限制函数形态，确定设计变量和设计精度，选择有效的优化方法，根据选择的优化方法编制优化程序。

4）优化求解

根据设计的优化程序，上机运行、调试和求解，得出最优解，然后对计算结果进行分析和判断，分析解的实用性，最后得出最优设计方案。

实践证明，优化设计是保证产品具有优良性能、减轻自重或体积、降低产品成本的一种有效设计方法。同时也可使设计者从大量烦琐的计算工作中解脱出来，使之有更多的精力从事创造性的设计，显著地提高工程产品的设计效率。

1.2　优化设计的数学模型

工程设计问题通常相当复杂，利用计算机进行优化求解，必须对实际问题加以抽象和简化，即建立便于求解的数学模型。数学模型是进行优化设计的基础，本节首先通过三个简单的实例说明优化设计数学模型的一般形式及其相关概念。

1.2.1　优化设计实例

在微积分中函数的极值问题是最简单的优化问题。

例 1.1　现有边长为 a 的正方形铁板，如图 1.1 所示，在正方形铁板四个角处剪去相等的正方形以制成方形无盖水槽，设剪去正方形的边长为 x，问怎么剪使制成的方形无盖水槽的容积最大？

解：根据题意，结合图 1.1，制成的方形无盖水槽容积计算公式为

$$V=(a-2x)^2x \tag{1.1}$$

由式（1.1）可知，该问题变为求 x 的值，使得制成的方形无盖水槽容积 V 值最大。计算过程中可以调整的参数为 x，这类参数称为设计变量；水槽容积 V 是设计变量 x 的函数，通过确定 x，使得水槽容积 V 最大，因此建立的水槽容积计算公式称为目标函数。

由上面的分析，可将水槽容积优化设计问题的数学模型表述为：求设计变量 x 的值，使目标函数 $f(x)$ 的值最大。因此目标函数 $f(x)$ 可写为

$$f(x)=(a-2x)^2x \tag{1.2}$$

式（1.2）直接利用微积分知识求导便可以获得 $f'(x)$，具体过程如下：

$$\begin{aligned}f'(x)&=-4(a-2x)x+(a-2x)^2\\&=(2x-a)(6x-a)\end{aligned} \tag{1.3}$$

令 $f'(x)=0$，由此解得两个驻点

$$x_1=\frac{a}{2},\quad x_2=\frac{a}{6}$$

根据题目要求可知，第一个驻点不符合实际。现在判断第二个驻点是否为最大值点，对式（1.2）求二阶导

$$f''(x)=-2(a-6x)+(a-2x)(-6)=24x-8a \tag{1.4}$$

$$f''\left(\frac{a}{6}\right)=24\frac{a}{6}-8a=-4a<0 \tag{1.5}$$

由式（1.5）可知，$x_2=\dfrac{a}{6}$是极值点，极值为$f_{\max}(x)=f\left(\dfrac{a}{6}\right)=\dfrac{2a^3}{27}$。

例 1.2　现有一块长为 L、宽为 b 的薄板，想弯成如图 1.2 所示的梯形槽，问弯成的梯形槽的斜边长 x 和倾角 α 为多大时，弯成的梯形槽的容积最大？

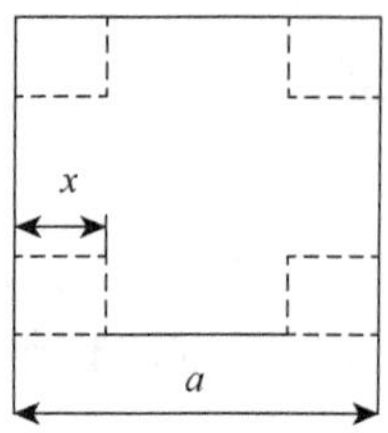

图 1.1　正方形铁板

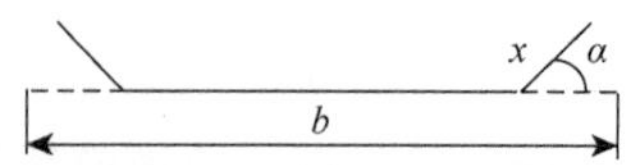

图 1.2　弯成的梯形槽示意图

解：由于薄板的长和宽是确定的，因此当图 1.2 所示梯形槽横截面积最大时，其容积最大。设梯形槽容积为 V，横截面积为 S，由图 1.2，梯形槽的横截面积计算公式如下：

$$S=\frac{1}{2}[(b-2x)+(b-2x+2x\cos\alpha)]x\sin\alpha \tag{1.6}$$

由式（1.6）可知，此问题是求出设计变量 x 和 α，使得目标函数 S 最大，从而使得梯形槽的容积最大。若设 $x_1=x$，$x_2=\alpha$，按照优化设计数学模型的规范形式，该优化问题的数学模型为

$$\begin{cases}\boldsymbol{X}=[x_1,x_2]^{\mathrm{T}}=[x,\alpha]^{\mathrm{T}}\\ f(\boldsymbol{X})=S=\dfrac{1}{2}[(b-2x_1)+(b-2x_1+2x_1\cos x_2)]x_1\sin x_2\end{cases} \tag{1.7}$$

此优化设计问题是一个具有两个设计变量 x 和 α 的无约束非线性规划问题。后续将会学习如何求解这类优化设计问题。

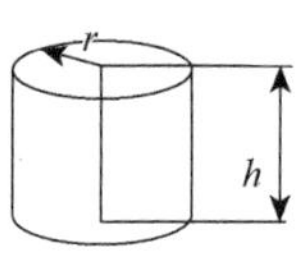

图 1.3　圆柱体示意图

例 1.3　把半径为 1 的实心金属球熔化后，铸成一个实心圆柱体（图 1.3），问圆柱体取什么尺寸才能使它的表面积最小？

解：根据题意，结合图 1.3 可得圆柱体表面积计算公式为

$$S=2\pi rh+2\pi r^2 \tag{1.8}$$

由式（1.8）可知，圆柱体表面积取决于其半径 r 和高度 h，这是一个合理选择 r 和 h 使圆柱体表面积最小的优化设计问题。

上述优化设计问题满足的条件为：圆柱体的体积等于半径为 1 的球的体积，即

$$r^2h-\frac{4}{3}=0 \tag{1.9}$$

式（1.9）是一个具有约束条件的两个变量(r, h)的非线性优化设计问题。综上，将本题优化设计问题的数学模型表述为：求设计变量 $\boldsymbol{X}=[x_1,x_2]^{\mathrm{T}}=[r,h]^{\mathrm{T}}$ 的值，使目标函数 $f(\boldsymbol{X})$ 为最小，并满足约束条件。目标函数 $f(\boldsymbol{X})$：

$$f(\boldsymbol{X})=S=2\pi rh+2\pi r^2=2\pi x_1x_2+2\pi x_1^2 \tag{1.10}$$

约束条件为

$$g_1(\boldsymbol{X}) = x_1^2 x_2 - \frac{4}{3} = 0 \tag{1.11}$$

根据优化设计数学模型的规范形式，该优化问题的数学模型为

$$\begin{cases} \min \ f(\boldsymbol{X}) = S = 2\pi rh + 2\pi r^2 = 2\pi x_1 x_2 + 2\pi x_1^2 \\ \text{s.t.} \ \ g_1(\boldsymbol{X}) = x_1^2 x_2 - \dfrac{4}{3} = 0 \end{cases} \tag{1.12}$$

该优化问题是具有一个约束条件的二维非线性约束优化问题。该问题可用拉格朗日乘子法求解。首先构造拉格朗日函数：

$$L(x_1, x_2, \gamma) = 2\pi x_1 x_2 + 2\pi x_1^2 - \gamma\left(x_1^2 x_2 - \frac{4}{3}\right) \tag{1.13}$$

分别对设计变量 x_1、x_2、γ 求偏导，令其等于零，则有下列等式：

$$\begin{cases} \dfrac{\partial L}{\partial x_1} = 2\pi x_2 + 4\pi x_1 - 2\gamma x_1 x_2 = 0 \\ \dfrac{\partial L}{\partial x_2} = 2\pi x_1 - \gamma x_1^2 = 0 \\ \dfrac{\partial L}{\partial \gamma} = -x_1^2 x_2 + \dfrac{4}{3} = 0 \end{cases} \tag{1.14}$$

联立求解得：$x_1 = \sqrt[3]{\dfrac{2}{3}}$，$x_2 = 2\sqrt[3]{\dfrac{2}{3}}$，此时圆柱体的表面积是 $6\pi\left(\dfrac{2}{3}\right)^{\frac{2}{3}}$。

以上都是微积分中典型的求极值问题。对于这类求极值问题，有些函数难以求导，或根本不可能求导，但又明显地具有极大值或极小值，所以这种古典的极值理论或古典微分法就无能为力了。为此后来产生了解决多变量大型问题新的优化理论和方法，我们把它称为近代优化理论与方法，与此相对，我们把古典的极值理论或古典微分法称为经典优化理论与方法。从上面的例子中可以看出，一个优化设计问题一般包括三部分内容：①优化的对象，即设计变量；②优化需要满足的设计目标，这个设计目标是设计变量的函数；③设计变量要满足的限制，即约束条件。因此设计变量、目标函数和约束条件共同描述了一个优化设计问题。

1.2.2 优化设计数学模型的一般形式

从例 1.1、例 1.2 和例 1.3 可以看出，对于一个优化设计问题，需要设计变量、目标函数和约束条件才能完整描述。设某个优化设计问题有 n 个设计变量，即 $\boldsymbol{X} = [x_1, x_2, \cdots, x_n]^{\mathrm{T}}$，满足 m 个不等式约束 $g_u(\boldsymbol{X}) \leqslant 0 \ (u = 1, 2, \cdots, m)$ 和 p 个等式约束 $h_v(\boldsymbol{X}) = 0 \ (v = 1, 2, \cdots, p)$，使得目标函数 $f(\boldsymbol{X})$ 达到最小，则在这种情况下，优化设计数学模型可写成如下规范形式：

$$\begin{cases} \min \ f(\boldsymbol{X}) = f(x_1, x_2, \cdots, x_n), \quad \boldsymbol{X} \in \mathbf{R}^n \\ \text{s.t.} \ \ g_u(\boldsymbol{X}) \leqslant 0, \ u = 1, 2, \cdots, m \\ \qquad h_v(\boldsymbol{X}) = 0, \ v = 1, 2, \cdots, p \end{cases} \tag{1.15}$$

式中，设计变量 $\boldsymbol{X}$ 属于 n 维欧氏空间，即 $\boldsymbol{X} \in \mathbf{R}^n$ 用 min 表示目标函数的极小化；s. t. 为“subject to”的缩写，表示“满足于”或“受……约束”；m 和 p 分别表示不等式约束和等式约束的个数。关于优化设计的数学模型，有以下几点需要注意。

（1）若式（1.15）所列数学模型中 $m = p = 0$，则上述优化设计问题数学模型可以表示为

$$\min \quad f(\boldsymbol{X}) = f(x_1, x_1, \cdots, x_n), \quad \boldsymbol{X} \in \mathbf{R}^n \tag{1.16}$$

即这一个优化设计问题不受任何约束限制，称为无约束优化问题。式（1.16）即为无约束优化问题的数学模型表达式。

（2）若式（1.15）所列数学模型为优化设计问题，则要求等式约束个数 p 小于设计变量个数 n。

（3）若式（1.15）和式（1.16）为优化设计数学模型的一般形式，即目标函数都为极小化的形式，不等式约束函数为小于或等于的形式。在优化设计问题中，如果目标函数为极大化时，只需要将目标函数改写为 $-f(\boldsymbol{X})$ 即可，因为 $\min f(\boldsymbol{X})$ 和 $\max[-f(\boldsymbol{X})]$ 具有相同的解。同样，当不等式约束为“≥”时，只需将不等式两端同乘以“−1”，即可得到“≤”的一般形式。因此在优化设计数学模型的规范形式中，一般都写为极小化形式。

从式（1.15）可知，一个完整的优化设计数学模型应包含三个部分，即设计变量、约束条件和目标函数，又称为优化设计数学模型的三要素。

下面对优化设计数学模型中的设计变量、约束条件和目标函数进行详细说明。

1.2.3 设计变量

在优化设计过程中需要调整和优选的参数，称为设计变量，也称为优化参数。如例 1.1 中剪去正方形的边长 x 及例 1.2 中梯形槽的斜边长 x 和倾角 α。在选择过程中这些基本参数是变量，但当设计变量一旦确定以后，设计方案也就完全被确定。优化设计就是研究如何合理地优选这些设计变量值的一种现代设计方法。

在工程设计中常用的独立参数有结构的总体配置尺寸、元件的几何尺寸及材料的力学和物理特性等。在这些参数中，凡是可以根据设计要求事先给定的，则不是设计变量，而称为设计常量；在设计过程中需要经过不断调整，以确定其最优值的参数，称为设计变量。最简单的设计变量是元件尺寸，如杆元件的长度、横截面积、抗弯元件的惯性矩、板元件的厚度等。按照产品设计变量的取值特点，设计变量可分为连续变量（如轴径、轮廓尺寸等）和离散变量（如各种标准规格等）。

设计变量的全体实际上是一组变量，可用一个列向量表示。设计变量的数目称为优化设计的维数，如 n 个设计变量，则称为 n 维优化设计问题。优化设计问题有 n 个设计变量 $x_1, x_2, \cdots, x_n$，用 $x_i (i = 1,2,\cdots,n)$ 表示，是设计向量 $\boldsymbol{X}$ 的 n 个分量。设计向量用 $\boldsymbol{X} = [x_1, x_2, \cdots, x_n]^{\mathrm{T}}$ 表示，是定义在 n 维欧氏空间中的一个向量，由 n 个设计变量为坐标所组成的实空间称作设计空间。因此一个设计可用设计空间中一点 $\boldsymbol{X}^{(k)}$ 表示，代表设计空间中的一个点，也代表第 k 个设计方案，即 $\boldsymbol{X}^{(k)} = [x_1^{(k)}, x_2^{(k)}, \cdots, x_n^{(k)}]^{\mathrm{T}}$，如图 1.4 所示。

设计空间 $\mathbf{R}^n$ 以 $x_1, x_2, \cdots, x_n$ 为坐标轴，构成 n 维欧氏实空间。它包含了所有可能的设计点，即所有设计方案。例如，在图1.4所示的三维空间中有以下变量。

第1设计点：

$$\boldsymbol{X}^{(1)} = [x_1^{(1)}, x_2^{(1)}, x_3^{(1)}]^{\mathrm{T}}$$

第2设计点：

$$\boldsymbol{X}^{(2)} = [x_1^{(2)}, x_2^{(2)}, x_3^{(2)}]^{\mathrm{T}}$$

增量：

$$\Delta\boldsymbol{X}^{(1)} = [\Delta x_1^{(1)}, \Delta x_2^{(1)}, \Delta x_3^{(1)}]^{\mathrm{T}}$$

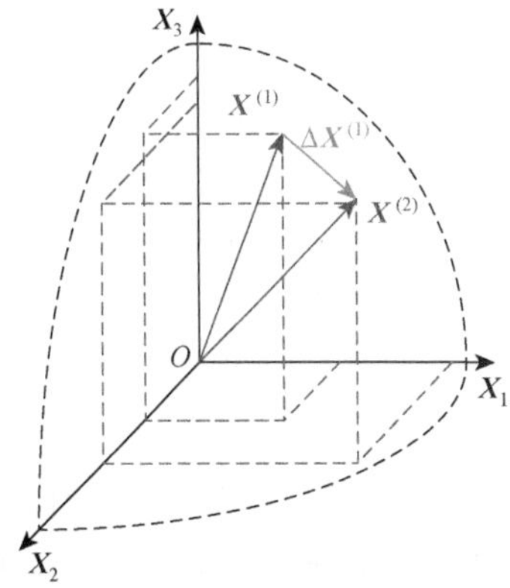

图1.4　三维空间设计点示意图

式中，

$$\boldsymbol{X}^{(2)} = \boldsymbol{X}^{(1)} + \Delta\boldsymbol{X}^{(1)}$$

即

$$x_1^{(2)} = x_1^{(1)} + \Delta x_1^{(1)}, \quad x_2^{(2)} = x_2^{(1)} + \Delta x_2^{(1)}, \quad x_3^{(2)} = x_3^{(1)} + \Delta x_3^{(1)}$$

设计空间的维数表征设计的自由度，设计变量越多，则设计的自由度越大，可供选择的方案越多，设计越灵活，但难度也越大，求解也越复杂。根据设计变量的个数，设计问题一般分为小型、中型和大型。小型设计问题一般含有2～10个设计变量；中型设计问题一般含有11～50个设计变量；大型设计问题则含有50个以上的设计变量。目前已有能解决200个设计变量的大型优化设计问题。变量越多，可以更清晰更灵活地描述产品结构，但会增加建模的难度，造成优化规模过大。所以选择设计变量时应注意以下几点。

（1）抓主要，舍次要。对产品性能和结构影响大的参数可取为设计变量，影响小的可先根据经验取为试探性的常量，有的甚至可以不考虑。

（2）根据要解决设计问题的特殊性来选择设计变量。例如，圆柱螺旋拉压弹簧的设计变量有4个，即钢丝直径 d、弹簧中径 D、工作圈数 n 和自由高度 H。在设计中，将材料的许用剪切应力和剪切模量 G 等作为设计常量，在给定径向空间内设计弹簧，则可把弹簧中径 D 作为设计常量。

1.2.4　约束条件

设计变量是优化设计中的基础参数，目标函数取决于设计变量，而在很多问题中设计变量的取值范围是有限制的或必须满足一定的条件。在优化设计中，这种对设计变量取值时的限制条件，称为约束条件。

根据约束的形式分为显式约束和隐式约束。如果是对某个或某组设计变量的直接限制，则称为显式约束，即反映设计变量之间明显的函数关系；如果是对某个或某组设计变量的间接限制，则称为隐式约束，如复杂结构中的性能约束函数（变形、应力、频率等），需要通过有限元等方法计算获得。

约束条件可以用数学等式或不等式表示，其中等式约束对设计变量要求严格，起着降低设计自由度的作用，可以是显式约束，也可以是隐式约束，其形式如下所示。

不等式约束函数：

$$g_u(\boldsymbol{X}) \leqslant 0,\quad u=1,2,\cdots,m$$

式中，$\boldsymbol{X}$ 为设计变量；m 为不等式约束数目。

等式约束函数：

$$h_v(\boldsymbol{X})=0,\quad v=1,2,\cdots,p,\ p<n$$

式中，$\boldsymbol{X}$ 为设计变量；p 为等式约束数目。

例如，有三个不等式约束

$$g_1(\boldsymbol{X})=-x_1 \leqslant 0,\quad g_2(\boldsymbol{X})=-x_2 \leqslant 0,\quad g_3(\boldsymbol{X})=x_1^2+x_2^2-1 \leqslant 0$$

再加一个等式约束

$$h(\boldsymbol{X})=x_1-x_2=0$$

对于某一个不等式约束 $g_u(\boldsymbol{X}) \leqslant 0$ 中，满足 $g_u(\boldsymbol{X})=0$ 的点 $\boldsymbol{X}$ 的集合构成一个曲面，称为约束（曲）面。它将设计空间分成两部分：满足约束条件 $g_u(\boldsymbol{X}) \leqslant 0$ 的部分和不满足约束条件 $g_u(\boldsymbol{X})>0$ 的部分。对于一个优化问题，所有不等式约束的约束面将组成一个复合的约束曲面，包围了设计空间中满足所有不等式约束的区域，称为设计可行域，如图 1.5 所示，记作 $D=\{X \mid g_u(\boldsymbol{X}) \leqslant 0, u=1,2,\cdots,m; h_v(\boldsymbol{X})=0, v=1,2,\cdots,p\}$。在设计可行域内任意一点称为可行设计点，也称为内点，代表一个可行方案；在可行域外的点称为非可行设计点，代表不可采用的设计方案；在约束面上的点称为极限设计点，又称为边界点。

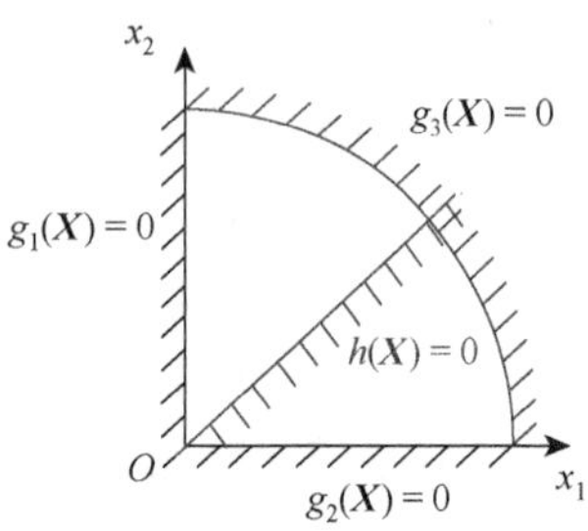

图 1.5　设计可行域

根据设计点是否在约束边界上，可将约束条件分为起作用约束和不起作用约束。起作用约束是指该约束的微小变化可能使设计点由边界点变成可行域的内点，也可能由边界点变为可行域的外点，即若选择的某一设计点 $\boldsymbol{X}^{(k)}$ 使得 $g_u(\boldsymbol{X}^{(k)})=0$，则约束 $g_u(\boldsymbol{X}) \leqslant 0$ 称为起作用约束。点 $\boldsymbol{X}^{(k)}$ 起作用的约束个数可以用集合的形式表示为

$$I_k=\{u \mid g_u(\boldsymbol{X}^{(k)})=0,\quad u=1,2,\cdots,m\} \tag{1.17}$$

1.2.5　目标函数

优化设计的过程是从可行设计点中找出一组最优解的过程，因此需要一个准则评价当前设计点的最优性。这个评价准则包含各个设计变量，一般称为目标函数，也称为评价函数、准则函数、价值函数。优化设计的目标函数是设计变量的函数，优化设计的目的就是求设计变量值使得目标函数达到最优值。根据目标函数极大化或极小化的形式，最优值就指极大值或极小值。为了统一目标函数极大化和极小化的形式，通常最优化就是指极小化，极大化可由极小化转化获得。

由于评价准则的非唯一性，目标函数可以是一个也可以是多个，只有一个目标函数的称为单目标函数，有多个目标函数的称为多目标函数，应注意目标函数必须包含全部设计变量。单目标函数可表示为 $f(\boldsymbol{X})=f(x_1,x_2,\cdots,x_n)$，多目标函数可表示为

$$f(\boldsymbol{X})=\omega_1 f_1(\boldsymbol{X})+\omega_2 f_2(\boldsymbol{X})+\cdots+\omega_q f_q(\boldsymbol{X})=\sum_{j=1}^{q}\omega_j f_j(\boldsymbol{X}) \tag{1.18}$$

式中，$f_1(\boldsymbol{X}),f_2(\boldsymbol{X}),\cdots,f_q(\boldsymbol{X})$ 分别代表 q 个分设计目标；$\omega_1,\omega_2,\cdots,\omega_q$ 分别代表 q 个分设计目标的加权系数。

关于目标函数 $f(\boldsymbol{X})$，有以下几点需要说明。

（1）$f(\boldsymbol{X})$ 必须是 $\boldsymbol{X}$ 的函数，随可行设计点的变化 $f(\boldsymbol{X})$ 的值上升或者下降。

（2）$f(\boldsymbol{X})$ 是实函数，是可计算的。但不一定通过数学公式，还可以用其他数值计算方法计算。

（3）$f(\boldsymbol{X})$ 可以是有物理意义的，有单位的，也可以没有物理意义。

目标函数即设计中要达到的目标，在优化设计中，可将所追求的设计目标（最优指标）用设计变量的函数形式表示出来，这一过程称为建立目标函数，建立的目标函数代表设计的某项最重要的特征，如所设计元件的性能、质量、体积及成本等。目标函数是设计变量的标量函数，优化设计的过程就是优选设计变量使目标函数达到最优值或找出目标函数的最小值（或最大值）的过程。在实际工程设计过程中，常常会遇到在多目标函数的某些目标之间存在矛盾的情况，这就要求设计者正确处理各目标函数间的关系。目前，对此类多目标函数优化问题的研究，不如单目标函数那样成熟，有时可以用一个目标函数表示若干个所需追求目标的加权和，把多目标问题转化为单目标问题来求解。

对于目标函数 $f(\boldsymbol{X})$，一组设计变量在设计空间确定了一个设计点 $\boldsymbol{X}^{(k)}=(x_1^{(k)},x_2^{(k)},\cdots,x_n^{(k)})$，对应着这一设计点有确定的目标函数值 C，而当 $f(\boldsymbol{X})$ 取定值 C 时，则有无限多个设计点 $\boldsymbol{X}^{(i)}=(x_1^{(i)},x_2^{(i)},\cdots,x_n^{(i)})$ $(i=1,2,\cdots)$ 与之对应，这些点集构成一个曲面，称为等值线或等值面（或等值超曲面），即具有相等目标函数值的设计点构成的平面曲线或曲面称为等值线或等值面。当 C 取 C_1、$C_2\cdots$ 时，就获得一簇曲面簇，称为等值线簇或等值面簇。当 $f(\boldsymbol{X})$ 是二维函数时，获得一簇等值线簇；当 $f(\boldsymbol{X})$ 是三维函数时，获得一簇等值面簇；当 $f(\boldsymbol{X})$ 为大于三维的函数时，获得一簇超等值面簇。例如，对于二维目标函数 $f(x_1,x_2)$ 取定值 C 时，则在 x_1Ox_2 坐标平面内有无数个设计点与之对应，这些设计点在 x_1Ox_2 坐标平面形成的曲线称为等值线，如图 1.6 所示；当目标函数 $f(x_1,x_2)$ 取 C_1、$C_2\cdots$ 时，就获得一簇曲线簇，每条曲线上的各点都具有相等的目标函数值，这些曲线形成等值线簇。

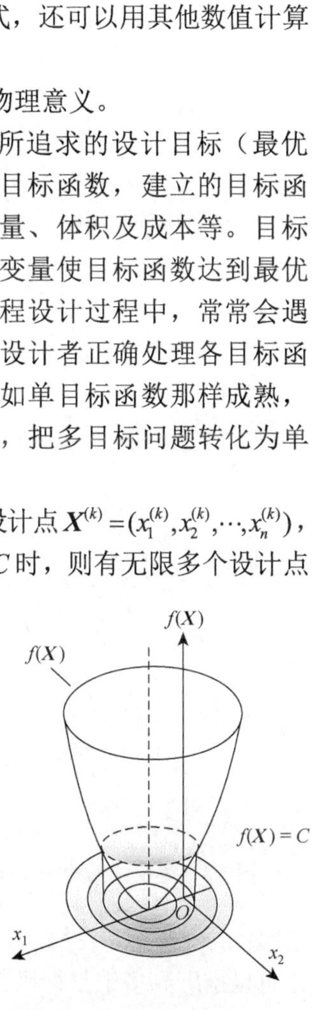

图 1.6 目标函数等值线

从图 1.6 可以看出，等值线簇反映了目标函数的变化范围，等值线越向内，目标函数值越小，利用等值线的概念可用几何图形形象地表示出目标函数的变化规律，在极值处目标函数的等值线聚成一点，并位于等值线簇的中心。

等值线的中心点可以分为三种情况。①只有一个中心点。该中心点是单峰函数的极（小）值点，是全局极（小）值点，如图 1.7（a）所示。②有多个中心点。此时，目标函数不是单峰函数，每个极（小）值点只是局部极（小）值点，必须通过比较各个极值点和

“鞍点”（需正确判别）的值，才能确定极（小）值点，如图 1.7（b）所示。③没有中心点。例如，线性函数的等值线是平行的，无“心”，认为极值点在无穷远处。

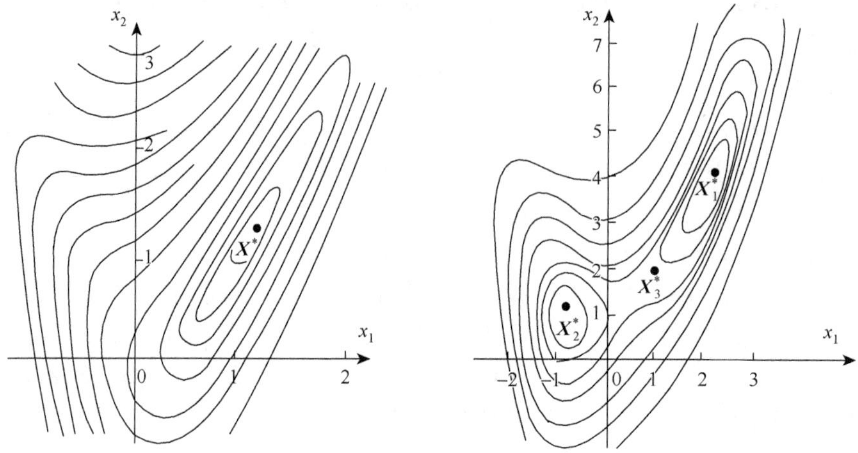

(a) 一个中心点　　(b) 多个中心点

图 1.7　等值线的中心点

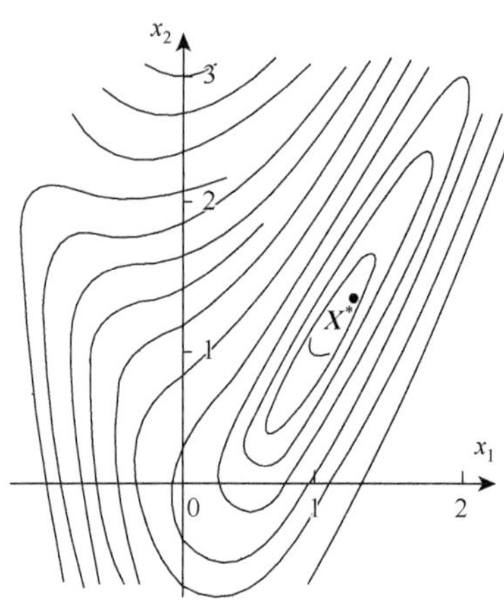

图 1.8　等值线的疏密变化

等值线近似呈现为同心椭圆簇。对于严重非线性函数，其等值线簇是严重偏心和扭曲、分布疏密严重不一的曲线簇。等值线的疏密定性反映函数值变化率，沿等值线密的方向，函数值变化快；沿等值线疏的方向，函数值变化慢，如图 1.8 所示。

等值线具有下列特点：①不同值的等值线之间不相交；②除了极值点，等值线不会中断；③越内层的等值线，其函数值越小，因此对于有中心的曲线簇，等值线簇的共同中心就是目标函数的无约束条件下的极值点；④等值线的间隔越密，表示该处函数值的变化率越大，否则变化率越小，当目标函数值的变化范围一定时，等值线越稀疏，说明目标函数值的变化越平缓；⑤一般地，在极值点附近，等值线近似呈现为同心椭圆簇。对于二维目标函数的讨论可以推广到多维目标函数中，三维目标函数在设计空间中就是等值面，高于三维目标函数，就是超等值面，等值线的特点同样可以应用在等值面或超等值面中。

1.3　优化设计问题的建模步骤与求解方法

对于实际的优化设计问题，需要根据实际问题建立优化设计问题的数学模型进行求解，优化数学模型的建立一般采用下述步骤。

（1）根据设计要求，应用专业范围内的现行理论和经验等，对优化对象进行分析。

（2）对设计问题各参数进行分析，以确定设计的常量和变量。

（3）根据设计要求，确定并构造目标函数和相应的约束条件，有时要构造多目标函数。

（4）必要时对数学模型进行规范化，消除各组成项间量纲不同等原因导致的数量悬殊的影响。

对于优化问题的求解方法，目前主要有数学解析法、几何图解法和数值迭代法。数学解析法采用数学解析法（如微分、变分法）对建立的优化数学模型进行求解，获得最优解，如高等数学函数极值方法，数学解析法限于维数较少且易于求导的优化设计问题。几何图解法直接用作图的方法求解优化设计问题，通过绘制目标函数和约束函数的图形，求出最优解，几何图解法直观，限于二维优化设计问题的求解。数值迭代法依赖于计算机，按一定格式反复迭代计算，是逐步逼近优化问题最优解的一种方法，可以求解各种优化问题，该方法是优化设计问题广泛采用的求解方法。

建立优化设计数学模型，求得的解称为优化问题的最优解，它包括两部分：最优设计方案（或最优点）$\boldsymbol{X}^*=[x_1,x_2,\cdots,x_n]^{\mathrm{T}}$ 和最优目标函数值（或最优值）$f(\boldsymbol{X}^*)=\min f(\boldsymbol{X})$，最优目标函数值代表最优设计方案下目标函数 $f(\boldsymbol{X})$ 所取得的最优函数值。

1.4 优化设计问题的分类

优化设计问题按照所建立数学模型中设计变量的性质分为确定型优化问题和不确定型优化问题（随机优化问题），确定型优化问题又可以分为与时间无关的静态优化问题和随时间变化的动态优化问题。按设计变量分为连续变量问题、离散变量问题和随机变量问题。按照有无约束分为无约束优化问题和约束优化问题，如果无约束优化问题的目标函数是一维函数，则称为一维无约束优化问题，如果是二元或二元以上的函数，则称为多维无约束优化问题。按目标函数和约束函数的特性分线性规划问题与非线性规划问题，若目标函数和所有的约束函数均是线性的，则该优化问题属于线性规划；否则属于非线性规划，其中，若目标函数是设计变量的二次函数、约束是线性函数，则为二次规划问题。机械、电气工程设计中大多数情况下均为非线性规划问题。优化设计问题的分类如表 1.1 所示。

表 1.1 优化设计问题的分类

分类原则	数学模型的类型	说明
按数学模型中设计变量的性质	确定型模型	设计变量取值确定时所建立的数学模型。 当设计变量可取任意实数时，属于连续型变量优化设计模型；当某些或全部设计变量限于取整数或离散值时，属于离散型变量优化设计模型
	随机型模型	某些设计变量具有随机性或必须考虑它们的概率分布性质所建立的数学模型
按目标函数和约束函数的性质	线性规划问题	目标函数、约束函数都是线性函数
	非线性规划问题	目标函数、约束函数中有一个或多个是非线性函数，多数机械优化设计问题的数学模型属于非线性规划问题
按目标函数个数	单目标优化问题	只有一个目标函数
	多目标优化问题	包含多个目标函数 $f_1(\boldsymbol{X}),f_2(\boldsymbol{X}),\cdots,f_q(\boldsymbol{X})$
按约束条件	无约束优化设计问题	模型中不包含约束条件，即在式（1.15）中 $m=p=0$ 时为无约束优化问题。虽然在工程设计问题中，不受任何约束条件限制的问题并不多见，但在约束优化问题的解法中有一类是将约束优化问题转化为无约束优化问题求解
	约束优化设计问题	模型中包含约束条件的为约束优化设计问题

1.5　优化设计问题的几何描述

根据等值线（面）的意义可知目标函数是以等值线（面）的形式反映出来的，则无约束优化问题的最优点（极小值点）即为等值面的中心，而约束优化问题是在可行域内对设计变量求目标函数的最优点，此最优点在可行域内或在可行域边界上。在设计空间内，最优点与等值线的关系如图 1.9 所示。在图 1.9（a）中，最优点处于多边形可行约束域的某一顶点上；图 1.9（b）所示最优点处于等值线的中心；图 1.9（c）所示最优点处于约束曲线与等值线的交点上；图 1.9（d）所示最优点处于约束曲线与等值线的切点上；图 1.9（e）所示最优点处于两个约束曲线的交点上。

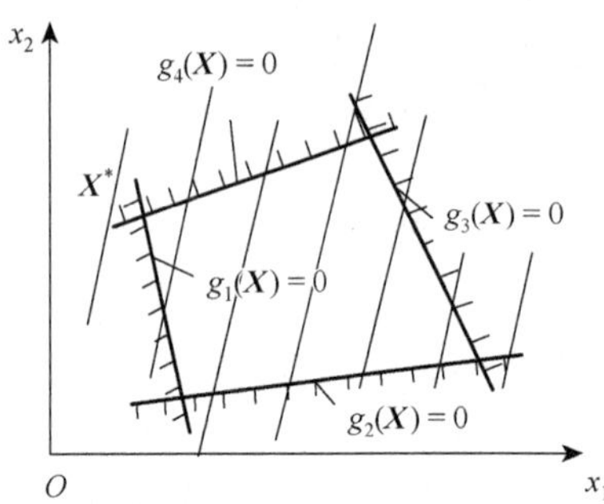

(a) 最优点处于多边形可行域的某一顶点上

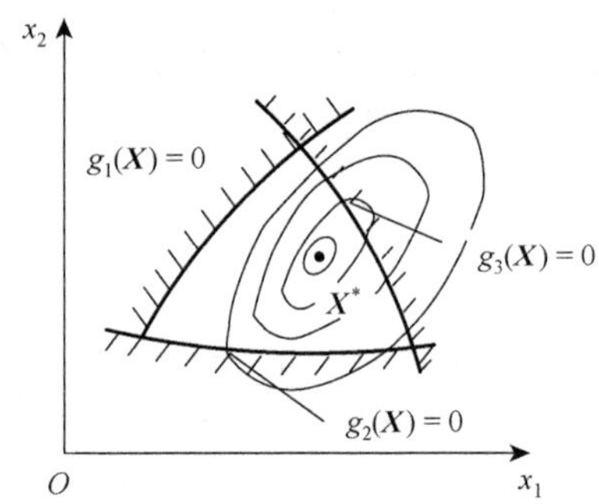

(b) 最优点处于等值线的中心

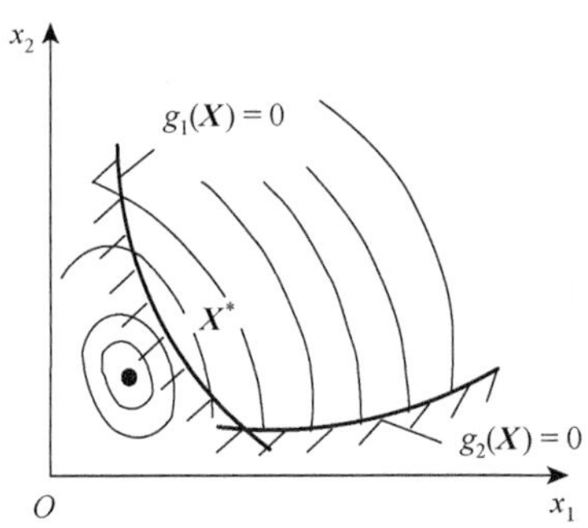

(c) 最优点处于约束曲线与等值线的交点上

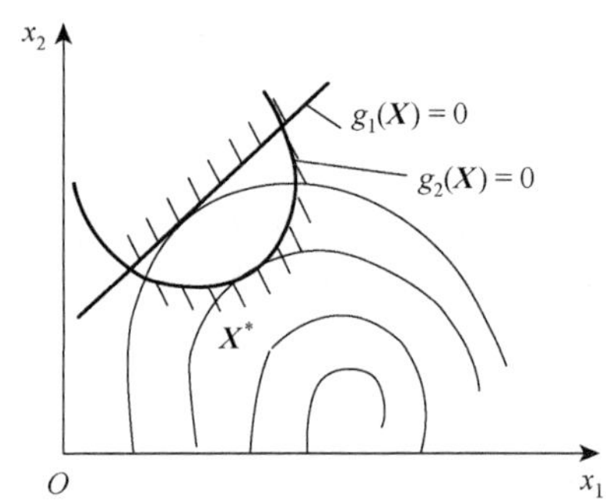

(d) 最优点处于约束曲线与等值线的切点上

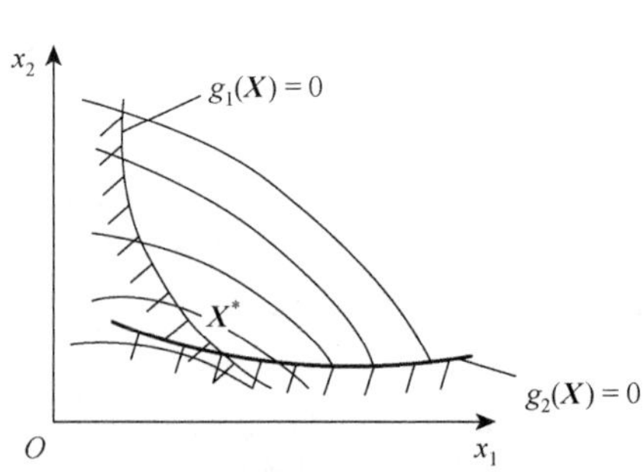

(e) 最优点处于两个约束曲线的交点上

图 1.9　最优点与等值线的关系

从图 1.9 的最优点与等值线的几何图形关系，可以看出在一个优化设计问题中设计变量、约束条件和目标函数之间的关系。从目标函数的几何描述可知，对于二维优化设计问题，可在设计平面内直观地画出可行域、目标函数的等值线簇，并且可以根据等值线与可行域的相互关系确定出最优点的位置，这种求解优化问题的方法称为几何图解法。几何图解法直观、概念清晰、便于理解，只适用于简单的二维问题的求解。几何图解法求解的步骤如下。

（1）确定设计空间 $\boldsymbol{X}_n$。

（2）画出由约束边界围成的约束可行域。

（3）作出 1 或 2 条目标函数的等值线，以判定目标函数的下降方向。

（4）分析并判断最优点，并采用几何关系进行求解。

为了进一步理解几何图解法，现以二维优化设计问题为例进行说明。

例 1.4　一个二维约束非线性优化设计问题的数学模型如下。

$$\begin{cases} \min\ f(\boldsymbol{X}) = x_1^2 + x_2^2 - 4x_1 + 4 \\ \text{s.t.}\quad g_1(\boldsymbol{X}) = -x_1 + x_2 - 2 \leqslant 0 \\ \qquad g_2(\boldsymbol{X}) = x_1^2 - x_2 + 1 \leqslant 0 \\ \qquad g_3(\boldsymbol{X}) = -x_1 \leqslant 0 \\ \qquad g_4(\boldsymbol{X}) = -x_2 \leqslant 0 \end{cases}$$

采用几何图解法求该优化设计问题的最优解。

解：根据优化设计问题的数学模型，在设计空间中画出目标函数等值线和约束曲线，确定可行设计域，进而确定优化设计问题的最优解。

首先，令 $f(\boldsymbol{X}) = C_i\ (i = 1, 2, \cdots)$，则目标函数等值线簇方程为

$$f(\boldsymbol{X}) = x_1^2 + x_2^2 - 4x_1 + 4 = C_i$$

该曲线簇是在 x_1Ox_2 平面上以点[2, 0]为圆心、$\sqrt{C_i}$ 为半径的一簇同心圆，如图 1.10 所示，目标函数的等值线表示了目标函数值的变化情况，从图 1.10 可以看出，对于该目

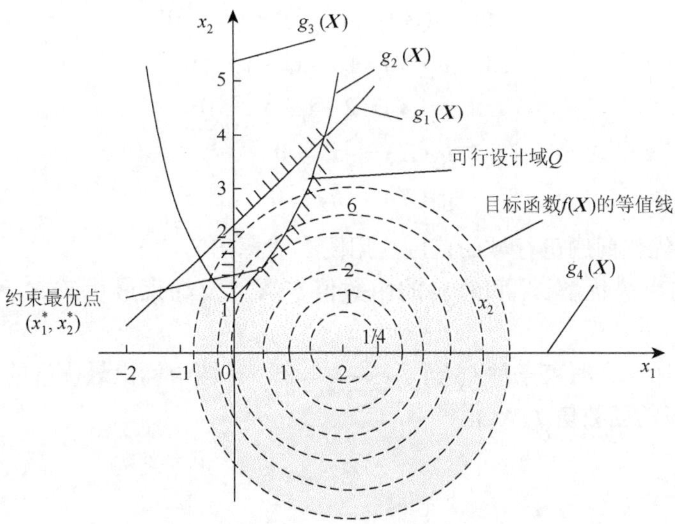

图 1.10　例 1.4 目标函数等值线与约束曲线

标函数在无约束下其最优点为等值线同心圆中心[2, 0]，该目标函数最优值为 0。由约束 $g_1(\boldsymbol{X})=0$ 、 $g_2(\boldsymbol{X})=0$ 、 $g_3(\boldsymbol{X})=0$ 、 $g_4(\boldsymbol{X})=0$ 画出 4 条约束线，4 条约束线形成可行设计域 Q，如图 1.10 所示，从图 1.10 可以看出，在该优化设计问题的 4 个约束条件中，在可行设计域 Q 内的设计点一定满足 $g_4(\boldsymbol{X})$ 约束，因此 $g_4(\boldsymbol{X})$ 约束是不起作用的约束，而 $g_1(\boldsymbol{X})$ 、 $g_2(\boldsymbol{X})$ 、 $g_3(\boldsymbol{X})$ 是起作用的约束。

根据目标函数的等值线，可判断目标函数的变化趋势，结合可行设计域 Q，可确定目标函数最小值点为不等式约束 $g_2(\boldsymbol{X})$ 和目标函数等值线的切点，可通过几何求交，计算该切点 $\boldsymbol{X}^*=[x_1^*,x_2^*]^{\mathrm{T}}=[0.58,1.34]^{\mathrm{T}}$，其最优值 $f(\boldsymbol{X}^*)=3.812$ 。

由例 1.4 可知，对二维最优化问题，可采用图解法求解，而对三维或高维问题，已不便在平面上作图，此法失效。

习　题

1.1　优化设计的自由度是____________________。

1.2　优化设计数学模型的设计变量维数为 n、等式约束的个数为 p，则两者应满足______________。

1.3　用宽度为 4cm、长度为 100cm 的薄铁板做成 100cm 长的等腰梯形槽，试确定其边长和角度，使槽的容积最大，写出该优化设计的数学模型。

1.4　优化设计的数学模型由哪几部分组成？并简要说明其各个组成部分的含义。

1.5　目标函数是 n 维变量的函数，它的函数图像只能在____________空间中描述出来，为了在 n 维空间中反映目标函数的变化情况，常采用____________的方法。

1.6　什么是目标函数的等值线（面）？目标函数的等值线（面）有哪些特点？

1.7　什么是设计可行域和约束面？并给出设计可行域和约束面的示意图。

1.8　用几何图解法求解如下优化问题：

$$\begin{cases} \min\ f(\boldsymbol{X})=(x_1-2)^2+(x_2-5)^2 \\ \text{s.t.}\quad g_1(\boldsymbol{X})=16-x_1^2-x_2^2\geqslant 0 \\ \qquad g_2(\boldsymbol{X})=2-x_1+x_2\geqslant 0 \\ \qquad g_3(\boldsymbol{X})=-x_1\leqslant 0 \\ \qquad g_4(\boldsymbol{X})=-x_2\leqslant 0 \end{cases}$$

（1）画出此优化问题可行域的范围（用阴影线标出）。

（2）求无约束最优解 $\boldsymbol{X}_1^*$ 和对应的函数值 $f(\boldsymbol{X}_1^*)$ 及约束最优解 $\boldsymbol{X}_2^*$ 和对应的函数值 $f(\boldsymbol{X}_2^*)$ 。

（3）如再增加一个约束条件 $h(\boldsymbol{X})=x_1-x_2=0$ ，在图中标出最优解的位置，求此时的最优解 $\boldsymbol{X}_3^*$ 和对应的函数值 $f(\boldsymbol{X}_3^*)$ 。

第 2 章　工程优化设计的极值理论与数学基础

优化设计数学模型的求解，实际上是数学中的求极值问题。对于无约束优化问题，是求多元函数的无条件极值，而约束优化问题是求多元函数的条件极值。尽管高等数学中极值理论是求解这类问题的基础，但是由于实际工程问题中建立的数学模型一般都比较复杂，变量个数和各种约束条件都较多，难以用高等数学中求极值的方法直接求最优解，因此需要采用数值方法进行优化问题的求解，掌握数值方法有必要对约束优化问题求解涉及的数学概念、数值迭代的有关理论进行补充和扩展。本章将介绍与此有关的一些数学基础知识。

2.1　函数的方向导数与梯度

目标函数等值线（面）可以定性表示目标函数的变化情况，为了能够直观定量地表明目标函数在某一点的变化情况，需要引入函数的方向导数与梯度。

2.1.1　偏导数和函数的方向导数

导数作为描述函数变化率的数学量在优化理论中具有重要意义。在一元函数中，导数就是函数的变化率，而对于多元函数，其偏导数表示函数沿某个坐标轴方向的变化率。在 xOy 平面内，当动点由 $P(x_0, y_0)$ 沿不同方向变化时，函数 $f(x,y)$ 的变化快慢一般来说是不同的，因此就需要分析 $f(x,y)$ 在 (x_0, y_0) 点处沿不同方向的变化率。方向导数（directional derivative）就是函数在特定方向上的变化率，下面从微分几何角度给出方向导数的定义。

从多元函数的微分学可知，一个连续可微函数 $f(\boldsymbol{X})$ 在某一点 $\boldsymbol{X}^{(k)}$ 的一阶偏导数为

$$\frac{\partial f(\boldsymbol{X}^{(k)})}{\partial x_1}, \frac{\partial f(\boldsymbol{X}^{(k)})}{\partial x_2}, \cdots, \frac{\partial f(\boldsymbol{X}^{(k)})}{\partial x_n} \tag{2.1}$$

它表示函数 $f(\boldsymbol{X})$ 值在点 $\boldsymbol{X}^{(k)}$ 沿各坐标轴方向的变化率。

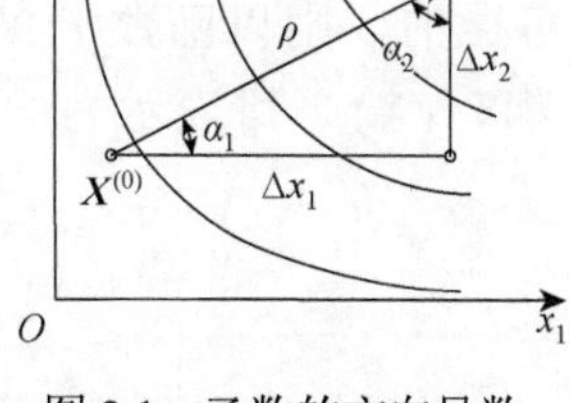

图 2.1　函数的方向导数

现以二维函数 $f(x_1, x_2)$ 为例，如图 2.1 所示，假定有一方向 $\boldsymbol{S}$，且其模长 $\|\boldsymbol{S}\| = \rho = (\Delta x_1^2 + \Delta x_2^2)^{1/2}$ 与各坐标轴之间的夹角为 α_1、α_2，该函数在点 $\boldsymbol{X}^{(0)}$ 沿方向 $\boldsymbol{S}$ 的方向导数，记为

$$\frac{\partial f(\boldsymbol{X}^{(0)})}{\partial \boldsymbol{S}} = \lim_{\rho \to 0} \frac{f(x_1^{(0)} + \Delta x_1, x_2^{(0)} + \Delta x_2) - f(x_1^{(0)}, x_2^{(0)})}{\rho}$$

$$
\begin{aligned}
&= \lim_{\substack{\Delta x_1 \to 0 \\ \Delta x_2 \to 0}} \left[\frac{f(x_1^{(0)} + \Delta x_1, x_2^{(0)} + \Delta x_2) - f(x_1^{(0)}, x_2^{(0)} + \Delta x_2)}{\Delta x_1} \frac{\Delta x_1}{\rho} \right. \\
&\quad \left. + \frac{f(x_1^{(0)}, x_2^{(0)} + \Delta x_2) - f(x_1^{(0)}, x_2^{(0)})}{\Delta x_2} \frac{\Delta x_2}{\rho} \right] \\
&= \frac{\partial f(\boldsymbol{X}^{(0)})}{\partial x_1} \cdot \cos\alpha_1 + \frac{\partial f(\boldsymbol{X}^{(0)})}{\partial x_2} \cdot \cos\alpha_2
\end{aligned} \tag{2.2}
$$

对于二维函数 $f(\boldsymbol{X})$，在点 $\boldsymbol{X}^{(k)}$ 沿方向 $\boldsymbol{S}$ 的方向导数可以写作

$$
\frac{\partial f(\boldsymbol{X}^{(k)})}{\partial \boldsymbol{S}} = \frac{\partial f(\boldsymbol{X}^{(k)})}{\partial x_1} \cdot \cos\alpha_1 + \frac{\partial f(\boldsymbol{X}^{(k)})}{\partial x_2} \cdot \cos\alpha_2 \tag{2.3}
$$

可以推导 n 维函数 $f(\boldsymbol{X})$ 在点 $\boldsymbol{X}^{(k)}$ 沿方向 $\boldsymbol{S}$ 的方向导数为

$$
\frac{\partial f(\boldsymbol{X}^{(k)})}{\partial \boldsymbol{S}} = \sum_{i=1}^{n} \frac{\partial f(\boldsymbol{X}^{(k)})}{\partial x_i} \cdot \cos\alpha_i \tag{2.4}
$$

式中，$\cos\alpha_i = \dfrac{\Delta x_i}{\rho}$ 称为方向 $\boldsymbol{S}$ 的方向余弦。

由式（2.2）和式（2.3）可知，方向导数表明了函数 $f(\boldsymbol{X})$ 在点 $\boldsymbol{X}^{(k)}$ 沿方向 $\boldsymbol{S}$ 的函数变化率，对于同一点 $\boldsymbol{X}^{(k)}$，沿不同方向，函数的方向导数不同，也表明函数沿不同方向上有不同的变化率。因此方向导数是函数在某点沿给定方向的变化率。

2.1.2　函数的梯度

函数的等值线或等值面仅从几何图形方面定性地表示了函数值的变化规律，虽然比较直观但不能定量表示，且在很多时候只能表现二维函数。在一般情况下，对于任意维函数要画出它的超等值面是不可能的。因此为了能够定量地表明函数在某一点的变化性态，求得函数在点 $\boldsymbol{X}^{(k)}$ 的方向导数为最大的方向，需要引入函数的梯度。

1）梯度的定义

在优化问题的许多算法中要求目标函数是可微的，所以在使用这些算法时首先要判断函数 $f(\boldsymbol{X})$ 是否可微，关于如何证明函数 $f(\boldsymbol{X})$ 可微在此省略。假设函数 $f(\boldsymbol{X})$ 是可微的，则以函数 $f(\boldsymbol{X})$ 的 n 个偏导数为分量的向量称为 $f(\boldsymbol{X})$ 在点 $\boldsymbol{X}$ 处的梯度，记为 $\nabla f(\boldsymbol{X})$，可表示为

$$
\nabla f(\boldsymbol{X}) = \left[\frac{\partial f(\boldsymbol{X})}{\partial x_1}, \frac{\partial f(\boldsymbol{X})}{\partial x_2}, \cdots, \frac{\partial f(\boldsymbol{X})}{\partial x_n} \right]^{\mathrm{T}} \tag{2.5}
$$

关于梯度有两点说明。

（1）梯度也可以称为函数 $f(\boldsymbol{X})$ 关于向量 $\boldsymbol{X}$ 的一阶导数。

（2）偏导数是目标函数沿坐标轴方向的变化率，所以梯度 $\nabla f(\boldsymbol{X})$ 是研究目标函数沿哪个方向变化最快的向量。

2）梯度的性质

设函数 $f(\boldsymbol{X})$ 在所考虑的区域内有连续的梯度 $\nabla f(\boldsymbol{X})$（这意味着函数 $f(\boldsymbol{X})$ 是一条光滑的曲线），则梯度有两条重要的性质。

（1）函数在某点的梯度若不为零，则必与过该点的等值面垂直，即梯度向量 $\nabla f(\boldsymbol{X}^{(k)})$ 与过 $\boldsymbol{X}^{(k)}$ 点的等值线（或等值面）的切线是正交的，如图 2.2 所示。

（2）梯度方向是目标函数具有最大变化率的方向，也是函数在点 $\boldsymbol{X}^{(k)}$ 的方向导数最大的方向。因此梯度方向是目标函数的最速上升方向，负梯度方向是函数的最速下降方向。

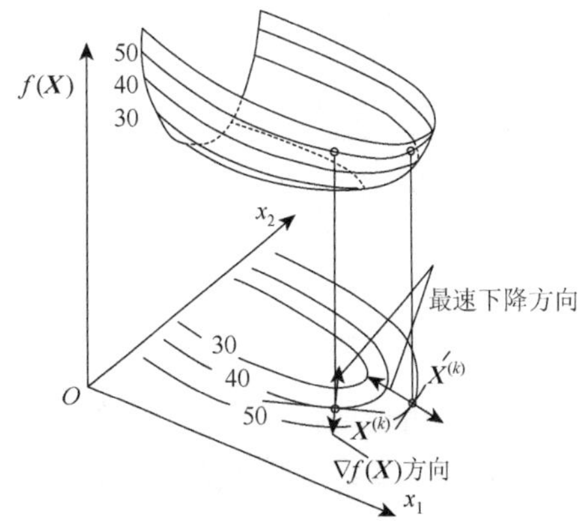

图 2.2　梯度方向的几何意义

首先讨论第一条性质，过点 $\boldsymbol{X}_0$ 的等值面方程为

$$f(\boldsymbol{X})=f(\boldsymbol{X}_0) \text{ 或 } f(x_1,x_2,\cdots,x_n)=\gamma_0 \tag{2.6}$$

式中，$\gamma_0=f(\boldsymbol{X}_0)$。

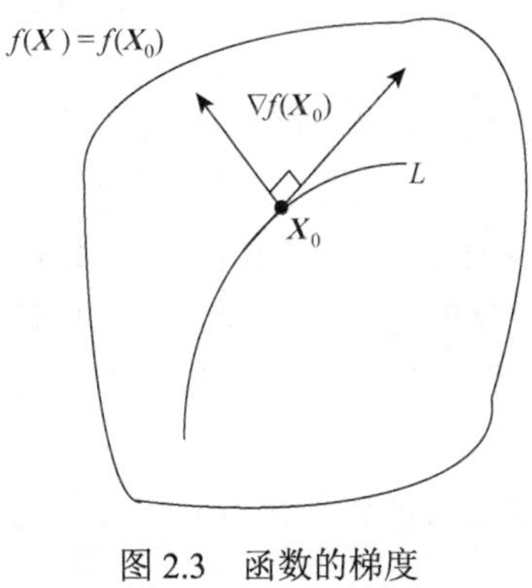

图 2.3　函数的梯度

设等值面上有任意一条光滑曲线 L，如图 2.3 所示，光滑曲线 L 的方程是

$$x_1=x_1(\theta),\quad x_2=x_2(\theta),\cdots,\quad x_n=x_n(\theta) \tag{2.7}$$

式中，θ 是参数。

点 $\boldsymbol{X}_0$ 所对应的参数是 θ_0，把这个曲线方程代入式(2.6)中得

$$f[x_1(\theta),x_2(\theta),\cdots,x_n(\theta)]=\gamma_0 \tag{2.8}$$

两端同时在 θ_0 处关于 θ 求导数，根据复合函数的微分法得到

$$\frac{\partial f(\boldsymbol{X}_0)}{\partial x_1}x_1'(\theta)+\frac{\partial f(\boldsymbol{X}_0)}{\partial x_2}x_2'(\theta)+\cdots+\frac{\partial f(\boldsymbol{X}_0)}{\partial x_n}x_n'(\theta)=0 \tag{2.9}$$

向量 $\boldsymbol{t}(\theta_0)=[x_1'(\theta_0),x_2'(\theta_0),\cdots,x_n'(\theta_0)]^{\mathrm{T}}$ 恰是曲线 L 在 $\boldsymbol{X}_0$ 处的切向量，式（2.9）可以进一步写为

$$\nabla f(\boldsymbol{X}_0)\cdot\boldsymbol{t}(\theta_0)=0 \tag{2.10}$$

式（2.10）说明函数 $f(\boldsymbol{X})$ 在 X_0 处的梯度 $\nabla f(\boldsymbol{X}_0)$ 与过该点的等值面上的任意一条曲线 L 的切线相垂直，从而与过该点的切平面垂直。这证明了第一条性质。

下面讨论梯度的第二条性质。

先从一个例子开始，设 $f(\boldsymbol{X})=x_1^2+x_2^2+1$，其等值线如图 2.4 所示。设 B 点坐标为 $\boldsymbol{X}_0=(0,3)^{\mathrm{T}}$，设有一动点从 B 点出发沿某个方向移动到达 M 点，设其坐标为 $\boldsymbol{X}_0+\boldsymbol{p}$，这时将使目标函

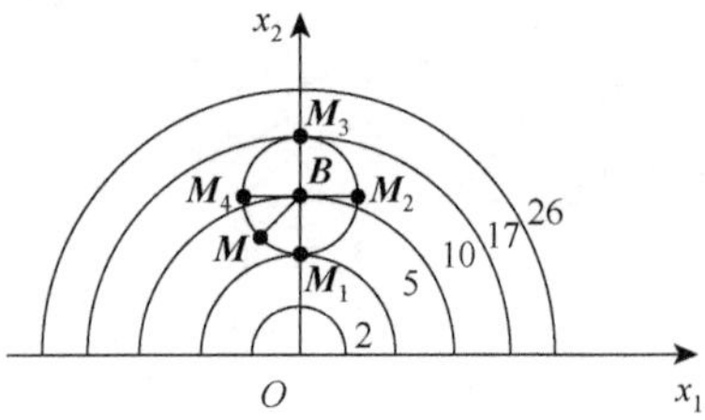

图 2.4 函数的等值线

数发生如下的变化量：$f(\boldsymbol{X}_0+\boldsymbol{p})-f(\boldsymbol{X}_0)$。假设$\|\boldsymbol{p}\|=1$，试问，动点沿哪个方向移动能使目标函数下降或上升最多？

由图 2.4 不难看出，若选 $\boldsymbol{p}=\boldsymbol{BM}_1$，则沿 $\boldsymbol{p}$ 的方向可使目标函数值由 10 降到 5，这是最多的下降，沿 $\boldsymbol{BM}_2$ 时函数值有所增加，沿 $\boldsymbol{BM}_3$ 时函数值获得最大的上升，由 10 上升到 17。

为了精确地描述一般的多维函数 $f(\boldsymbol{X})$ 在 $\boldsymbol{X}_0$ 处沿 $\boldsymbol{p}$ 方向的变化速度，结合方向导数进行说明，多维函数 $f(\boldsymbol{X})$ 在 $\boldsymbol{X}_0$ 处沿 $\boldsymbol{p}$ 方向的方向导数为

$$\left.\frac{\partial f}{\partial \boldsymbol{p}}\right|_{\boldsymbol{X}_0}=\sum_{i=1}^{n}\left.\frac{\partial f}{\partial x_i}\right|_{\boldsymbol{X}_0}\cos\theta_i=\nabla f(\boldsymbol{X}_0)^{\mathrm{T}}\boldsymbol{p}=\|\nabla f(\boldsymbol{X}_0)\|\cos(\nabla f,\boldsymbol{p}) \tag{2.11}$$

由式（2.11）可知，当梯度方向和 $\boldsymbol{p}$ 方向重合时，即 $\cos(\nabla f,\boldsymbol{p})=1$ 时，方向导数值最大，即梯度方向是函数值上升最快的方向，而梯度的模就是函数值变化率的最大值。当梯度方向和 $\boldsymbol{p}$ 方向相反时，即 $\cos(\nabla f,\boldsymbol{p})=-1$ 时，方向导数值最小，即负梯度方向是函数值下降最快的方向。

由此得出结论：梯度方向是目标函数的最速上升方向，负梯度方向是目标函数的最速下降方向。

另外，梯度是在设计空间里的一个矢量。该矢量 $\nabla \boldsymbol{f}$ 的方向是指向函数的最速上升方向，即在梯度方向函数的变化率为最大。函数在某点的梯度矢量指出了该点极小邻域内函数的最速上升方向，因而具有局部性。函数在其定义域范围内的各点都对应着一个确定的梯度。也就是说，不同的点 $\boldsymbol{X}^{(k)}$ 的最速上升方向也不同。函数最速下降方向，在优化设计理论中占有重要地位。函数的负梯度 $-\nabla f(\boldsymbol{X}^{(k)})$ 方向必为函数在点 $\boldsymbol{X}^{(k)}$ 的最速下降方向，不同的设计点，其各自的最速下降方向也不相同。

例 2.1 试求目标函数 $f(\boldsymbol{X})=x_1^2+x_2^2+1$ 在点(0, 3)处的梯度与最速下降方向，并求沿最速下降方向移动一个单位长度后新点的目标函数值。

解：因为$\dfrac{\partial f(\boldsymbol{X})}{\partial x_1}=2x_1$，$\dfrac{\partial f(\boldsymbol{X})}{\partial x_2}=2x_2$，所以在点(0, 3)处的梯度为

$$\nabla f(\boldsymbol{X}_0)=\begin{bmatrix}2x_1\\2x_2\end{bmatrix}=\begin{bmatrix}0\\6\end{bmatrix}$$

因而最速下降方向为

$$-\nabla f(\boldsymbol{X}_0)=\left.\begin{bmatrix}-2x_1\\-2x_2\end{bmatrix}\right|_{\substack{x_1=0\\x_2=3}}=\begin{bmatrix}0\\-6\end{bmatrix}$$

在最速下降方向上的单位向量是

$$\boldsymbol{e}=\frac{-\nabla f(\boldsymbol{X}_0)}{\|-\nabla f(\boldsymbol{X}_0)\|}=\frac{\begin{bmatrix}0\\-6\end{bmatrix}}{6}=\begin{bmatrix}0\\-1\end{bmatrix}$$

移动一个单位长度后新点为

$$\boldsymbol{X}=\boldsymbol{X}_0+\boldsymbol{e}=\begin{bmatrix}0\\3\end{bmatrix}+\begin{bmatrix}0\\-1\end{bmatrix}=\begin{bmatrix}0\\2\end{bmatrix}$$

新点对应的目标函数值为

$$f(\boldsymbol{X})=0^2+2^2+1=5$$

2.1.3 Hessian 矩阵

梯度 $\nabla f(\boldsymbol{X})$ 是 $f(\boldsymbol{X})$ 关于 $\boldsymbol{X}$ 的一阶导数，那么 $f(\boldsymbol{X})$ 关于 $\boldsymbol{X}$ 的二阶导数是什么呢？设 n 维函数 $f(\boldsymbol{X})$ 为至少二次可微且连续的函数，则称式（2.12）所示的 n 阶实矩阵为 Hessian 矩阵。

$$\nabla^2 f(\boldsymbol{X})=\nabla[\nabla f(\boldsymbol{X})]=\begin{bmatrix}\dfrac{\partial^2 f(\boldsymbol{X})}{\partial x_1^2} & \dfrac{\partial^2 f(\boldsymbol{X})}{\partial x_1\partial x_2} & \cdots & \dfrac{\partial^2 f(\boldsymbol{X})}{\partial x_1\partial x_n}\\ \dfrac{\partial^2 f(\boldsymbol{X})}{\partial x_2\partial x_1} & \dfrac{\partial^2 f(\boldsymbol{X})}{\partial x_2^2} & \cdots & \dfrac{\partial^2 f(\boldsymbol{X})}{\partial x_2\partial x_n}\\ \vdots & \vdots & & \vdots\\ \dfrac{\partial^2 f(\boldsymbol{X})}{\partial x_n\partial x_1} & \dfrac{\partial^2 f(\boldsymbol{X})}{\partial x_n\partial x_2} & \cdots & \dfrac{\partial^2 f(\boldsymbol{X})}{\partial x_n^2}\end{bmatrix} \tag{2.12}$$

由于函数的二次偏导数值与变量偏导的次序无关，即 $\dfrac{\partial^2 f(\boldsymbol{X}^{(k)})}{\partial x_i\partial x_j}=\dfrac{\partial^2 f(\boldsymbol{X}^{(k)})}{\partial x_j\partial x_i}$，所以 Hessian 矩阵是由目标函数 $f(\boldsymbol{X})$ 在点 $\boldsymbol{X}^{(k)}$ 处的二阶偏导数组成的 n 阶实对称矩阵，$\nabla^2 f(\boldsymbol{X})$ 有时又记作 $\boldsymbol{H}(\boldsymbol{X}^{(k)})$，如式（2.13）所示。

$$\boldsymbol{H}(\boldsymbol{X}^{(k)})=\begin{bmatrix}\dfrac{\partial^2 f(\boldsymbol{X}^{(k)})}{\partial x_1^2} & \dfrac{\partial^2 f(\boldsymbol{X}^{(k)})}{\partial x_1\partial x_2} & \cdots & \dfrac{\partial^2 f(\boldsymbol{X}^{(k)})}{\partial x_1\partial x_n}\\ \dfrac{\partial^2 f(\boldsymbol{X}^{(k)})}{\partial x_2\partial x_1} & \dfrac{\partial^2 f(\boldsymbol{X}^{(k)})}{\partial x_2^2} & \cdots & \dfrac{\partial^2 f(\boldsymbol{X}^{(k)})}{\partial x_2\partial x_n}\\ \vdots & \vdots & & \vdots\\ \dfrac{\partial^2 f(\boldsymbol{X}^{(k)})}{\partial x_n\partial x_1} & \dfrac{\partial^2 f(\boldsymbol{X}^{(k)})}{\partial x_n\partial x_2} & \cdots & \dfrac{\partial^2 f(\boldsymbol{X}^{(k)})}{\partial x_n^2}\end{bmatrix} \tag{2.13}$$

2.2 多元函数的泰勒展开式

在讨论函数的局部性质时，经常需要用到多元函数的线性近似和平方近似的概念，实际上就是在某一点按泰勒展开式取一次项或二次项逼近该点的函数性态。设目标函数 $f(\boldsymbol{X})$ 在点 $\boldsymbol{X}^{(k)}$ 至少存在二阶偏导数，则在这一点的泰勒二次近似函数为

$$f(\boldsymbol{X}) \approx f(\boldsymbol{X}^{(k)}) + \sum_{i=1}^{n} \frac{\partial f(\boldsymbol{X}^{(k)})}{\partial x_i}(x_i - x_i^{(k)}) + \frac{1}{2}\sum_{i,j=1}^{n} \frac{\partial^2 f(\boldsymbol{X}^{(k)})}{\partial x_i \partial x_j}(x_i - x_i^{(k)})(x_j - x_j^{(k)}) \quad (2.14)$$

这表明，函数 $f(\boldsymbol{X})$ 在点 $\boldsymbol{X}^{(k)}$ 附近可用一个二次型函数来逼近，式（2.14）也可以写成向量矩阵形式，如式（2.15）所示。

$$f(\boldsymbol{X}) \approx f(\boldsymbol{X}^{(k)}) + [\nabla f(\boldsymbol{X}^{(k)})]^{\mathrm{T}}(\boldsymbol{X} - \boldsymbol{X}^{(k)}) + \frac{1}{2}[(\boldsymbol{X} - \boldsymbol{X}^{(k)})]^{\mathrm{T}}\boldsymbol{H}(\boldsymbol{X}^{(k)})[(\boldsymbol{X} - \boldsymbol{X}^{(k)})] \quad (2.15)$$

式中，$\boldsymbol{H}(\boldsymbol{X}^{(k)})$ 为 Hessian 矩阵，如式（2.13）所示。

如果上述逼近只截取泰勒展开式的一次项，则可得到函数 $f(\boldsymbol{X})$ 在点 $\boldsymbol{X}^{(k)}$ 的泰勒一次近似函数为

$$f(\boldsymbol{X}) \approx f(\boldsymbol{X}^{(k)}) + [\nabla f(\boldsymbol{X}^{(k)})]^{\mathrm{T}}(\boldsymbol{X} - \boldsymbol{X}^{(k)}) \quad (2.16)$$

例 2.2 试将函数 $f(\boldsymbol{X}) = 4 + 4.5x_1 - 4x_2 + x_1^2 + 2x_2^2 - 2x_1x_2 + x_1^4 - 2x_1^2x_2$ 在点(2.0, 2.5)处展开为泰勒二次近似式。

解：根据式（2.14）将函数 $f(\boldsymbol{X})$ 在点（2.0, 2.5）二阶泰勒展开，得

$$\begin{aligned} f(x_1, x_2) &\approx \frac{11}{2} + \left[\frac{11}{2}, -6\right]\begin{bmatrix} x_1 - 2 \\ x_2 - 2.5 \end{bmatrix} + \frac{1}{2}[x_1 - 2, x_2 - 2.5]\begin{bmatrix} 40 & -10 \\ -10 & 4 \end{bmatrix}\begin{bmatrix} x_1 - 2 \\ x_2 - 2.5 \end{bmatrix} \\ &= 32 - 39.5x_1 + 4x_2 + 20x_1^2 + 2x_2^2 - 10x_1x_2 \end{aligned}$$

将上述函数在点 $\boldsymbol{X}^{(k)} = (2.0, 2.5)$ 线性展开，即由式（2.16）可得

$$\begin{aligned} f(x_1, x_2) &\approx \frac{11}{2} + \left[\frac{11}{2}, -6\right]\begin{bmatrix} x_1 - 2 \\ x_2 - 2.5 \end{bmatrix} \\ &= 9.5 + 5.5x_1 - 6x_2 \end{aligned}$$

由例 2.2 可见，采用泰勒展开式方法可将一个复杂的非线性函数简化为低次的二次函数或一次函数，从而便于优化问题的分析与求解。

2.3 二 次 函 数

2.3.1 二次函数的标准形式

在 n 元目标函数中，除了线性函数，最简单也最重要的一类函数就是二次函数，由 2.2 节的讨论可知，任何一个复杂的多元函数都可采用泰勒二次展开式进行局部逼近，使复杂函数简化为二次函数，二次函数在讨论优化算法时具有重要的地位。二次函数的标准形式如式（2.17）所示。

$$f(x_1, x_2, \cdots, x_n) = \frac{1}{2}\sum_{i=1}^{n}\sum_{j=1}^{n} q_{ij}x_ix_j + \sum_{i=1}^{n} b_ix_i + c \quad (2.17)$$

式中，q_{ij}、b_i、c 都是实常数，且 $q_{ij} = q_{ji}$。

其矩阵形式为

$$f(\boldsymbol{X}) = \frac{1}{2}\boldsymbol{X}^{\mathrm{T}}\boldsymbol{Q}\boldsymbol{X} + \boldsymbol{B}^{\mathrm{T}}\boldsymbol{X} + c \quad (2.18)$$

式中，$\boldsymbol{Q}=\begin{bmatrix} q_{11} & q_{12} & \cdots & q_{1n} \\ q_{21} & q_{22} & \cdots & q_{2n} \\ \vdots & \vdots & & \vdots \\ q_{n1} & q_{n2} & \cdots & q_{nn} \end{bmatrix}$，$\boldsymbol{B}=\begin{bmatrix} b_1 \\ b_2 \\ \vdots \\ b_n \end{bmatrix}$。

这里的 $\boldsymbol{Q}$ 是 n 阶对称矩阵，$\boldsymbol{B}$ 为 n 阶常数列阵。在代数中把特殊的二次函数 $f(\boldsymbol{X})=\dfrac{1}{2}\boldsymbol{X}^{\mathrm{T}}\boldsymbol{Q}\boldsymbol{X}$ 称为二次型。

2.3.2　正定矩阵、负定矩阵的判定

矩阵有正定矩阵和负定矩阵之分，设 $\boldsymbol{Q}$ 是 n 阶矩阵，若 $\forall \boldsymbol{X}\in \mathbf{R}^n$ 且 $\boldsymbol{X}\neq\mathbf{0}$，都有 $\boldsymbol{X}^{\mathrm{T}}\boldsymbol{Q}\boldsymbol{X}>\mathbf{0}$，则称矩阵 $\boldsymbol{Q}$ 是正定矩阵；若 $\forall \boldsymbol{X}\in \mathbf{R}^n$ 且 $\boldsymbol{X}\neq\mathbf{0}$，都有 $\boldsymbol{X}^{\mathrm{T}}\boldsymbol{Q}\boldsymbol{X}\geqslant\mathbf{0}$，则称矩阵 $\boldsymbol{Q}$ 是半正定矩阵；若 $\forall \boldsymbol{X}\in \mathbf{R}^n$ 且 $\boldsymbol{X}\neq\mathbf{0}$，都有 $\boldsymbol{X}^{\mathrm{T}}\boldsymbol{Q}\boldsymbol{X}<\mathbf{0}$，则称矩阵 $\boldsymbol{Q}$ 是负定矩阵；若 $\forall \boldsymbol{X}\in \mathbf{R}^n$ 且 $\boldsymbol{X}\neq\mathbf{0}$，都有 $\boldsymbol{X}^{\mathrm{T}}\boldsymbol{Q}\boldsymbol{X}\leqslant\mathbf{0}$，则称矩阵 $\boldsymbol{Q}$ 是半负定矩阵；若 $\forall \boldsymbol{X}\in \mathbf{R}^n$ 且 $\boldsymbol{X}\neq\mathbf{0}$，都有 $\boldsymbol{X}^{\mathrm{T}}\boldsymbol{Q}\boldsymbol{X}=\mathbf{0}$，则称矩阵 $\boldsymbol{Q}$ 是不定矩阵。

由线性代数可知，矩阵的正定性除了可以用上面的定义判断，还可以用矩阵的各阶主子式进行判断。主子式就是包含第一个元素在内的左上角各阶子矩阵所对应的行列式。如果矩阵的各阶主子式均大于零，则该矩阵是正定矩阵。如果矩阵的各阶主子式负正相间，则该矩阵是负定矩阵。如果式（2.18）中的矩阵 $\boldsymbol{Q}$ 是正定的，则该函数为正定的二次函数。

可以证明，如果矩阵 $\boldsymbol{Q}$ 是正定的，则式（2.17）或式（2.18）的等值面是同心椭球面簇，其中心就是二次函数的极小值点，而且它的中心是 $\boldsymbol{X}^*=-\boldsymbol{Q}^{-1}\boldsymbol{B}$。

例 2.3　把 $f(\boldsymbol{X})=2x_1^2+5x_2^2+x_3^2+2x_2x_3+2x_3x_1-6x_2+3$ 化为矩阵形式，并验证 $\boldsymbol{Q}$ 是否正定，若正定，试用公式 $\boldsymbol{X}^*=-\boldsymbol{Q}^{-1}\boldsymbol{B}$ 计算这个函数的极小值点及极小值。

解：根据式（2.18），可求得 $\boldsymbol{Q}$ 与 $\boldsymbol{B}$ 为

$$\boldsymbol{Q}=\begin{bmatrix} 4 & 0 & 2 \\ 0 & 10 & 2 \\ 2 & 2 & 2 \end{bmatrix},\quad \boldsymbol{B}=\begin{bmatrix} 0 \\ -6 \\ 0 \end{bmatrix}$$

矩阵 $\boldsymbol{Q}$ 一阶主子式：

$$|4|=4>0$$

矩阵 $\boldsymbol{Q}$ 二阶主子式：

$$\begin{vmatrix} 4 & 0 \\ 0 & 10 \end{vmatrix}=40>0$$

矩阵 $\boldsymbol{Q}$ 三阶主子式：

$$\begin{vmatrix} 4 & 0 & 2 \\ 0 & 10 & 2 \\ 2 & 2 & 2 \end{vmatrix}=80-40-16=24>0$$

由于矩阵 $\boldsymbol{Q}$ 的各阶主子式均大于零，所以 $\boldsymbol{Q}$ 为正定矩阵，目标函数 $f(\boldsymbol{X})$ 有极小值，极小值点可由 $\boldsymbol{X}^*=-\boldsymbol{Q}^{-1}\boldsymbol{B}$ 计算得出。

$$\boldsymbol{Q}^{-1}=\begin{bmatrix}\frac{16}{24} & \frac{4}{24} & -\frac{20}{24}\\ \frac{4}{24} & \frac{4}{24} & -\frac{8}{24}\\ -\frac{20}{24} & -\frac{8}{24} & \frac{40}{24}\end{bmatrix}=\begin{bmatrix}\frac{2}{3} & \frac{1}{6} & -\frac{5}{6}\\ \frac{1}{6} & \frac{1}{6} & -\frac{1}{3}\\ -\frac{5}{6} & -\frac{1}{3} & \frac{5}{3}\end{bmatrix}$$

所以极小值点为

$$\boldsymbol{X}^*=-\boldsymbol{Q}^{-1}\boldsymbol{B}=-\begin{bmatrix}\frac{2}{3} & \frac{1}{6} & -\frac{5}{6}\\ \frac{1}{6} & \frac{1}{6} & -\frac{1}{3}\\ -\frac{5}{6} & -\frac{1}{3} & \frac{5}{3}\end{bmatrix}\begin{bmatrix}0\\ -6\\ 0\end{bmatrix}=\begin{bmatrix}1\\ 1\\ -2\end{bmatrix}$$

极小值为

$$f(\boldsymbol{X}^*)=\min f(\boldsymbol{X})=2+5+4-4-4-6+3=0$$

2.4　无约束优化问题的极值条件

优化设计问题中目标函数取得极小值时，极值点所应满足的条件，称为极值条件，又称为最优条件。无约束优化问题的实质是求解目标函数在 n 维空间中的极值。由高等数学可知，任何一个单值、连续可微的一元函数，取得极值的必要条件是一阶导数等于零，即

$$f'(x^*)=0 \tag{2.19}$$

但一般来说，使 $f'(x^*)=0$ 的点不一定都是极值点，因此 $f'(x^*)=0$ 仅为极值点的必要条件，而非充分条件。通常称 $f'(x^*)=0$ 的点为驻点。极值点必为驻点，但驻点不全是极值点。驻点是否为极值点可以通过二阶导数来判断。极值点存在的充分条件：若在驻点附近，$f''(x)<0$，则该点为极大值点；若在驻点附近，$f''(x)\geqslant 0$，则该点为极小值点。

多元函数 $f(\boldsymbol{X})$ 取得极值的必要条件是

$$\nabla f(\boldsymbol{X}^*)=0 \tag{2.20}$$

即每一个一阶偏导数都必须为零，或者说，梯度为 n 维零向量。而这只是必要条件，满足式（2.20）的点称为驻点，是极大值点、极小值点还是鞍点需要进一步利用二阶导数进行判断。

设 f：$D\subset\mathbf{R}^n\to\mathbf{R}^1$（$f$ 是定义在 $\mathbf{R}^n$ 中区域 D 上的实值函数），具有连续二阶偏导数。设 $\boldsymbol{X}_0$ 为 D 上的一个点，则函数可以在该点附近泰勒级数展开

$$f(\boldsymbol{X})=f(\boldsymbol{X}_0)+\sum_{i=1}^{n}\frac{\partial f(\boldsymbol{X}_0)}{\partial x_i}\Delta x_i+\frac{1}{2}\sum_{i,j=1}^{n}\frac{\partial^2 f(\boldsymbol{X}_0)}{\partial x_i\partial x_j}\Delta x_i\Delta x_j+\theta(\delta\boldsymbol{X}^3) \tag{2.21}$$

式中，$\Delta x_i=x_i-x_{i0}(i=1,2,\cdots,n)$；$\theta(\delta\boldsymbol{X}^3)$ 表示三阶以上的高阶小量。

如果用向量和矩阵来表示，式（2.21）可简写为

$$\begin{cases} f(\boldsymbol{X}) = f(\boldsymbol{X}_0) + \nabla f(\boldsymbol{X})^{\mathrm{T}} \Delta \boldsymbol{X} + \dfrac{1}{2} \Delta \boldsymbol{X}^{\mathrm{T}} \nabla^2 f(\boldsymbol{X}_0) \Delta \boldsymbol{X} \\ \Delta \boldsymbol{X} = \boldsymbol{X} - \boldsymbol{X}_0 \end{cases} \tag{2.22}$$

当点 $\boldsymbol{X}^*$ 为驻点时，将式（2.20）代入式（2.22），得

$$f(\boldsymbol{X}) - f(\boldsymbol{X}^*) = \frac{1}{2} \Delta \boldsymbol{X}^{\mathrm{T}} \nabla^2 f(\boldsymbol{X}^*) \Delta \boldsymbol{X} \tag{2.23}$$

而欲使点 $\boldsymbol{X}^*$ 为极值点，只要在点 $\boldsymbol{X}^*$ 附近满足

$$f(\boldsymbol{X}) - f(\boldsymbol{X}^*) > 0 \tag{2.24}$$

即

$$\frac{1}{2} \Delta \boldsymbol{X}^{\mathrm{T}} \nabla^2 f(\boldsymbol{X}^*) \Delta \boldsymbol{X} > 0 \tag{2.25}$$

或者说，在点 $\boldsymbol{X}^*$ 的 Hessian 矩阵 $\nabla^2 f(\boldsymbol{X}^*)$ 是正定的。这就是 $\boldsymbol{X}^*$ 为极小值点的充分条件。同理，在点 $\boldsymbol{X}^*$ 的 Hessian 矩阵是负定的，这就是 $\boldsymbol{X}^*$ 为极大值点的充分条件。

从上面的分析可以得出下述结论，对于多元函数 $f(x_1, x_2, \cdots, x_n)$，若在 $\boldsymbol{X}^*$ 处取得极值的必要条件为

$$\nabla f(\boldsymbol{X}^*) = \begin{bmatrix} \dfrac{\partial f}{\partial x_1} & \dfrac{\partial f}{\partial x_2} & \cdots & \dfrac{\partial f}{\partial x_n} \end{bmatrix}_{\boldsymbol{X}^*}^{\mathrm{T}} = 0$$

而对于多元函数 $f(x_1, x_2, \cdots, x_n)$，其在 $\boldsymbol{X}^*$ 处取得极值的充分条件为

$$\boldsymbol{H}(\boldsymbol{X}^*) = \begin{bmatrix} \dfrac{\partial^2 f}{\partial x_1^2} & \dfrac{\partial^2 f}{\partial x_1 \partial x_2} & \cdots & \dfrac{\partial^2 f}{\partial x_1 \partial x_n} \\ \dfrac{\partial^2 f}{\partial x_2 \partial x_1} & \dfrac{\partial^2 f}{\partial x_2^2} & \cdots & \dfrac{\partial^2 f}{\partial x_2 \partial x_n} \\ \vdots & \vdots & & \vdots \\ \dfrac{\partial^2 f}{\partial x_n \partial x_1} & \dfrac{\partial^2 f}{\partial x_n \partial x_2} & \cdots & \dfrac{\partial^2 f}{\partial x_n^2} \end{bmatrix}_{\boldsymbol{X}^*}$$

即 Hessian 矩阵正定或负定。

例 2.4　求解 $f(\boldsymbol{X}) = 2x_1^2 + 5x_2^2 + x_3^2 + 2x_2x_3 + 2x_3x_1 - 6x_2 + 3$ 的极值点和极值。

解：由 $f(\boldsymbol{X}) = 2x_1^2 + 5x_2^2 + x_3^2 + 2x_2x_3 + 2x_3x_1 - 6x_2 + 3$，分别对 x_1、x_2 和 x_3 求导数。

$$\frac{\partial f(\boldsymbol{X})}{\partial x_1} = 4x_1 + 2x_3 = 0, \quad \frac{\partial f(\boldsymbol{X})}{\partial x_2} = 10x_2 + 2x_3 - 6 = 0, \quad \frac{\partial f(\boldsymbol{X})}{\partial x_3} = 2x_3 + 2x_2 + 2x_1 = 0$$

解得 $x_1 = 1, x_2 = 1, x_3 = -2$，即 $\boldsymbol{X} = (1 \quad 1 \quad -2)^{\mathrm{T}}$ 是一个驻点，再利用 Hessian 矩阵性质来判断此点是否是极值点。

Hessian 矩阵 $\nabla^2 f(\boldsymbol{X})$ 为

$$\nabla^2 f(\boldsymbol{X}) = \begin{bmatrix} 4 & 0 & 2 \\ 0 & 10 & 2 \\ 2 & 2 & 2 \end{bmatrix}$$

由于$\nabla^2 f(\boldsymbol{X})$的各阶主子式皆大于零，即 Hessian 矩阵是正定的，故驻点$\boldsymbol{X}=(1\quad 1\quad -2)^{\mathrm{T}}$为极小值点，对应于该极小值点的函数极小值为$f(\boldsymbol{X})=0$。

2.5　凸函数与凸规划

当极值点$\boldsymbol{X}^*$能使$f(\boldsymbol{X}^*)$在整个可行域中为最小值时，即在整个可行域中对任一$\boldsymbol{X}$都有$f(\boldsymbol{X})\geqslant f(\boldsymbol{X}^*)$，则$\boldsymbol{X}^*$为全局最优点。若$f(\boldsymbol{X}^*)$为局部可行域中的极小值而非整个可行域的最小值时，则称$\boldsymbol{X}^*$为局部最优点或相对最优点。优化设计一般总期望能获得函数的全局最优解，但在什么情况下可以获得全局最优解，这就涉及函数的凸性、凸规划等问题。函数的凸性表现为单峰性。对于具有凸性特点的函数，其极值点只有一个，因而该点既是局部最优点也是全局最优点。为了研究函数的凸性，下面首先介绍凸集的概念。

2.5.1　凸集

为考虑多元函数的凸性，并对凸函数进行定义，首先应建立凸集的概念。设D为n维欧氏空间中设计点的一个集合，若其中任意两点$\boldsymbol{X}^{(1)}$和$\boldsymbol{X}^{(2)}$的连线上的点都属于集合D，则称D为n维欧氏空间中的一个凸集。图 2.5 为凸集与非凸集示意图，其中图 2.5（a）为二维空间中的凸集，图 2.5（b）为二维空间中的非凸集。

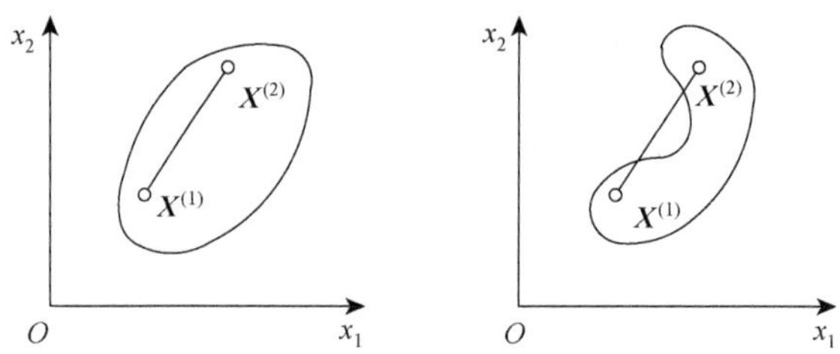

(a) 凸集　　(b) 非凸集

图 2.5　凸集与非凸集示意图

点$\boldsymbol{X}^{(1)}$和点$\boldsymbol{X}^{(2)}$两点之间的连线，在数学上可以表示为$\boldsymbol{X}=\lambda\boldsymbol{X}^{(1)}+(1-\lambda)\boldsymbol{X}^{(2)}$，$\lambda$为 0～1 的任意实数，对于区间[0, 1]上的一切λ得到的点$\boldsymbol{X}$为$\boldsymbol{X}^{(1)}$和$\boldsymbol{X}^{(2)}$两点之间连线的点。

凸集具有下列性质。

（1）若D为凸集，λ为一个实数，则集合$\lambda\cdot D$仍是凸集。

（2）若D和F均为凸集，则其和（或并）仍是凸集。

（3）任何一组凸集的积（或交）仍是凸集。

2.5.2　凸函数

具有凸性（表现为单峰性）或只有唯一的局部最优值即全局最优值的函数，称为凸函数。凸函数的数学定义如下所示。

设 $f(\boldsymbol{X})$ 为定义在 n 维欧氏空间中凸集 D 上的函数，若对任何实数 $\xi(0 \leqslant \xi \leqslant 1)$ 及 D 域中任意两点 $\boldsymbol{X}^{(1)}$ 和 $\boldsymbol{X}^{(2)}$ 存在如下不等式：

$$f[\xi \boldsymbol{X}^{(1)}+(1-\xi)\boldsymbol{X}^{(2)}] \leqslant \xi f(\boldsymbol{X}^{(1)})+(1-\xi) f(\boldsymbol{X}^{(2)}) \tag{2.26}$$

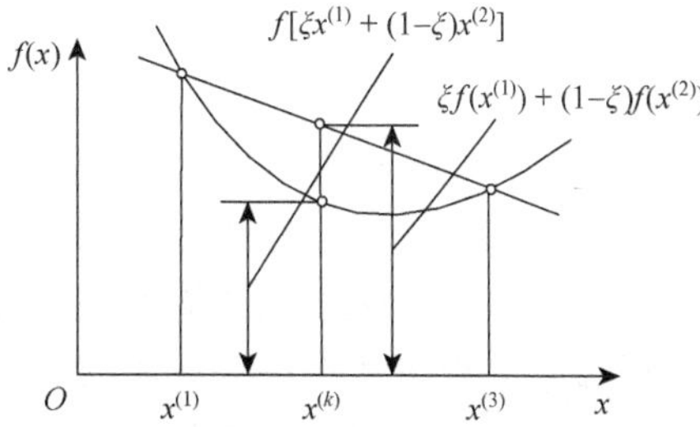

图 2.6　一元凸函数的定义

则称函数 $f(\boldsymbol{X})$ 是定义在凸集 D 上的凸函数。若将式（2.28）中的“≤”改为“<”，则此时 $f(\boldsymbol{X})$ 称为严格凸函数。为了理解凸函数的定义，以图 2.6 所示的一维函数来说明。在图 2.6 中，一元函数在凸集中任取两点 $x^{(1)}$ 和 $x^{(2)}$，连接该函数曲线上的两对应点成一条直线，若该连线上任意一点 $x^{(k)}$ 的函数值 $\xi f(x^{(1)})+(1-\xi) f(x^{(2)})$ 恒大于该点的函数值 $f[\xi x^{(1)}+(1-\xi) x^{(2)}]$，即函数 $f(x)$ 曲线上任意两点所连的直线不会落在曲线弧线以下，则 $f(x)$ 为凸函数。

为了判断一个函数是否为凸函数，可以用下列函数的凸性条件来判别。设函数 $f(\boldsymbol{X})$ 定义在凸集 D 上，且存在连续二阶导数，$f(\boldsymbol{X})$ 的 Hessian 矩阵为 $\boldsymbol{H}(\boldsymbol{X})$，则它在该域上是严格凸函数的充要条件是：对于该域上一切点 $\boldsymbol{X} \in D$，其 Hessian 矩阵 $\boldsymbol{H}(\boldsymbol{X})$ 都是正定的，而凸函数的充要条件是 Hessian 矩阵 $\boldsymbol{H}(\boldsymbol{X})$ 都是半正定的。可以证明，如果目标函数 $f(\boldsymbol{X})$ 是凸集 D 上的凸函数，而且在可行域内存在极小值点 $\boldsymbol{X}^*$，则极小值点是唯一的，且必是可行域 D 上的全局极小值点。也就是说，只要目标函数 $f(\boldsymbol{X})$ 是凸集 D 上的凸函数，则驻点只有一个，它既是局部极小值点也是全局极小值点。

凸函数的基本性质如下所示。

（1）若 $f(\boldsymbol{X})$ 为凸集 D 上的凸函数，则 $f(\boldsymbol{X})$ 在 D 上的一个极小值点也就是 $f(\boldsymbol{X})$ 在 D 上的全局极小值点。

（2）若 $f(\boldsymbol{X})$ 为凸集 D 上的凸函数，则 $af(\boldsymbol{X})(a>0)$ 也是 D 上的凸函数。

（3）若 $f_1(\boldsymbol{X})$ 和 $f_2(\boldsymbol{X})$ 为凸集 D 上的两个凸函数，则对于 $a>0$ 和 $b>0$，函数 $af_1(\boldsymbol{X})+bf_2(\boldsymbol{X})$ 仍为凸集 D 上的凸函数。

2.5.3　凸规划

对于约束优化问题

$$\begin{cases} \min \ \ f(\boldsymbol{X})=f(x_1,x_2,\cdots x_n), \quad \boldsymbol{X} \in \mathbf{R}^n \\ \text{s.t.} \ \ g_u(\boldsymbol{X}) \leqslant 0, \quad u=1,2,\cdots,m \end{cases} \tag{2.27}$$

如果目标函数和不等式约束函数均为凸函数，则称该约束优化问题为凸规划。凸规划具有下列性质。

（1）凸规划的可行设计域为凸集，因而凸规划的局部最优解就是它的全局最优解。

（2）当凸规划的目标函数为严格凸函数时，若存在最优解，则这个最优解一定是唯一的最优解。

由于线性函数既为凸函数，也为凹函数，故线性规划也属于凸规划。需要指出的是，实际工程优化问题往往不是凸规划问题，因此采用常用的优化方法求得的最优解往往是局部最优解，通过比较多个局部最优解，最后得到一个全局最优解。

2.6　约束优化问题的极值条件

对式（1.15）的约束优化问题求解不仅与目标函数的性态有关，而且与约束函数的性态也密切相关，即在约束函数确定的可行域内确定目标函数的极值点，也称约束最优点，因而约束优化问题比无约束优化问题更为复杂，其极值点往往不是无约束优化问题的极值点。约束条件可分为等式约束与不等式约束，等式约束与不等式约束优化问题的极值条件不同，因而其优化方法也有所不同，下面就等式约束和不等式约束两种情况加以讨论。

2.6.1　等式约束的极值条件

求解等式约束优化问题在高等数学中有两种经典的方法：消元法（降维法）和拉格朗日乘子法（增维法）。求解等式约束化问题的理论基础是导出极值存在的条件。消元法的基本思想是把约束优化问题转化为无约束优化问题，即将等式约束条件代入目标函数进行消元，将等式约束优化问题转化为无约束优化问题求解。由于消元法通过减少设计变量数量进行优化问题求解，又称为降维法。

拉格朗日乘子法的基本思想是通过增加设计变量将 n 元目标函数和 m 个等式约束的优化设计问题转换为 $n+m$ 个设计变量的无约束优化问题。拉格朗日乘子法的基本过程如下所示。

对 n 元函数 $f(\boldsymbol{X})$（$\boldsymbol{X}$ 为 n 维向量），且有 m 个等式的约束条件，即

$$\begin{cases}\min\ \ f(\boldsymbol{X})=f(x_1,x_2,\cdots x_n), & \boldsymbol{X}\in\mathbf{R}^n\\ \text{s.t.}\ \ \ h_k(\boldsymbol{X})=0,\ k=1,2,\cdots,m, & m<n\end{cases}\tag{2.28}$$

在上述约束优化问题中引入拉格朗日乘子 $\lambda_k(k=1,2,\cdots,l)$，把等式约束问题构造为拉格朗日函数 $F(\boldsymbol{X},\lambda)$，即

$$F(\boldsymbol{X},\lambda)=f(\boldsymbol{X})+\sum_{k=1}^{l}\lambda_k h_k(\boldsymbol{X})\tag{2.29}$$

新构造的拉格朗日函数 $F(\boldsymbol{X},\lambda)$ 具有极小值点的必要条件为

$$\begin{cases}\dfrac{\partial F}{\partial x_i}=0, & i=1,2,\cdots,n\\[2ex] \dfrac{\partial F}{\partial \lambda_k}=0, & k=1,2,\cdots,m\end{cases}\tag{2.30}$$

式（2.30）中包含 $x_i(i=1,2,\cdots,n)$ 和 $\lambda_k(k=1,2,\cdots,m)$ 共有 $n+m$ 个设计变量，而式（2.30）中共有 $n+m$ 个方程，故能求解。引入 λ，使变量及方程的数目都增加了，故称为增维法。

2.6.2　不等式约束的极值条件

对于多元函数不等式的约束优化问题：

$$\begin{cases}\min\ \ f(\boldsymbol{X})=f(x_1,x_2,\cdots,x_n)\\ \text{s.t.}\ \ \ g_u(\boldsymbol{X})\leqslant 0,\ u=1,2,\cdots,m\end{cases}\tag{2.31}$$

其求解的基本思想是引入松弛变量，使不等式变为等式约束，接着利用拉格朗日乘子法求解等式约束的极值。引入 m 个松弛变量 $\boldsymbol{a}=[a_1,a_2,\cdots,a_m]$，使不等式约束化为等式约束：

$$h_j(\boldsymbol{X},a_j)=g_j(\boldsymbol{X})+a_j^2=0,\ j=1,2,\cdots,m\tag{2.32}$$

引入拉格朗日乘子 $\boldsymbol{\mu}=[\mu_1,\mu_2,\cdots,\mu_j]$（其中 $\mu_j(j=1,2,\cdots,m)\geqslant 0$），构成一个新的目标函数：

$$F(\boldsymbol{X},\boldsymbol{\mu},\boldsymbol{a})=f(\boldsymbol{X})+\sum_{j=1}^{m}\mu_j g_j(\boldsymbol{X})+\sum_{j=1}^{m}\mu_j a_j^2\tag{2.33}$$

根据无约束优化问题的极值条件，令新的目标函数的梯度等于零，即使

$$\nabla F(\boldsymbol{X},\boldsymbol{\mu},\boldsymbol{a})=0\tag{2.34}$$

则根据式（2.34）有

$$\begin{cases}\dfrac{\partial F}{\partial \boldsymbol{X}}=\nabla f(\boldsymbol{X})+\displaystyle\sum_{j=1}^{m}\mu_j\nabla g_j(\boldsymbol{X})=0\\ \dfrac{\partial F}{\partial \mu_j}=g_j(\boldsymbol{X})+a_j^2=0,\ j=1,2,\cdots,m\\ \dfrac{\partial F}{\partial a_j}=2\mu_j a_j=0\end{cases}\tag{2.35}$$

从式（2.35）分析可知，当 $\mu_j\neq 0$ 时，有 $a_j=0$ 和 $g_j(\boldsymbol{X})=0$，此时设计点 $\boldsymbol{X}$ 在约束边界上；若 $g_j(\boldsymbol{X})<0$，便有 $a_j>0$，从而 $\mu_j=0$；若 $g_j(\boldsymbol{X})=0$，便有 $a_j=0$，此时又有 $\mu_j\geqslant 0$，因此式（2.35）可以写为

$$\begin{cases}\dfrac{\partial F}{\partial \boldsymbol{X}}=\nabla f(\boldsymbol{X})+\displaystyle\sum_{j=1}^{m}\mu_j\nabla g_j(\boldsymbol{X})=0\\ \mu_j g_j(\boldsymbol{X})=0,\ j=1,2,\cdots,m\\ \mu_j\geqslant 0\end{cases}\tag{2.36}$$

式（2.36）就是含有不等式约束时的多元目标函数取极值的必要条件，称为 Kuhn-Tucker 条件，简称 K-T 条件。它是非线性优化问题的重要理论，由上述分析可知，若极值点 $\boldsymbol{X}^*$ 处有 $g_j(\boldsymbol{X}^*)<0$，则对应该约束的 $\mu_j=0$，从而对应式（2.36）中 $\nabla g_j(\boldsymbol{X}^*)$ 不起作用；若极值点 $\boldsymbol{X}^*$ 处有 $g_j(\boldsymbol{X}^*)=0$，则对应该约束的 μ_j 可能不为零，从而对应式(2.36)中 $\nabla g_j(\boldsymbol{X}^*)$ 才起作用。

Kuhn-Tucker 条件表明，如果点 $\boldsymbol{X}^*$ 是函数 $f(\boldsymbol{X})$ 的极值点，要么 $\nabla f(\boldsymbol{X}^*)=0$（此时 $\mu_j=0$）或者目标函数的负梯度等于起作用约束梯度的非负线性组合（此时 $\mu_j\geqslant 0$）。

Kuhn-Tucker 条件的几何意义：在约束极小值点 $\boldsymbol{X}^*$ 处，函数 $f(\boldsymbol{X})$ 的负梯度一定能表示成起作用约束在该点梯度（法向量）的非负线性组合。

Kuhn-Tucker 条件在二维空间的几何意义如图 2.7（a）所示，图中 $g_1(\boldsymbol{X})$ 和 $g_2(\boldsymbol{X})$ 是极值点处的边界约束，约束梯度 $\nabla g_1(\boldsymbol{X})$ 和 $\nabla g_2(\boldsymbol{X})$ 分别指向约束 $g_1(\boldsymbol{X})$ 和 $g_2(\boldsymbol{X})$ 增加的方向，目标函数负梯度指向目标函数下降的方向，此时，$-\nabla f(\boldsymbol{X}^*)$ 处在 $g_1(\boldsymbol{X}^*)$ 和 $g_2(\boldsymbol{X}^*)$ 的角锥之内，即线性组合的系数为正，是 $\boldsymbol{X}^*$ 取得极值的必要条件。如图 2.7（b）所示，若某点 $\boldsymbol{X}^*$ 使得 $-\nabla f(\boldsymbol{X}^*)$ 不落在 $g_1(\boldsymbol{X}^*)$ 和 $g_2(\boldsymbol{X}^*)$ 形成的角锥之内，则 $\boldsymbol{X}^*$ 为非极值点。

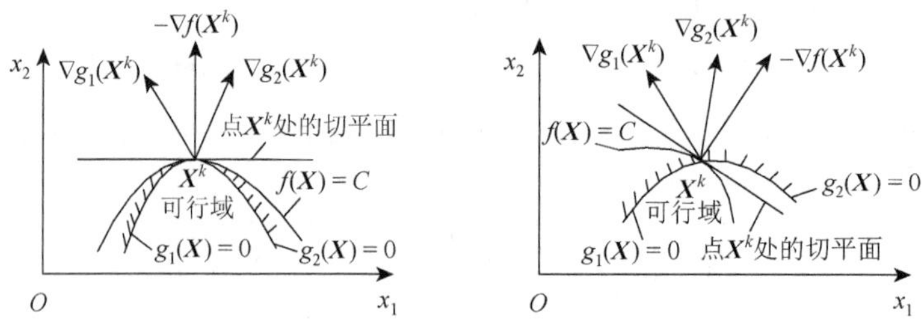

(a) 负梯度方向在约束梯度之内　　(b) 负梯度方向在约束梯度之外

图 2.7　负梯度方向与约束梯度的关系

Kuhn-Tucker 条件是多元函数取得极值的必要条件，既可以用来作为约束极值点的判别条件，又可以用来直接求解比较简单的约束优化问题。对于目标函数和约束函数都是凸函数的情况，即为凸规划时，符合 Kuhn-Tucker 条件的点一定是全局最优点，这种情况下 Kuhn-Tucker 条件为多元函数取得约束极值的充分必要条件。

例 2.5　试用 Kuhn-Tucker 条件判断点 $\boldsymbol{X}^*=[1,0]^{\mathrm{T}}$ 是否为下列约束优化设计问题的极值点。

$$\begin{cases}\min\ f(\boldsymbol{X})=(x_1-2)^2+x_2^2\\ \text{s.t.}\ \ g_1(\boldsymbol{X})=x_1^2+x_2-1\leqslant 0\\ \qquad g_2(\boldsymbol{X})=-x_2\leqslant 0\\ \qquad g_3(\boldsymbol{X})=-x_1\leqslant 0\end{cases}$$

解：根据目标函数和约束条件，画出该优化问题的目标函数等值线和可行域如图 2.8 所示。由图 2.8 可见，在点 $\boldsymbol{X}^*=[1,0]^{\mathrm{T}}$ 处有

$$\begin{cases}g_1(\boldsymbol{X}^*)=0\\ g_2(\boldsymbol{X}^*)=0\\ g_3(\boldsymbol{X}^*)=-1\end{cases}$$

因此在点 $\boldsymbol{X}^*=[x_1^*,x_2^*]^{\mathrm{T}}=[1,0]^{\mathrm{T}}$ 处起作用的约束为 $g_1(\boldsymbol{X})$ 和 $g_2(\boldsymbol{X})$。

目标函数和约束函数在点 $\boldsymbol{X}^*$ 处的梯度为

$$\nabla f(\boldsymbol{X}^*)=\begin{bmatrix}2(x_1^*-2)\\ 2x_2^*\end{bmatrix}_{\substack{x_1^*\\ x_2^*}}=\begin{bmatrix}-2\\ 0\end{bmatrix}$$

$$\nabla g_1(\boldsymbol{X}^*)=\begin{bmatrix}2x_1^*\\1\end{bmatrix}_{\substack{x_1^*\\x_2^*}}=\begin{bmatrix}2\\1\end{bmatrix}$$

$$\nabla g_2(\boldsymbol{X}^*)=\begin{bmatrix}0\\-1\end{bmatrix}$$

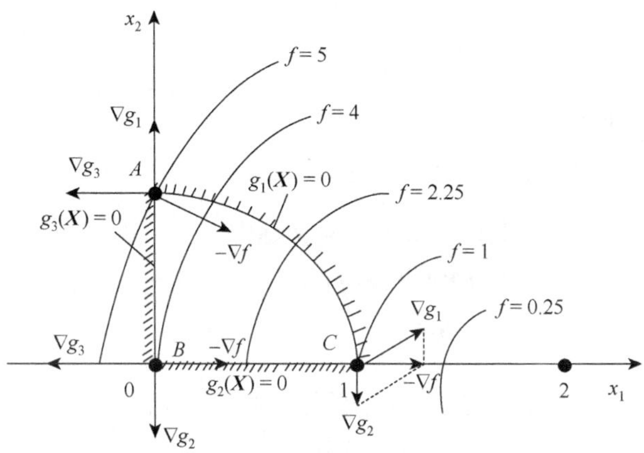

图 2.8　Kuhn-Tucker 条件的应用

将目标函数和约束函数的梯度代入式（2.36）的 Kuhn-Tucker 条件，则拉格朗日乘子为

$$-\nabla f(\boldsymbol{X}^*)=\mu_1\nabla g_1(\boldsymbol{X}^*)+\mu_2\nabla g_2(\boldsymbol{X}^*)$$

即

$$-\begin{bmatrix}-2\\0\end{bmatrix}=\mu_1\begin{bmatrix}2\\1\end{bmatrix}+\mu_2\begin{bmatrix}0\\-1\end{bmatrix}$$

由上式求得拉格朗日乘子：$\mu_1=1\geqslant 0$，$\mu_2=1\geqslant 0$。由于拉格朗日乘子均为非负，满足 Kuhn-Tucker 条件，说明点 $\boldsymbol{X}^*=[1,0]^{\mathrm{T}}$ 是一个局部最优点。

2.7　优化设计的数值迭代法和终止准则

2.7.1　优化问题的数值迭代法

数值迭代法是根据目标函数的变化规律，以适当的步长沿着能使目标函数值下降的方向，逐步向目标函数值的最优点进行探索，逐步逼近到目标函数的最优点或直至达到最优点。数值迭代法是优化设计问题的基本解法，其中也可能用到数学解析法。最优化方法是与近代电子计算机的发展紧密相连的，数值迭代法比数学解析法更能适应电子计算机的工作特点，因为数值迭代法具有以下特点。

（1）数值迭代法是数值计算而不是数学分析方法。

（2）具有简单的逻辑结构并能进行反复的算术计算。

（3）最后得出的是逼近精确解的近似解。

这些特点正与计算机的工作特点相一致。数值迭代法的基本思路为搜索、迭代、逼近，即进行反复数值计算，寻求目标函数值不断下降的可行计算点，直到最后获得足够精度的最优点。该方法的求优过程可归纳为以下步骤。

（1）首先初选一个尽可能靠近最小值点的初始点 $\boldsymbol{X}^{(0)}$，从 $\boldsymbol{X}^{(0)}$ 出发按照一定的原则寻找可行方向和初始步长，向前跨出一步达到 $\boldsymbol{X}^{(1)}$ 点。

（2）得到新点 $\boldsymbol{X}^{(1)}$ 后再选择一个新的使函数值迅速下降的方向及适当的步长，从 $\boldsymbol{X}^{(1)}$ 点出发再跨出一步，达到 $\boldsymbol{X}^{(2)}$ 点，并以此类推，一步一步地向前探索并重复数值计算，最终达到目标函数的最优点。

数值迭代的公式可以用式（2.37）表示：

$$\begin{cases}\boldsymbol{X}^{(k+1)}=\boldsymbol{X}^{(k)}+\alpha^{(k)}\boldsymbol{S}^{(k)}\\ f(\boldsymbol{X}^{(k+1)})<f(\boldsymbol{X}^{(k)})\\ g_j(\boldsymbol{X}^{(k+1)})\leqslant 0,\ j=1,2,3,\cdots,m\end{cases} \tag{2.37}$$

式中，$\boldsymbol{X}^{(k)}(k=1,2,\cdots)$ 为第 k 步迭代计算所得到的点，称为第 k 步迭代点，也称为第 k 步设计方案；$\boldsymbol{S}^{(k)}$ 为第 k 步迭代计算的搜索方向；$\alpha^{(k)}$ 为第 k 次迭代计算的步长。

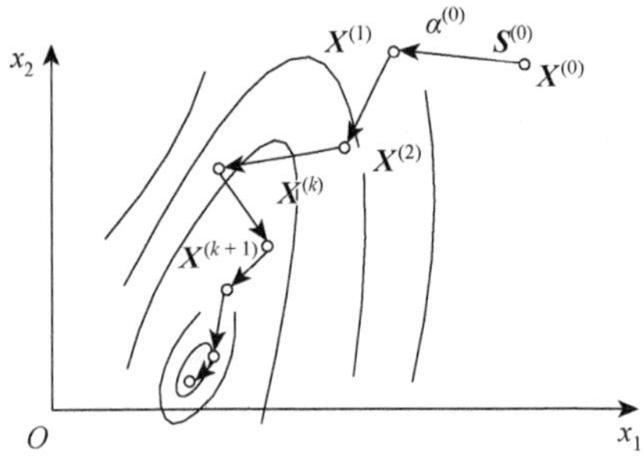

图 2.9　数值迭代的具体过程

数值迭代的具体过程如图 2.9 所示，由选定的初始点 $\boldsymbol{X}^{(0)}$ 出发，沿着某种优化方法所规定的搜寻方向 $\boldsymbol{S}^{(0)}$，以一定的步长因子 $\alpha^{(0)}$，按迭代格式产生第一个新的设计点 $\boldsymbol{X}^{(1)}$，$\boldsymbol{X}^{(1)}=\boldsymbol{X}^{(0)}+\alpha^{(0)}\boldsymbol{S}^{(0)}$，且同时满足 $f(\boldsymbol{X}^{(1)})<f(\boldsymbol{X}^{(0)})$，则 $\boldsymbol{X}^{(1)}$ 是优于 $\boldsymbol{X}^{(0)}$ 的设计点。同理，再以 $\boldsymbol{X}^{(1)}$ 为新的起点，按照相同的形式产生第二个设计点 $\boldsymbol{X}^{(2)}$，$\boldsymbol{X}^{(2)}=\boldsymbol{X}^{(1)}+\alpha^{(1)}\boldsymbol{S}^{(1)}$。这样，依次得到的设计点的点列 $\boldsymbol{X}^{(1)},\boldsymbol{X}^{(2)},\boldsymbol{X}^{(3)},\cdots,\boldsymbol{X}^{(k)},\boldsymbol{X}^{(k+1)},\cdots$ 称为计算中的迭代点，产生迭代点的一般格式如式（2.38）所示。

$$\boldsymbol{X}^{(k+1)}=\boldsymbol{X}^{(k)}+\alpha^{(k)}\boldsymbol{S}^{(k)} \tag{2.38}$$

式（2.38）称为优化计算的基本迭代公式。其中第 k 次搜寻方向 $\boldsymbol{S}^{(k)}$ 及步长因子 $\alpha^{(k)}$ 是根据 $\boldsymbol{X}^{(k)}$ 点目标函数值和约束函数等信息而确定的，其最终目的是使 $f(\boldsymbol{X}^{(k)})<f(\boldsymbol{X}^{(k+1)})$ 成立。按式（2.38）反复迭代计算后产生的点列为 $\boldsymbol{X}^{(1)},\boldsymbol{X}^{(2)},\boldsymbol{X}^{(3)},\cdots,\boldsymbol{X}^{(k)},\boldsymbol{X}^{(k+1)},\cdots$，各点的函数值依次下降，即 $f(\boldsymbol{X}^{(1)})>f(\boldsymbol{X}^{(2)})>f(\boldsymbol{X}^{(3)})>\cdots>f(\boldsymbol{X}^{(k)})>\cdots$，很显然，迭代点必将不断地向理论最优点逼近，最后将找到满足预定精度要求的近似最优点，记作 $\boldsymbol{X}^{*}$。

由数值迭代法的基本迭代公式可见，优化方法的主要问题是解决 $\boldsymbol{S}^{(k)}(k=1,2,\cdots)$ 和 $\alpha^{(k)}(k=1,2,\cdots)$ 的问题，由于 $\boldsymbol{S}^{(k)}$ 与 $\alpha^{(k)}$ 的确定方法及特性的不同而构成了不同的优化方法，已有的各种优化方法尽管在选取方向和步长的原则上各有不同，但有一点是共同的，就是各种方法都是以保证目标函数值稳定的下降为前提的，按照基本迭代公式进行迭代计算，并最终获得理论最优点的近似解。

2.7.2　迭代计算的终止准则

数值计算采用迭代法产生设计点的点列 $\boldsymbol{X}^{(1)},\boldsymbol{X}^{(2)},\boldsymbol{X}^{(3)},\cdots,\boldsymbol{X}^{(k)},\boldsymbol{X}^{(k+1)},\cdots$ 是无穷的，但在解决实际问题时必须在适当的时间结束这种迭代计算，这就是迭代终止准则问题。

优化设计要求出设计问题的最优解，从理论上，当然希望最终迭代点到达理论的极小值点，或者使最终迭代点与理论极小值点之间的距离足够小时即可终止迭代。但这在实际计算中是办不到的，因为对于一个待求的优化问题，其理论极小值点在哪里是未知的。因此只能通过迭代计算获得的点列所提供的各种信息判断是否应该结束迭代计算，不同的判断依据就构成了不同的终止准则。经常采用的优化计算终止准则有以下几种。

1. 点距准则

若相邻的两个迭代点 $\boldsymbol{X}^{(k)}$、$\boldsymbol{X}^{(k-1)}$ 之间的距离已达到充分小，即满足

$$\|\boldsymbol{X}^{(k)}-\boldsymbol{X}^{(k-1)}\|\leqslant\varepsilon \tag{2.39}$$

式中，ε 是给定的收敛精度。

此时，数值迭代终止，可取 $\boldsymbol{X}^{(k)}$ 为最优点，即最优点 $\boldsymbol{X}^{*}=\boldsymbol{X}^{(k)}$。

2. 函数下降量准则

由于最优点的很小邻域里函数值的变化很小，所以当相邻两次迭代点的函数值下降量已达到充分小时，预示着已经很接近最优点了。

当 $|f(\boldsymbol{X}^{(k)})|<1$ 时，采用函数绝对下降量准则：

$$|f(\boldsymbol{X}^{(k)})-f(\boldsymbol{X}^{(k-1)})|\leqslant\varepsilon_1 \tag{2.40}$$

当 $|f(\boldsymbol{X}^{(k)})|\geqslant 1$ 时，采用函数相对下降量准则：

$$\frac{|f(\boldsymbol{X}^{(k)})-f(\boldsymbol{X}^{(k-1)})|}{f(\boldsymbol{X}^{(k)})}\leqslant\varepsilon_2 \tag{2.41}$$

式中，ε_1、ε_2 为收敛精度。

此时，数值迭代终止，可取 $\boldsymbol{X}^{(k)}$ 为最优点，即最优点 $\boldsymbol{X}^{*}=\boldsymbol{X}^{(k)}$。

3. 梯度准则

按函数极值理论，在极值点处函数的梯度为零。当目标函数在 $\boldsymbol{X}^{(k)}$ 点处的梯度的模达到充分小时，即满足

$$\|\nabla f(\boldsymbol{X}^{(k)})\|\leqslant\varepsilon \tag{2.42}$$

式中，ε 是收敛精度，为足够小的正数。

此时，数值迭代终止，可取 $\boldsymbol{X}^{(k)}$ 为最优点，即最优点 $\boldsymbol{X}^{*}=\boldsymbol{X}^{(k)}$。

只要满足以上三个准则之一，就可以认为目标函数已收敛于其极小值。

习　题

2.1　$\nabla f(x)$ 方向是指函数 $f(x)$ 具有下列哪个特性的方向（　　）。

A. 最小变化率　　B. 最速下降　　C. 最速上升　　D. 极值

2.2　n 元函数 $f(x)$ 在点 x 处梯度的模为（　　）。

A. $|\nabla f|=\sqrt{\frac{\partial f}{\partial x_1}+\frac{\partial f}{\partial x_2}+\cdots+\frac{\partial f}{\partial x_n}}$　　B. $|\nabla f|=\left|\frac{\partial f}{\partial x_1}+\frac{\partial f}{\partial x_2}+\cdots+\frac{\partial f}{\partial x_n}\right|$

C. $|\nabla f|=\left|\left(\frac{\partial f}{\partial x_1}\right)^2+\left(\frac{\partial f}{\partial x_2}\right)^2+\cdots+\left(\frac{\partial f}{\partial x_n}\right)^2\right|$　　D. $|\nabla f|=\sqrt{\left(\frac{\partial f}{\partial x_1}\right)^2+\left(\frac{\partial f}{\partial x_2}\right)^2+\cdots+\left(\frac{\partial f}{\partial x_n}\right)^2}$

2.3　约束极值点的 Kuhn-Tucker 条件为$\nabla f(\boldsymbol{X})=-\sum_{i=1}^{q}\lambda_i\nabla g_i(\boldsymbol{X})$，当约束条件 $g_i(\boldsymbol{X})\leqslant 0$ $(i=1,2,\cdots,m)$ 和 $\lambda_i\geqslant 0$ 时，则 q 应为（　　）。

A. 等式约束数目　　B. 起作用的等式约束数目

C. 不等式约束项目　　D. 起作用的不等式约束数目

2.4　下列哪一个不属于凸规划的性质（　　）。

A. 凸规划问题的目标函数和约束函数均为凸函数

B. 凸规划问题中，当目标函数 $f(x)$ 为二元函数时，其等值线呈现为大圈套小圈形式

C. 凸规划问题中，可行域 $D=\{x\mid g_i(x)\leqslant 0, j=1,2,\cdots,m\}$ 为凸集

D. 凸规划的任何局部最优解不一定是全局最优解

2.5　关于起作用约束，下列说法正确的为（　　）。

A. 约束的微小变化可能使设计点由边界点变为可行域内点的约束

B. 约束的微小变化可能使设计点由可行域内点变为边界点的约束

C. 约束的微小变化可能使设计点由可行域内点变为外点的约束

D. 约束的微小变化可能使设计点由外点变为边界点的约束

2.6　把二次函数 $f(x_1,x_2,x_3)=3x_1^2+x_2^2+2x_3^2-3x_1x_2+x_1x_3-4x_1+5x_2$ 化成形式为式(2.15)的矩阵表示，并验证 $\boldsymbol{Q}$ 是否正定，如果正定，试用公式 $\boldsymbol{X}^*=-\boldsymbol{Q}^{-1}\boldsymbol{B}$ 计算这个函数的极小值点和极小值。

2.7　什么是梯度？它有哪两条重要性质，它在最优化技术中有什么作用？

2.8　函数 $f(x_1,x_2)=x_1^2+x_2^2-4x_1x_2+5$ 在 $\boldsymbol{X}_0=\begin{bmatrix}2\\4\end{bmatrix}$ 点处的梯度为__________，Hessian 矩阵为__________。

2.9　请分别给出无约束优化设计问题和约束优化设计问题的极值条件。

2.10　什么是凸规划？

2.11　数值迭代方法的基本思想是什么？常用的终止准则有哪些？

2.12　已知函数 $f(x)=2x_1^2+5x_2^2+x_3^2+2x_2x_3+2x_3x_1-6x_2+3$

（1）试用矩阵形式表示该函数 $f(x)$；

（2）给出该函数的梯度和 Hessian 矩阵；

（3）计算函数 $f(x)$的极小值点及极小值。

第 3 章　一维搜索优化方法

无约束优化设计方法根据设计变量的维数分为一维优化设计方法和多维优化设计方法，本章首先介绍一维优化方法，一维优化是求解一维目标函数最优解的过程，求解过程中所使用的方法称为一维优化方法。根据数值解法的迭代过程可知，对于任一次迭代计算，总是希望从已知的点 $\boldsymbol{X}^{(k)}$ 出发，沿给定的方向 $\boldsymbol{S}^{(k)}$ 搜索该方向上到目标函数值最小的点 $\boldsymbol{X}^{(k+1)}$，即求步长因子 $\alpha^{(k)}$ 的最优值，使

$$f(\boldsymbol{X}^{(k+1)})=\min_{\alpha} f(\boldsymbol{X}^{(k)}+\alpha^{(k)}\boldsymbol{S}^{(k)}) \tag{3.1}$$

式（3.1）表示对包含单变量步长因子 $\alpha^{(k)}$ 的一元函数 $f(\boldsymbol{X}^{(k)}+\alpha^{(k)}\boldsymbol{S}^{(k)})$ 求极小值，这种在确定的搜索方向 $\boldsymbol{S}^{(k)}$ 上求步长因子 $\alpha^{(k)}$ 的最优取值使得目标函数在该方向上达到极小值的过程称为一维搜索优化计算方法或单变量优化计算方法。

因此，一维优化方法不仅用来解决一维目标函数的求优问题，而且也常用于多维优化问题在既定方向上寻求最优步长因子。

当目标函数可以精确求导时，其最优步长因子 $\alpha^{(k)}$ 可以由解析法求得

$$\alpha^{(k)}=-\frac{[\nabla f(\boldsymbol{X}^{(k)})]^{\mathrm{T}}\boldsymbol{S}^{(k)}}{[\boldsymbol{S}^{(k)}]^{\mathrm{T}}\boldsymbol{H}(\boldsymbol{X}^{(k)})\boldsymbol{S}^{(k)}} \tag{3.2}$$

在工程优化设计中，上述解析方法并不适用，因为其需要函数的一阶和二阶导数信息往往很难精确获得。所以，一般都是通过数值迭代的计算方法求 $\alpha^{(k)}$。一维搜索优化方法一般需要分两步进行：第一步是在 $\boldsymbol{S}^{(k)}$ 方向上确定使得目标函数值取得最小值的步长因子 $\alpha^{(k)}$ 所在的初始区间；第二步是求出该区间内的最优步长因子 $\alpha^{(k)}$。

一维搜索的方法有很多，如 Fibonacci 法、黄金分割法、牛顿法、二次插值法和三次插值法等。这些方法各有特点，本章仅介绍应用较为普遍的黄金分割法和二次插值法。

3.1　一维搜索区间的确定

搜索区间根据函数的变化情况，分为单峰区间和多峰区间，单峰区间就是在该区间内的函数变化只有一个峰值，即函数的极小值，如图 3.1 所示。因此确定搜索区间的基本思想为：对单峰函数 $f(x)$，只要找到可行域内三个点 $a<b<c$，满足函数值先减小再增大的趋势，即 $f(a)>f(b)$ 且 $f(b)<f(c)$，则可以确定区间 $[a,c]$ 内必存在最优点。

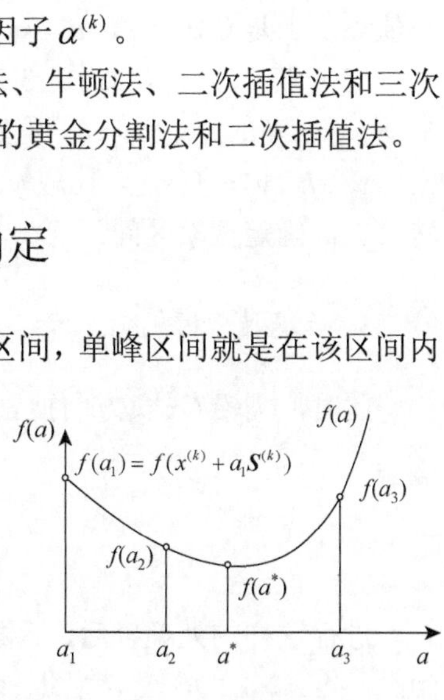

图 3.1　单峰区间

搜索区间就是沿给定的搜索方向 $\boldsymbol{S}^{(k)}$ 上找出一个单峰区间 $[a_1,a_2]$，即在该区间内目标函数值的变化只有一个峰值，如图 3.1 所示。

对于简单的优化问题，一般其搜索区间可以根据实际情况给定。但对于多维优化问题，每次一维搜索之前都人为地给定搜索区间是不现实的，因此必须建立一定的方法，使计算机在优化过程中自动确定搜索区间。本节介绍确定搜索区间的进退法。

为了使该算法的叙述更加简洁明了，这里直接以一维函数为例。设函数为 $y = f(x)$，给定初始点 x_0，选定恰当的步长 h_0，求其最小值点 x^*。

1. 试探搜索

由于最小值点 x^* 的位置是未知的，所以首先要试探最小值点 x^* 位于初始点 x_0 的左方还是右方，然后再确定包含 x^* 在内的搜索区间 $[a,b]$。

由初始点 x_0 沿 Ox 轴正向到 x_2 点，$h = h_0$，$x_1 = x_0$，$x_2 = x_1 + h_0$，分别计算两点的函数值 $y_1 = f(x_1)$，$y_2 = f(x_2)$，并比较 y_1 和 y_2 值的大小，可分为两种情况，如图 3.2 所示。

（1）若 $y_2 < y_1$，则极小值点必在点 x_1 右方，应继续前进搜索，如图 3.2（a）中实线 I 所示。

（2）若 $y_2 > y_1$，则极小值点必在点 x_1 左方，应反向，即进行后退搜索，如图 3.2（a）中虚线 II 所示。

2. 前进搜索

由探索后的点 x_2，沿 Ox 正向继续前进搜索，见图 3.2（b）。令 $h = 2h$，取得前进方向的第三个点 $x_3 = x_2 + h$，对应的函数值 $y_3 = f(x_3)$，比较后两个点的函数值，有如下两种情况。

（1）若 $y_2 < y_3$，则三个点 x_1、x_2、x_3 的函数值的关系为 $y_1 > y_2 < y_3$，对应图中曲线呈高—低—高的形态，如图 3.2（b）中虚线 II 所示。此时函数 $f(x)$ 在 $[x_1, x_3]$ 区间内必有极小值点，于是令 $a = x_1$，$b = x_3$，从而构成了搜索区间 $[a,b]$。

（2）若 $y_2 > y_3$，如图 3.2（b）中实线 I 所示，则应该继续前进搜索，令 $x_1 = x_2$，$y_1 = y_2$，$x_2 = x_3$，$y_2 = y_3$，再将步长加倍，令 $h = 2h$，构成新点并计算其函数值 $x_3 = x_2 + h,\ y_3 = f(x_3)$。比较 y_2 和 y_3 的值，若有 $y_2 > y_3$ 则转（2），直到出现 $y_2 < y_3$ 成立，转（1），确定搜索区间。

3. 后退搜索

此时，需沿 Ox 负方向搜索，因此令 $h = -h$，并将 x_1 点和 x_2 点的位置调换，即令

$$x_3 = x_1,\ y_3 = y_1$$
$$x_1 = x_2,\ y_1 = y_2$$
$$x_2 = x_3,\ y_2 = y_3$$

进行这样的处理以后，后面的步骤和前进搜索的处理完全相同，只是最后确定搜索区间时，令 $a = x_3$，$b = x_1$，后退搜索如图 3.2（c）所示。

图 3.3 为进退法确定搜索区间的计算框图。

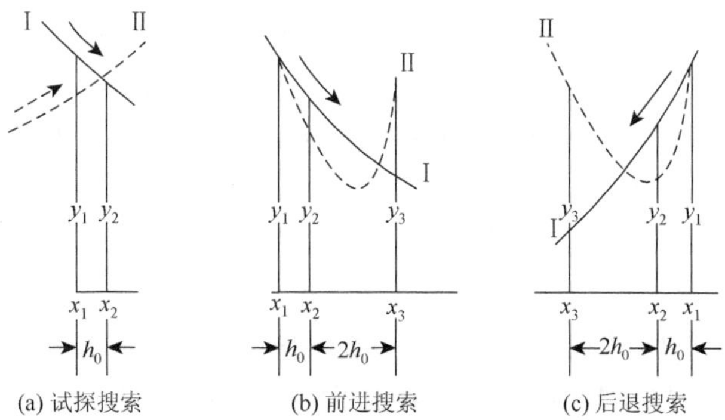

图 3.2　进退法确定搜索区间

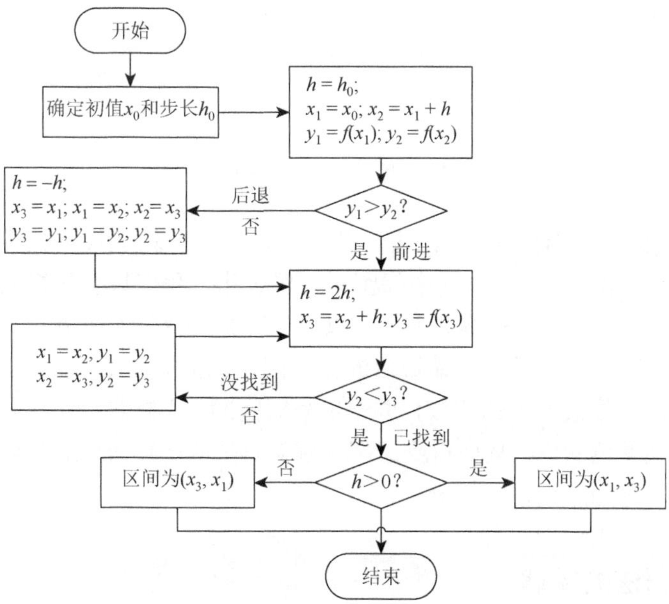

图 3.3　进退法确定搜索区间的计算框图

在确定了初始搜索区间$[a,b]$后，一维优化的任务就在于采用某种方法将此区间逐步缩小，逐步将极小值点所在的区间缩小到要求的精度范围，使其达到包含极小值点x^*在内的很小邻域，这个邻域的大小由设计者根据实际问题而定，一般规定为一个足够小的正数ε，称ε为收敛精度或迭代精度。问题是从第二次搜索开始，怎样选取搜索点才能够有好的效率，即怎样使得搜索的次数少而获得解的近似程度高。黄金分割法就是不断缩减最优点所在区间而求得最优点的一种方法，下面讨论黄金分割法。

3.2　黄金分割法

3.2.1　黄金分割法的基本思想

黄金分割法也称 0.618 法，是通过对分割点函数值进行比较来逐次缩短区间的。黄金分割法适用于[a, b]区间上的任何单谷函数 $\phi(x)$ 求极小值点的问题，对函数除“单谷”外不做其他要求，甚至可以不连续。因此这种方法的适用面相当广。

黄金分割法基本思想：在搜索区间[a, b]内适当地插入两点 x_1 与 x_2，它们把[a, b]分为三段，通过比较这两点的函数值，就可以删去搜索区间[a, b]最左段或者删去最右段，这相当于迭代一次。然后再在保留下来的区间上进行同样的处理。如此迭代下去，可将搜索区间无限缩小。

为了达到缩短区间的目的，可在已确定的搜索区间（单峰区间）内，选取两插入点，并计算其函数值，并比较它们的大小，消去不可能包含极小值点的区间，并且每迭代一次，总要消去一个区间，然后再插入新点，如图 3.4 所示。

黄金分割法是消去法的一种，消去的区间是哪一段事先不能预测，因此消去哪一段都是可能的，如图 3.4 所示。

图 3.4　黄金分割法的插入点

消去区间 $[x_2,b]$ 后，新区间为 $[a,x_2]$，此时要进行新一轮迭代，如果能做到把上一轮插入两点中的一点保留下来，图 3.4 中保留 x_1，那么此时我们只要再插入一点 x_3，即可构成新的迭代条件，除了第一步需插入两点，以后只需再插入一个新点就可以了，因此迭代的效率也就显著提高了。对于上述缩短后的新区间 $[a,x_2]$ 内再取一新点，将此新点和该区间内剩下的点进行函数值大小的比较，进一步缩短区间，不断进行下去，直到所保留的区间缩小到给定的误差范围内，从而得到近似最优解。按照上述方法，就可以得到一个不断缩小的区间序列，称为序列消去原理。

3.2.2　黄金分割法的原理

黄金分割法中每次区间压缩都取相等的区间压缩率，设区间长度 $L = b(0)-a(0) = 1$，压缩率为 λ，如图 3.5 所示。按黄金分割法要求对称地取两个内分点 $a(1)$ 和 $b(1)$，设两个对称内分点距两端点距离为 $1-\lambda$，第一次压缩后区间为[a(0), b(1)]，则第一次压缩的区间的压缩率为 λ，第二次压缩后区间为[a(0), b(2)]，第二次压缩后区间的压缩率为 $(1-\lambda)/\lambda$，按照上述区间压缩原则继续压缩。根据每次区间压缩率相等的原则，则有 $\lambda = (1-\lambda)/\lambda$，解得

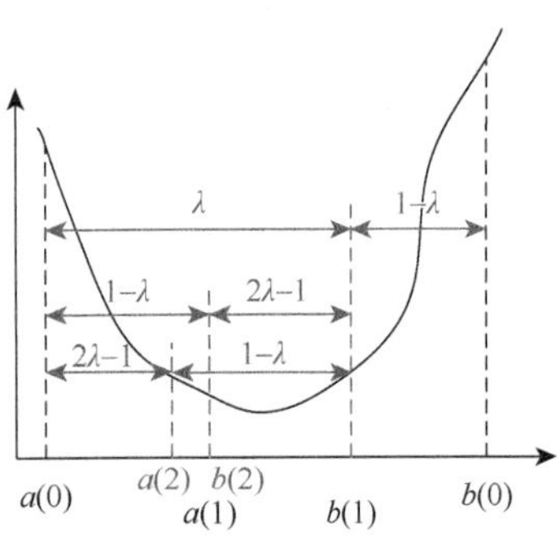

图 3.5　黄金分割法的原理

$$\lambda = \frac{\sqrt{5}-1}{2} = 0.618033988 \approx 0.618$$

上述结果表明：

（1）插入两点关于区间是对称的，这样，不管删去哪一段，总是保留长为 λ 的区间。

（2）黄金分割法迭代过程中，除了初始区间要确定两个内分点，上一轮计算的保留点可以作为这一轮计算的两个插入点之一，从而提高了计算效率。

（3）插入点的坐标可以表示为

$$\begin{cases} a(1) = a(0) + (1-\lambda)[b(0) - a(0)] \\ b(1) = a(0) + \lambda[b(0) - a(0)] \end{cases} \tag{3.3}$$

黄金分割法每次区间的压缩率相等，因此只要第一个分点取在原始区间长度的 61.8%处，第二个点在它的对称位置，这就保证无论经过多少次舍去，保留的点始终在新区间长度的 61.8%处，每次舍弃的区间长度都是原区间长度的 38.2%。要进一步压缩区间，在其保留点的对称位置再进行一次计算就可以了，而且每次消去时，区间的压缩率不变。

3.2.3　黄金分割法的迭代步骤与算法流程

黄金分割法迭代计算过程如图 3.6 所示。

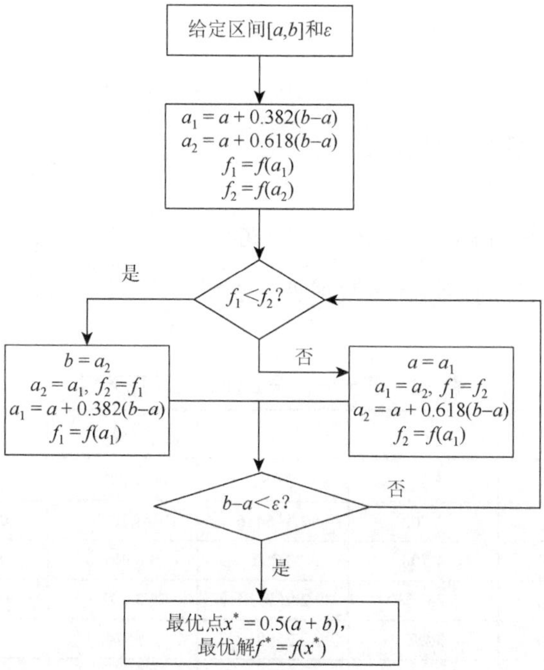

图 3.6　黄金分割法迭代计算过程

黄金分割法迭代计算的步骤如下所示。

（1）给定初始的单峰区间 $[a,b]$ 和收敛精度 ε。

（2）在区间 $[a,b]$ 内，取两个内分点并计算其函数值

$$a_1 = a + 0.382(b-a),\quad a_2 = a + 0.618(b-a)$$

（3）比较函数值的大小，进行区间的缩小。若 $f(a_1) > f(a_2)$，则保留区间 $[a_1,b]$，舍弃区间 $[a,a_1]$，并令 $a = a_1$。若 $f(a_1) < f(a_2)$，则保留区间 $[a,a_2]$，舍弃区间 $[a_2,b]$，并令 $b = a_2$。

（4）进行迭代终止条件检验。若 $b-a<\varepsilon$，则转入下一步，否则返回（3），进行迭代计算，进一步缩短区间。

（5）输出最优解。黄金分割法进行一维优化搜索，当 k 次迭代后满足迭代精度时即可停止计算，取最终收缩区间的中点为近似最优点 $x^*=0.5(a+b)$，最优解为

$$f^*=f(x^*) \tag{3.4}$$

例 3.1　试用黄金分割法求一元函数 $f(x)=x^2-6x+9$ 的最优解。给定初始区间为 $[1,7]$，收敛精度 $\varepsilon=0.4$。

解：第一次区间缩短的计算过程如下所示。

计算两内点及对应函数值

$$x_1=a+0.382(b-a)=3.292,\quad y_1=f(x_1)=0.085264$$
$$x_2=a+0.618(b-a)=4.708,\quad y_2=f(x_2)=2.917264$$

进行函数值比较，显然 $y_1<y_2$，进行置换

$$a^{(1)}=a=1,\ b^{(1)}=x_2=4.708$$

用终止准则进行判断

$$b^{(1)}-a^{(1)}=4.708-1=3.708>\varepsilon$$

为第二次区间缩短作准备，进行置换

$$x_2=x_1=3.292,\ y_2=y_1=0.085264$$
$$x_1=a^{(1)}+0.382(b^{(1)}-a^{(1)})=2.416456,\ y_1=f(x_1)=0.340524$$

如此反复，黄金分割法区间缩短计算数据见表 3.1。

表 3.1　黄金分割法区间缩短计算数据

区间缩短次数	a	b	x_1	x_2	y_1	y_2
0（原区间）	1	7	3.292	4.708	0.085264	2.917264
1	1	4.708	2.416456	3.292	0.340524	0.085264
2	2.416456	4.708	3.292	3.832630	0.085264	0.693273
3	2.416456	3.832630	2.957434	3.292	0.001812	0.085264
4	2.416456	3.292	2.750917	2.957434	0.062044	0.001812
5	2.750917	3.292	2.957434	3.085305	0.001812	0.007277
6	2.750917	3.085305	2.878651	2.957434	0.014725	0.001812

第 6 次区间缩短后满足迭代精度要求，即 $b^{(6)}-a^{(6)}=3.085305-2.750917=0.334388<\varepsilon$，故终止计算，并取最优解为

$$x^*=0.5(a^{(6)}+b^{(6)})=2.91811$$
$$y^*=f(x^*)\approx 0.00670$$

3.3　二次插值法

插值法包括二次插值法（又称抛物线法）和三次插值法（又称微分法），都属于利用多项式逼近的近似法（曲线拟合法）。本节主要介绍二次插值法的基本求解过程。

3.3.1　二次插值法基本原理

二次插值法基本思路类似于二次曲线拟合。以搜索区间三个点构造一个二次曲线（抛物线），并以该二次曲线的极值点替代目标函数的最优点，若不满足迭代终止条件，缩短搜索区间，反复迭代，直到相近两次二次曲线极值满足精度要求（点距准则）。即利用目标函数在不同三点的函数值构成一个与原函数$f(x)$相近似的二次多项式$p(x)$，以函数$p(x)$的极值点作为目标函数$f(x)$的近似极值点。搜索区间$[a_1,a_3]$及其中间某一点a_2这三个点构造一个二次曲线。这三个点构成一个三元线性方程组，可求得该二次曲线极值点a_p^*，将其作为a_4。其中，$a_p^*=0.5(a_1+a_3-C_1/C_2)$，$C_1=(f_3-f_1)/(a_3-a_1)$，$C_2=[(f_2-f_1)/(a_2-a_1)-C_1]/(a_2-a_1)$。

若a_2与a_4之间趋于重合，则迭代结束；否则比较这四个点的函数值，并在其中选择三个点，满足函数值先递增再递减的趋势，构成新的a_1、a_2、a_3，开始新一轮迭代。

3.3.2　二次插值法迭代过程和算法流程

二次插值法的基本过程如下所示。

1. 构造二次多项式$p(x)$及求其极小值点

插值多项式为

$$p(x)=ax^2+bx+c$$

（1）求驻点：

$$\frac{\mathrm{d}p}{\mathrm{d}x}=2ax+b=0$$

得

$$x_p^*=-\frac{b}{2a}$$

（2）求系数a、b：

$$\begin{cases}ax_1^2+bx+c=f_1\\ax_2^2+bx+c=f_2\\ax_3^2+bx+c=f_3\end{cases}$$

求出a、b后得极小值点为

$$x_p^*=\frac{1}{2}\frac{f_1(x_2^2-x_3^2)+f_2(x_3^2-x_1^2)+f_3(x_1^2-x_2^2)}{f_1(x_2-x_3)+f_2(x_3-x_1)+f_3(x_1-x_2)}$$

2. 缩短区间

假若 $f(x)$ 为二次函数，则在理论上按上式一次求值就可找到最优点。若 $f(x)$ 为高于二次的函数或其他函数，可采用区间消去法逐步缩小区间。根据 x_p^*、x_2、f^* 和 $f(x_2)$ 的相互关系，分四种情况进行区间缩小，在已有的 x_1、x_2、x_3、x_p^* 中选择新的三个点 x_1、x_2、x_3，再进行二次插值。选点要求：$x_1 < x_2 < x_3$，$f_1 > f_2$，$f_2 < f_3$（高—低—高形态）。

3. 终止判别条件

采用点距准则（前后两个插值点的距离不超过误差限）：$|x_p^* - x_{p0}| \leqslant \varepsilon$。

对于第一次迭代不能判别，要设置一单元为 x_{p0}，存放前次所得的 x_p^*，进行终止判别。

习　　题

3.1　黄金分割法的适用范围与基本思想是什么？

3.2　试用黄金分割法求目标函数为 $f(x) = (x-1)^2 + 2$ 的最优解，初始区间为[0, 3]，迭代精度 $\varepsilon = 10^{-3}$。

3.3　二次插值法的基本思想是什么？

第 4 章　无约束优化方法

多维无约束优化设计问题的一般形式为

$$\min f(\boldsymbol{X}),\ \boldsymbol{X} \in \mathbf{R}^n \tag{4.1}$$

这个问题的最优解是指，若 $f(\boldsymbol{X}^*) \leqslant f(\boldsymbol{X})$，则 $\boldsymbol{X}^*$ 就是无约束优化问题的最优点。求解上述无约束优化问题最优解 $\boldsymbol{X}^*$ 和 $f(\boldsymbol{X}^*)$ 的方法称为无约束优化计算方法。这种方法可以分为两大类：一类是仅要求计算目标函数值，而不必去求函数导数的方法，即非梯度算法，简称直接法，如随机搜索法、坐标轮换法、Powell 法、模式搜索法和单纯形法等；另一类是需要目标函数的一阶甚至二阶导数信息的方法，即梯度算法，简称间接法。直接法与间接法相比，收敛速度较慢，但它不要求函数具有好的解析性质，适用范围较广，一般后一类算法要比前一类算法的计算效率高，求解问题的维数也可以更高一些。但这两类方法从计算性质上说都是迭代性的，它们都包括如下基本步骤。

（1）选择初始点 $\boldsymbol{X}^{(0)}$，从初始点开始迭代计算，初始点越靠近极小值点越好。

（2）确定搜索方向 $\boldsymbol{S}^{(k)}$。如已迭代到某设计点 $\boldsymbol{X}^{(k)}\ (k=0,1,2,\cdots)$，并且该点还不是极小值点，则在 $\boldsymbol{X}^{(k)}$ 点根据函数 $f(\boldsymbol{X})$ 的性质，选择一个方向 $\boldsymbol{S}^{(k)}$，沿此方向搜索函数值应是下降的，称 $\boldsymbol{S}^{(k)}$ 为下降方向。

（3）当搜索方向 $\boldsymbol{S}^{(k)}$ 确定以后，由 $\boldsymbol{X}^{(k)}$ 点出发，沿 $\boldsymbol{S}^{(k)}$ 方向进行搜索，定出步长因子 $\alpha^{(k)}$，得到新设计点：

$$\boldsymbol{X}^{(k+1)} = \boldsymbol{X}^{(k)} + \alpha^{(k)}\boldsymbol{S}^{(k)}$$

新设计点满足 $f(\boldsymbol{X}^{(k+1)}) < f(\boldsymbol{X}^{(k)})$，具有这种性质的算法称为下降算法。$\alpha^{(k)}$ 可以是一维搜索优化方法确定的最优步长因子，也可用其他方法确定。

（4）若新设计点 $\boldsymbol{X}^{(k+1)}$ 满足迭代计算终止条件，则停止迭代，$\boldsymbol{X}^{(k+1)}$ 点就作为近似极小值点 $\boldsymbol{X}^*$；否则，又从 $\boldsymbol{X}^{(k+1)}$ 点出发，返回（2）继续进行搜索迭代。

下面是两种无约束优化方法的比较。

（1）直接法是只利用目标函数值的无约束优化方法，如坐标轮换法、单纯形法及 Powell 法。直接法不必求函数导数，只计算目标函数值，适用于求解变量个数较少（小于 20）的问题，一般情况下效率较低。

（2）间接法是利用目标函数的一阶或二阶导数的无约束优化方法，如梯度法（最速下降法）、共轭梯度法、牛顿法及变尺度法。间接法除了要计算目标函数值，还要计算目标函数的梯度，有的还要计算其 Hessian 矩阵。

在工程实际中，尽管所有的设计问题几乎都是有约束的，但是约束优化问题可以通过适当方法转化为无约束优化问题求解。此外，有些约束优化方法也可以借助无约束优化方法的思路来构造。

4.1 梯 度 法

梯度法又称为最速下降法，是最早提出来的求多元函数极值的数值方法，这种方法简单、直观，一些更有效的方法都是在它的基础上发展起来的。

4.1.1 梯度法的基本思想

对于无约束优化方法而言，其算法的关键是如何获得一个有利的搜索方向。由第 2 章可知，梯度方向是函数变化率最大的方向，而函数的负梯度方向则是函数值在该点的最速下降方向，因此函数的负梯度方向是一种可使目标函数值下降最快的方向。梯度法就是采用负梯度方向作为迭代搜索方向的一种优化方法，故称为最速下降法。

4.1.2 方法原理

设在第 k 次迭代后，已得到点 $\boldsymbol{X}^{(k)}$，目标函数在这一点的梯度为

$$\nabla f(\boldsymbol{X}^{(k)})=\left[\frac{\partial f(\boldsymbol{X}^{(k)})}{\partial x_1},\frac{\partial f(\boldsymbol{X}^{(k)})}{\partial x_2},\cdots,\frac{\partial f(\boldsymbol{X}^{(k)})}{\partial x_n}\right]^{\mathrm{T}} \tag{4.2}$$

因此第 k 次迭代的搜索方向 $\boldsymbol{S}^{(k)}$ 取负的梯度方向，即

$$\boldsymbol{S}^{(k)}=-\nabla f(\boldsymbol{X}^{(k)}) \tag{4.3}$$

这样，第 $k+1$ 次迭代的新点 $\boldsymbol{X}^{(k+1)}$ 为

$$\boldsymbol{X}^{(k+1)}=\boldsymbol{X}^{(k)}-\alpha_k\nabla f(\boldsymbol{X}^{(k)}) \tag{4.4}$$

式（4.4）中的 α_k 为当前迭代的最优步长因子，可通过前述的一维搜索优化方法获得。如此继续迭代，直至 $\|\nabla f(\boldsymbol{X}^{(k)})\|\leqslant\varepsilon$，则取 $f(\boldsymbol{X})$ 的最优点 $\boldsymbol{X}^*=\boldsymbol{X}^{(k)}$。

在梯度法的迭代过程中，搜索步长因子按照一维搜索优化方法得到。即按式（4.5）求解最优的迭代步长因子：

$$f(x^{k+1})=f[x^k-\alpha_k\nabla f(x^k)]=\min_{\alpha} f[x^k-\alpha_k\nabla f(x^k)]=\min_{\alpha}\varphi(\alpha) \tag{4.5}$$

根据一元函数极值的必要条件和多元复合函数求导公式，得

$$\varphi'(\alpha)=-\{\nabla f[\boldsymbol{X}^{(k)}-\alpha_k\nabla f(\boldsymbol{X}^{(k)})]\}^{\mathrm{T}}\nabla f(\boldsymbol{X}^{(k)})=0 \tag{4.6}$$

由式（4.6）可得

$$[\nabla f(\boldsymbol{X}^{(k+1)})]^{\mathrm{T}}\nabla f(\boldsymbol{X}^{(k)})=0 \tag{4.7}$$

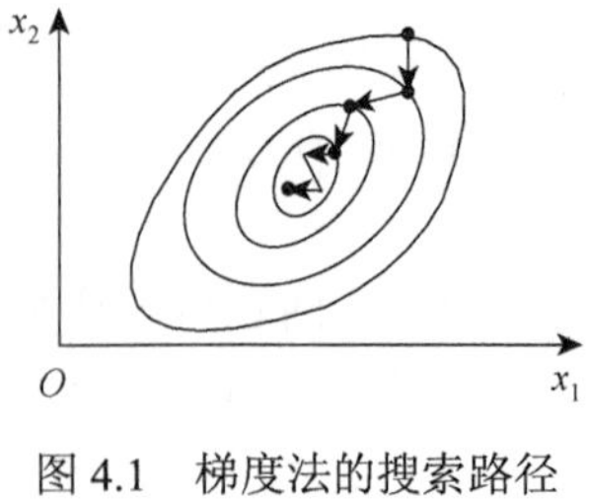

图 4.1　梯度法的搜索路径

由式（4.7）可知，在梯度法中，相邻两个迭代点的函数梯度方向相互垂直，而搜索方向就是负梯度方向，因此相邻两个搜索方向互相垂直。这就是说迭代点向函数极小值点靠近的过程，走的是曲折的路线，形成“之”字形的锯齿现象，而且越接近极小值点，锯齿越细，梯度法的搜索路径如图 4.1 所示。

梯度法由于每次迭代的搜索方向是取函数的最速下降方

向，从这点看，梯度法是一个使函数值下降最快的方法，但实际上并不是这样，计算表明，梯度法往往收敛得相当慢。这是由于函数梯度为局部性质，并且梯度法的相邻两次搜索方向是相互正交的。所以，梯度法逼近函数极小值的过程呈直角锯齿状，如图 4.2 所示。

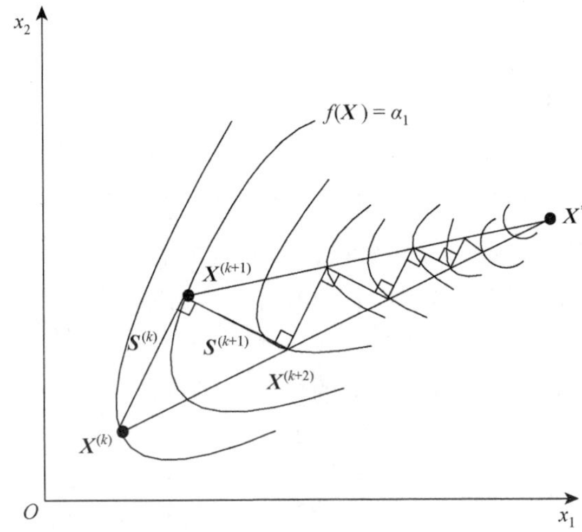

图 4.2　梯度法的迭代历程

梯度法的优点是迭代过程简单，要求的存储量也少，而且在远离极小值点时，函数下降还是比较快的。因此常常将它与其他方法结合，在计算的前期使用最速下降方向，当接近极小值点时，再改用其他搜索方向，以加快收敛速度。

4.1.3　梯度法的迭代步骤

梯度法的迭代计算框图如图 4.3 所示。

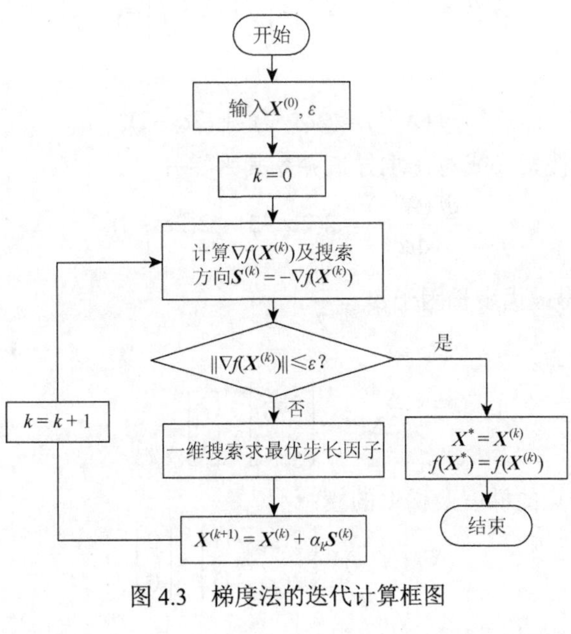

图 4.3　梯度法的迭代计算框图

梯度法的迭代步骤如下所示。

（1）给定初始点 $\boldsymbol{X}^{(0)}$，收敛精度 ε，并令计算次数 $k=0$。

（2）计算 $\boldsymbol{X}^{(k)}$ 点的梯度 $\nabla f(\boldsymbol{X}^{(k)})$ 及梯度的模 $\|\nabla f(\boldsymbol{X}^{(k)})\|$，并令

$$\boldsymbol{S}^{(k)}=-\nabla f(\boldsymbol{X}^{(k)}) \tag{4.8}$$

（3）判断是否满足精度指标 $\|\nabla f(\boldsymbol{X}^{(k)})\|\leqslant\varepsilon$；若满足，$\boldsymbol{X}^{(k)}$ 为最优点，迭代停止，输出最优解 $\boldsymbol{X}^*=\boldsymbol{X}^{(k)}$ 和 $f(\boldsymbol{X}^*)=f(\boldsymbol{X}^{(k)})$，否则进行下一步计算。

（4）以 $\boldsymbol{X}^{(k)}$ 为出发点，沿 $\boldsymbol{S}^{(k)}$ 进行一维搜索，求能使函数值下降最多的步长因子 α_k，即

$$\min_{\alpha} f(\boldsymbol{X}^{(k)}+\alpha\boldsymbol{S}^{(k)})=f(\boldsymbol{X}^{(k)}+\alpha_k\boldsymbol{S}^{(k)}) \tag{4.9}$$

（5）令 $\boldsymbol{X}^{(k+1)}=\boldsymbol{X}^{(k)}+\alpha_k\boldsymbol{S}^{(k)}$，$k=k+1$，转到（2）。

例 4.1　用梯度法求目标函数 $f(\boldsymbol{X})=(x_1-1)^2+(x_2-1)^2$ 的最优解，设初始点 $\boldsymbol{X}^{(0)}=[0\ \ 0]^{\mathrm{T}}$，收敛精度 $\varepsilon=10^{-2}$。

解：（1）计算初始点 $\boldsymbol{X}^{(0)}$ 处目标函数的梯度和梯度的模：

$$\nabla f(\boldsymbol{X}^{(0)})=\begin{bmatrix}\dfrac{\partial f(\boldsymbol{X})}{\partial x_1}\\[2mm]\dfrac{\partial f(\boldsymbol{X})}{\partial x_2}\end{bmatrix}=\begin{bmatrix}2(x_1-1)\\2(x_2-1)\end{bmatrix}=\begin{bmatrix}-2\\-2\end{bmatrix}$$

$$\|\nabla f(\boldsymbol{X}^{(0)})\|=2\sqrt{2}$$

（2）由于 $\|\nabla f(\boldsymbol{X}^{(0)})\|=2\sqrt{2}>\varepsilon$，不满足精度指标，转下一步计算。

（3）确定搜索方向：

$$\boldsymbol{S}^{(0)}=-\nabla f(\boldsymbol{X}^{(0)})=-\begin{bmatrix}-2\\-2\end{bmatrix}=\begin{bmatrix}2\\2\end{bmatrix}$$

（4）计算新的迭代点：

$$\boldsymbol{X}^{(1)}=\boldsymbol{X}^{(0)}+\alpha\boldsymbol{S}^{(0)}=\begin{bmatrix}0\\0\end{bmatrix}+\alpha\begin{bmatrix}2\\2\end{bmatrix}=\begin{bmatrix}2\alpha\\2\alpha\end{bmatrix}$$

代入目标函数：

$$f(\boldsymbol{X}^{(1)})=(2\alpha-1)^2+(2\alpha-1)^2$$

沿 $\boldsymbol{S}^{(k)}$ 方向进行一维搜索（或对 α 求导，并令其为零）：

$$\frac{\mathrm{d}f(\boldsymbol{X}^{(1)})}{\mathrm{d}\alpha}=2(2\alpha-1)+2(2\alpha-1)$$

令 $\dfrac{\mathrm{d}f(\boldsymbol{X}^{(1)})}{\mathrm{d}\alpha}=0$，求得最优步长因子 $\alpha_0=\dfrac{1}{2}$。

（5）计算新迭代点：

$$\boldsymbol{X}^{(1)}=\begin{bmatrix}2\alpha_0\\2\alpha_0\end{bmatrix}=\begin{bmatrix}1\\1\end{bmatrix}$$

（6）计算新迭代点的梯度及梯度的模：

$$\nabla f(\boldsymbol{X}^{(1)})=\begin{bmatrix}2(x_1-1)\\2(x_2-1)\end{bmatrix}=\begin{bmatrix}0\\0\end{bmatrix}$$

$$\|\nabla f(\boldsymbol{X}^{(1)})\| = 0 < \varepsilon$$

因已满足精度要求，停止迭代，则最优解为

$$\boldsymbol{X}^* = \begin{bmatrix} 1 \\ 1 \end{bmatrix}, \quad f(\boldsymbol{X}^*) = 0$$

可见，对于目标函数的等值线为圆的情况，只要一次迭代就能达到极小值点 $\boldsymbol{X}^*$。这是因为圆周上任意一点的负梯度方向总是指向圆心的，如图 4.4 所示。

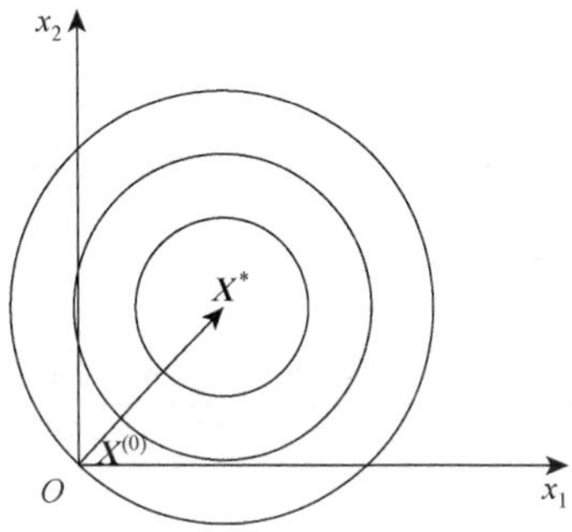

图 4.4　例 4.1 中目标函数极小值的搜索过程

采用梯度法进行优化设计问题的迭代计算中，计算 $\boldsymbol{X}^{(k)}$ 点的梯度 $\nabla f(\boldsymbol{X}^{(k)})$ 及梯度的模 $\|\nabla f(\boldsymbol{X}^{(k)})\|$ 后，迭代搜索方向也可以取负的单位梯度方向，即令

$$\boldsymbol{S}^{(k)} = -\frac{\nabla f(\boldsymbol{X}^{(k)})}{\|\nabla f(\boldsymbol{X}^{(k)})\|} \tag{4.10}$$

采用负梯度方向和负的单位梯度方向进行迭代搜索的效果相同。

例 4.2　用梯度法求目标函数 $f(\boldsymbol{X}) = x_1^2 + 25x_2^2$ 的最优解，设初始点 $\boldsymbol{X}^{(0)} = [2\ \ 2]^{\mathrm{T}}$，收敛精度 $\varepsilon = 10^{-2}$。

解：（1）计算初始点 $\boldsymbol{X}^{(0)}$ 处目标函数的梯度和梯度的模：

$$\nabla f(\boldsymbol{X}^{(0)}) = \begin{bmatrix} \dfrac{\partial f(\boldsymbol{X})}{\partial x_1} \\ \dfrac{\partial f(\boldsymbol{X})}{\partial x_2} \end{bmatrix} = \begin{bmatrix} 2x_1 \\ 50x_2 \end{bmatrix} = \begin{bmatrix} 4 \\ 100 \end{bmatrix}$$

$$\|\nabla f(\boldsymbol{X}^{(0)})\| = 100.08$$

（2）由于 $\|\nabla f(\boldsymbol{X}^{(0)})\| = 100.08 > \varepsilon$，不满足精度指标，转下一步计算。

（3）确定搜索方向：

$$\boldsymbol{S}^{(0)} = -\frac{\nabla f(\boldsymbol{X}^{(0)})}{\|\nabla f(\boldsymbol{X}^{(0)})\|} = -\frac{1}{100.08}\begin{bmatrix} 4 \\ 100 \end{bmatrix} = \begin{bmatrix} -0.039968 \\ -0.999201 \end{bmatrix}$$

（4）计算新的迭代点。

$$\boldsymbol{X}^{(1)} = \boldsymbol{X}^{(0)} + \alpha \boldsymbol{S}^{(0)} = \begin{bmatrix} 2 \\ 2 \end{bmatrix} + \alpha \begin{bmatrix} -0.039968 \\ -0.999201 \end{bmatrix} = \begin{bmatrix} 2 - 0.039968\alpha \\ 2 - 0.999201\alpha \end{bmatrix}$$

代入目标函数：

$$\begin{aligned} f(\boldsymbol{X}^{(1)}) &= (2 - 0.039968\alpha)^2 + 25(2 - 0.999201\alpha)^2 \\ &= 24.96166\alpha^2 - 100.07997\alpha + 104 \end{aligned}$$

并沿 $\boldsymbol{S}^{(0)}$ 方向进行一维搜索，求得最优步长因子 $\alpha_0 = 2.004674$。

（5）计算新迭代点：

$$\boldsymbol{X}^{(1)}=\boldsymbol{X}^{(0)}+\alpha_0\boldsymbol{S}^{(0)}=\begin{bmatrix}2-0.039968\alpha_0\\2-0.999201\alpha_0\end{bmatrix}=\begin{bmatrix}1.919877\\-0.003072\end{bmatrix}$$

（6）计算新迭代点的梯度及梯度的模：

$$\nabla f(\boldsymbol{X}^{(1)})=\begin{bmatrix}2x_1\\50x_2\end{bmatrix}=\begin{bmatrix}3.839754\\-0.15359\end{bmatrix}$$

$$\|\nabla f(\boldsymbol{X}^{(1)})\|=3.842825>\varepsilon$$

继续进行第 2 次迭代。各次迭代的结果列于表 4.1。

当第 5 次迭代结束时，有

$$\|\nabla f(\boldsymbol{X}^{(5)})\|=0.004828<\varepsilon$$

满足迭代终止准则，迭代终止，最优解为

$$\boldsymbol{X}^{*}=\begin{bmatrix}0.00241188\\-0.0000039\end{bmatrix}$$

$$f(\boldsymbol{X}^{*})=0.00000582$$

图 4.5 给出了例 4.2 中目标函数极小值点的搜索过程。

表 4.1　例 4.2 各次迭代的结果

k	$\boldsymbol{X}^{(k)}$		$f(\boldsymbol{X}^{(k)})$	$\|\nabla f(\boldsymbol{X}^{(k)})\|$
	x_1	x_2		
0	2	2	104	100.08
1	1.919877	−0.003072	3.686164	3.842825
2	0.070888	0.070888	0.130652	3.547223
3	0.068048	−0.00011	0.004631	0.136205
4	0.002513	0.002513	0.000164	0.125727
5	0.00241188	−0.0000039	0.00000582	0.004828

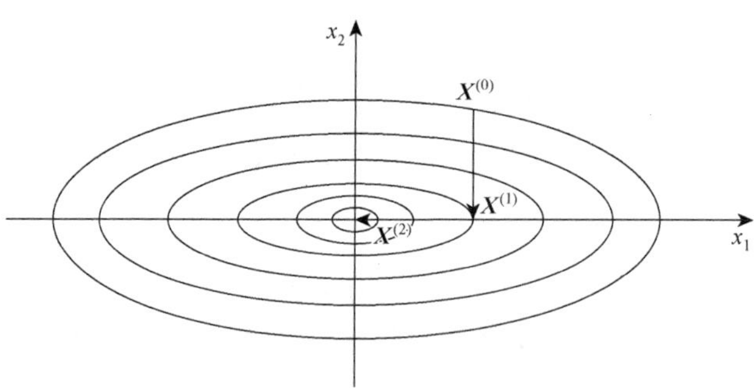

图 4.5　例 4.2 中目标函数极小值点的搜索过程

4.1.4　梯度法的特点

由梯度法的原理和迭代过程可知，梯度法具有以下特点。

（1）理论明确，对初始点要求不严格，初始点可任选，每次迭代所需的计算量和存储量也较小，适用于计算机计算，即使从一个不好的初始点出发，开始的几次迭代，目标函数值下降很快，然后慢慢逼近局部极小值点。

（2）对一般函数而言，梯度法的收敛速度并不快，因为最速下降方向仅仅是指某点的一个局部性质。

（3）梯度法相邻两次搜索方向的正交性，决定了迭代全过程的搜索路线呈锯齿状，在远离极小值点时逼近速度较快，而在接近极小值点时逼近速度较慢，它的迭代路径为绕道逼近极小值点。当迭代点接近极小值点时，步长因子变得很小，越走越慢。

（4）梯度法的收敛速度与目标函数的性质及初始点的选择密切相关。对于等值线（面）为同心圆（球）的目标函数，一次搜索即可达到极小值点。若目标函数为二次函数，等值线为椭圆，当初始点选在长轴或短轴上时，一次搜索也可达到极小值点。

4.2　共轭梯度法

4.2.1　共轭方向

由 4.1 节的讨论可知，梯度法具有计算简单，对初始点的选择要求低，最初几次迭代速度快的优点，但是越接近极值点时效果越差，在搜索过程中搜索路径呈锯齿状。设想在搜索过程中，如果能如图 4.6 所示，直接沿 $\boldsymbol{d}^{(0)}$ 搜索到 $\boldsymbol{X}^{(1)}$ 点后，不再沿 $\boldsymbol{X}^{(1)}$ 的负梯度方向搜索，而改沿 $\boldsymbol{d}^{(1)}$ 的方向进行搜索，前面已述及，任意形式的目标函数在极值点附近都近似于一个二次函数，希望对二次函数一次搜索到达极小值点 $\boldsymbol{X}^*$，即有

$$\boldsymbol{X}^* = \boldsymbol{X}^{(1)} + \alpha_1 \boldsymbol{d}^{(1)} \tag{4.11}$$

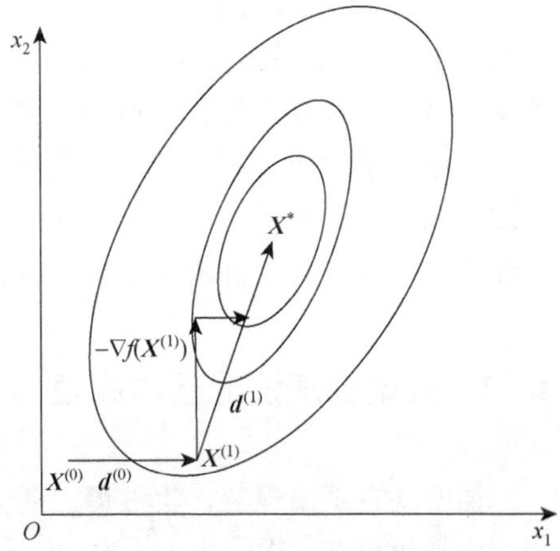

图 4.6　共轭方向示意

那么这样的 $\boldsymbol{d}^{(1)}$ 方向应该满足什么条件呢？

$f(\boldsymbol{X}) = \dfrac{1}{2}\boldsymbol{X}^{\mathrm{T}}\boldsymbol{G}\boldsymbol{X} + \boldsymbol{X}^{\mathrm{T}}\boldsymbol{B} + C$ 在 $\boldsymbol{X}^{(1)}$ 点的梯度为

$$\nabla f(\boldsymbol{X}^{(1)}) = \boldsymbol{G}\boldsymbol{X}^{(1)} + \boldsymbol{B} \tag{4.12}$$

因为 $\boldsymbol{X}^*$ 为极小值点，应满足存在极值的必要条件，故有

$$\nabla f(\boldsymbol{X}^*) = \boldsymbol{G}\boldsymbol{X}^* + \boldsymbol{B} = 0$$

由式（4.11）及式（4.12）可得

$$\begin{aligned}\nabla f(\boldsymbol{X}^*) &= \boldsymbol{G}[\boldsymbol{X}^{(1)} + \alpha_1 \boldsymbol{d}^{(1)}] + \boldsymbol{B} \\ &= \nabla f(\boldsymbol{X}^{(1)}) + \alpha_1 \boldsymbol{G}\boldsymbol{d}^{(1)} = 0\end{aligned} \tag{4.13}$$

将式（4.13）两边同时左乘 $[\boldsymbol{d}^{(0)}]^{\mathrm{T}}$。因为 $\nabla f(\boldsymbol{X}^{(1)})$ 与 $\boldsymbol{d}^{(0)}$ 正交，$[\boldsymbol{d}^{(0)}]^{\mathrm{T}}\nabla f(\boldsymbol{X}^{(1)}) = 0$。则有

$$[\boldsymbol{d}^{(0)}]^{\mathrm{T}}\boldsymbol{G}\boldsymbol{d}^{(1)} = 0 \tag{4.14}$$

这就是使 $\boldsymbol{d}^{(1)}$ 直指极小值点 $\boldsymbol{X}^*$ 所必须满足的条件。两个向量 $\boldsymbol{d}^{(0)}$ 和 $\boldsymbol{d}^{(1)}$ 称为矩阵 $\boldsymbol{G}$ 的共轭向量，或称 $\boldsymbol{d}^{(0)}$ 和 $\boldsymbol{d}^{(1)}$ 对矩阵 $\boldsymbol{G}$ 是共轭的。可见，沿 $\boldsymbol{d}^{(0)}$ 方向搜索得到 $\boldsymbol{X}^{(1)}$ 后，再沿 $\boldsymbol{d}^{(0)}$ 的共轭方向 $\boldsymbol{d}^{(1)}$ 搜索就可以到达极小值点 $\boldsymbol{X}^*$。

下面给出共轭方向的定义：设 $\boldsymbol{G}$ 为 n 阶的正定矩阵，若有两个 n 维向量 $\boldsymbol{d}^{(1)}$ 和 $\boldsymbol{d}^{(2)}$ 满足：

$$[\boldsymbol{d}^{(1)}]^{\mathrm{T}}\boldsymbol{G}\boldsymbol{d}^{(2)}=0 \tag{4.15}$$

则两个向量 $\boldsymbol{d}^{(1)}$ 和 $\boldsymbol{d}^{(2)}$ 称为矩阵 $\boldsymbol{G}$ 的共轭向量，$\boldsymbol{d}^{(1)}$ 和 $\boldsymbol{d}^{(2)}$ 对矩阵 $\boldsymbol{G}$ 是共轭的。显然，当 $\boldsymbol{G}=\boldsymbol{I}$（单位矩阵）时，式（4.15）变为

$$[\boldsymbol{d}^{(1)}]^{\mathrm{T}}\boldsymbol{d}^{(2)}=0 \tag{4.16}$$

即向量 $\boldsymbol{d}^{(1)}$ 和 $\boldsymbol{d}^{(2)}$ 互相正交。由此可见，共轭是正交或垂直的推广，正交是共轭的特例。向量 $\boldsymbol{d}^{(1)}$ 和 $\boldsymbol{d}^{(2)}$ 对矩阵 $\boldsymbol{G}$ 共轭时有可能相互正交，也可能相互不正交。

4.2.2 共轭向量的性质

共轭向量具有下列性质。

（1）若非零向量系 $\boldsymbol{d}^{(1)},\boldsymbol{d}^{(2)},\cdots,\boldsymbol{d}^{(n)}$ 是对矩阵 $\boldsymbol{G}$ 共轭的，则这 n 个向量是线性无关的。

（2）在 n 维空间中互相共轭的非零向量个数不超过 n。

（3）若 $\boldsymbol{G}$ 为 n 阶的正定矩阵，$\boldsymbol{d}^{(1)},\boldsymbol{d}^{(2)},\cdots,\boldsymbol{d}^{(n)}$ 是对矩阵 $\boldsymbol{G}$ 共轭的向量系，则对二次目标函数 $f(\boldsymbol{X})$ 从任意初始点出发，顺次沿矩阵 $\boldsymbol{G}$ 的 n 个共轭方向 $\boldsymbol{d}^{(1)},\boldsymbol{d}^{(2)},\cdots,\boldsymbol{d}^{(n)}$ 进行一维搜索，最多经过 n 次迭代就可以找到二次函数 $f(\boldsymbol{X})$ 的极小值点。

上述三条性质是采用共轭方向法进行迭代的重要理论依据。用共轭方向法进行迭代的关键是如何获得新的共轭方向，提供共轭向量系的方法有许多种，从而形成了各种具体的共轭方向法，如共轭梯度法、Powell 法等。

4.2.3 共轭梯度法的基本原理

梯度法有锯齿现象，收敛慢，理论证明，如各次迭代方向选为共轭方向时，对于 n 维的二次函数可在 n 次或少于 n 次的迭代计算后即可收敛，而且与初始点无关。由于任何一个函数在极小值点附近都可用二次函数近似，因此都有望在有限次迭代计算中求得最优点。共轭梯度法是以梯度法相邻两次迭代的负梯度方向 $-\nabla f(\boldsymbol{X}^{(k)})$、$-\nabla f(\boldsymbol{X}^{(k+1)})$ 呈线性无关且互为正交的基础上而构造出的一种具有较高收敛速度的方法。

共轭梯度法是共轭方向法中的一种，该方法中每一个共轭向量都是依赖于上一次搜索方向和目标函数在当前迭代点处的负梯度而构造出来的，也就是不需要预先给定一组共轭方向。

设有二次型函数 $f(\boldsymbol{X})=\dfrac{1}{2}\boldsymbol{X}^{\mathrm{T}}\boldsymbol{G}\boldsymbol{X}+\boldsymbol{X}^{\mathrm{T}}\boldsymbol{B}+C$，从点 $\boldsymbol{X}^{(k)}$ 出发，沿 $\boldsymbol{G}$ 某一共轭方向 $\boldsymbol{d}^{(k)}$ 进行一维搜索，到达点 $\boldsymbol{X}^{(k+1)}=\boldsymbol{X}^{(k)}+\alpha_k\boldsymbol{d}^{(k)}$，而在点 $\boldsymbol{X}^{(k)}$、$\boldsymbol{X}^{(k+1)}$ 处的梯度 $\boldsymbol{g}^{(k)}$、$\boldsymbol{g}^{(k+1)}$ 分别为

$$\begin{cases} \boldsymbol{g}^{(k)} = \boldsymbol{G}\boldsymbol{X}^{(k)} + \boldsymbol{B} \\ \boldsymbol{g}^{(k+1)} = \boldsymbol{G}\boldsymbol{X}^{(k+1)} + \boldsymbol{B} \end{cases}$$

共轭方向与梯度之间的关系：

$$\boldsymbol{g}^{(k+1)} - \boldsymbol{g}^{(k)} = \boldsymbol{G}(\boldsymbol{X}^{(k+1)} - \boldsymbol{X}^{(k)}) = \alpha_k \boldsymbol{G}\boldsymbol{d}^{(k)} \tag{4.17}$$

若 $\boldsymbol{d}^{(j)}$ 和 $\boldsymbol{d}^{(k)}$ 对 $\boldsymbol{G}$ 是共轭方向，则

$$(\boldsymbol{d}^{(j)})^{\mathrm{T}} \boldsymbol{G}\boldsymbol{d}^{(k)} = 0$$

由式（4.17）和 $(\boldsymbol{d}^{(j)})^{\mathrm{T}} \boldsymbol{G}\boldsymbol{d}^{(k)} = 0$，可以得到

$$(\boldsymbol{d}^{(j)})^{\mathrm{T}} (\boldsymbol{g}^{(k+1)} - \boldsymbol{g}^{(k)}) = 0 \tag{4.18}$$

从而得出共轭方向与梯度之间的关系，式（4.18）表明沿方向 $\boldsymbol{d}^k$ 进行一维搜索，其终点 $\boldsymbol{X}^{(k+1)}$ 和始点 $\boldsymbol{X}^{(k)}$ 处的梯度差与 $\boldsymbol{d}^k$ 的共轭方向正交。

共轭梯度法的基本计算过程为从 $\boldsymbol{X}^{(k)}$ 出发，沿负梯度方向进行一维搜索：$\boldsymbol{d}^{(k)} = -\nabla f(\boldsymbol{X}^{(k)})$，$\boldsymbol{X}^{(k+1)} = \boldsymbol{X}^{(k)} + \alpha_k \boldsymbol{d}^{(k)}$ $(k = 0,1,2,\cdots)$，而以后各次的共轭方向 $\boldsymbol{d}^{(k+1)}$ 由点 $\boldsymbol{X}^{(k+1)}$ 处的负梯度方向与已经得到的共轭方向 $\boldsymbol{d}^{(k)}$ 的线性组合确定，则构成共轭梯度法。

设与 $\boldsymbol{d}^{(k)}$ 共轭的下一个方向 $\boldsymbol{d}^{(k+1)}$ 是由 $\boldsymbol{d}^{(k)}$ 和点 $\boldsymbol{X}^{(k+1)}$ 的负梯度的线性组合构成的，即

$$\boldsymbol{d}^{(k+1)} = -\nabla f(\boldsymbol{X}^{(k+1)}) + \beta_k \boldsymbol{d}^{(k)} \tag{4.19}$$

由共轭方向与梯度之间的关系：$(\boldsymbol{d}^{(k+1)})^{\mathrm{T}}[\nabla f(\boldsymbol{X}^{(k+1)}) - \nabla f(\boldsymbol{X}^{(k)})] = 0$，得

$$[-\nabla f(\boldsymbol{X}^{(k+1)}) + \beta_k \boldsymbol{d}^{(k)}][\nabla f(\boldsymbol{X}^{(k+1)}) - \nabla f(\boldsymbol{X}^{(k)})] = 0 \tag{4.20}$$

$$\beta_k = \frac{[\nabla f(\boldsymbol{X}^{(k+1)})]^{\mathrm{T}} \nabla f(\boldsymbol{X}^{(k+1)})}{[\nabla f(\boldsymbol{X}^{(k)})]^{\mathrm{T}} \nabla f(\boldsymbol{X}^{(k)})} = \frac{\| \nabla f(\boldsymbol{X}^{(k+1)}) \|^2}{\| \nabla f(\boldsymbol{X}^{(k)}) \|^2} \tag{4.21}$$

由此得到，共轭梯度法下的共轭方向的递推过程如下所示。

$$\begin{cases} \boldsymbol{d}^{(k+1)} = -\nabla f(\boldsymbol{X}^{(k+1)}) + \beta_k \boldsymbol{d}^{(k)} \\ \beta_k = \dfrac{\| \nabla f(\boldsymbol{X}^{(k+1)}) \|^2}{\| \nabla f(\boldsymbol{X}^{(k)}) \|^2} \\ \boldsymbol{X}^{(k+1)} = \boldsymbol{X}^{(k)} + \alpha_k \boldsymbol{d}^{(k)},\ k = 0,1,2,\cdots \end{cases} \tag{4.22}$$

二次型函数的共轭梯度法尽管用到梯度，但是由于二次型函数的特点，梯度函数 $(\boldsymbol{G}\boldsymbol{X} + \boldsymbol{B})$ 和 $\boldsymbol{G}$ 都是已知的，并不需要求导计算。所以对二次型函数，共轭梯度法可以看成直接法寻优。

对于非二次型函数，通过泰勒展开的二阶近似，可以把共轭梯度法推广到一般的非线性函数。然而，二次型函数中的矩阵 $\boldsymbol{G}$ 是常数阵，一般函数的二阶展开中的矩阵 $\boldsymbol{G}\boldsymbol{X}$ 的每一次迭代都要重新计算，给求解带来巨大的运算量和难度。

4.2.4　共轭梯度法的迭代过程

共轭梯度法的迭代步骤如下所示。

（1）选定初始点 $\boldsymbol{X}^{(0)}$、迭代精度 ε。

（2）令 $k = 0$，$\boldsymbol{d}^{(k)} = -\nabla f(\boldsymbol{X}^{(k)})$。

（3）从 $\boldsymbol{X}^{(k)}$ 出发沿 $\boldsymbol{d}^{(k)}$ 方向一维搜索到 $\boldsymbol{X}^{(k+1)}$。

（4）计算梯度 $\nabla f(\boldsymbol{X}^{(k+1)})$，检验是否满足 $\|\nabla f(\boldsymbol{X}^{(k+1)})\| \leqslant \varepsilon$。若满足则迭代停止，$\boldsymbol{X}^{(k+1)}$ 点为极小值点。否则进行（5）。

（5）判断 $k=n$ 是否成立，若 $k=n$，则令 $\boldsymbol{X}^{(k)}=\boldsymbol{X}^{(k+1)}$，返回（2）；否则计算

$$\beta_k=\frac{\|\nabla f(\boldsymbol{X}^{(k+1)})\|^2}{\|\nabla f(\boldsymbol{X}^{(k)})\|^2}$$

$$\boldsymbol{d}^{(k+1)}=-\nabla f(\boldsymbol{X}^{(k+1)})+\beta_k\boldsymbol{d}^{(k)}$$

令 $k=k+1$，返回步骤（3）。

共轭梯度法的计算框图如图 4.7 所示。

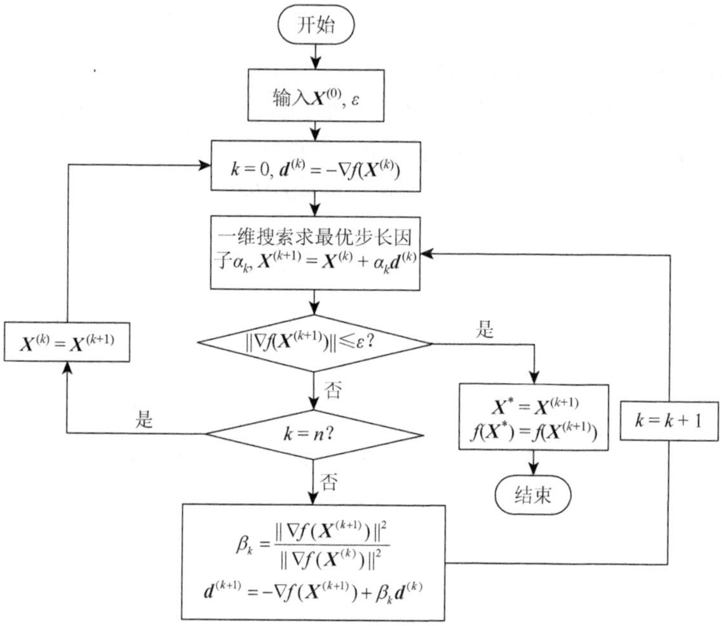

图 4.7　共轭梯度法的计算框图

例 4.3　用共轭梯度法求目标函数 $f(\boldsymbol{X})=x_1^2+x_2^2-x_1x_2-10x_1-4x_2+60$ 的极小值点，迭代精度 $\varepsilon=10^{-2}$。

解：（1）取初始点 $\boldsymbol{X}^{(0)}=[0\ \ 0]^{\mathrm{T}}$。

（2）计算初始点 $\boldsymbol{X}^{(0)}$ 处的梯度、梯度的模及搜索方向：

$$\nabla f(\boldsymbol{X}^{(0)})=\begin{bmatrix}2x_1-x_2-10\\2x_2-x_1-4\end{bmatrix}=\begin{bmatrix}-10\\-4\end{bmatrix}$$

$$\|\nabla f(\boldsymbol{X}^{(0)})\|=\sqrt{(-10)^2+(-4)^2}=10.77>\varepsilon$$

$$\boldsymbol{d}^{(0)}=-\nabla f(\boldsymbol{X}^{(0)})=-\begin{bmatrix}-10\\-4\end{bmatrix}=\begin{bmatrix}10\\4\end{bmatrix}$$

（3）计算新的迭代点：

$$\boldsymbol{X}^{(1)}=\boldsymbol{X}^{(0)}+\alpha\boldsymbol{d}^{(0)}=\begin{bmatrix}0\\0\end{bmatrix}+\alpha\begin{bmatrix}10\\4\end{bmatrix}$$

代入目标函数，并沿 $\boldsymbol{d}^{(0)}$ 方向进行一维搜索（或对 α 求导，并令其为零），求得最优步长因子 $\alpha_0 = 0.763158$ 。于是新迭代点：

$$\boldsymbol{X}^{(1)} = \boldsymbol{X}^{(0)} + \alpha_0 \boldsymbol{d}^{(0)} = \begin{bmatrix} 0 \\ 0 \end{bmatrix} + 0.763158 \begin{bmatrix} 10 \\ 4 \end{bmatrix} = \begin{bmatrix} 7.63158 \\ 3.05263 \end{bmatrix}$$

（4）计算新迭代点 $\boldsymbol{X}^{(1)}$ 处的梯度及其模：

$$\nabla f(\boldsymbol{X}^{(1)}) = \begin{bmatrix} 2x_1 - x_2 - 10 \\ 2x_2 - x_1 - 4 \end{bmatrix} = \begin{bmatrix} 2.2105 \\ -5.5263 \end{bmatrix}$$

$$\| \nabla f(\boldsymbol{X}^{(1)}) \| = \sqrt{(2.2105)^2 + (-5.5263)^2} = 5.952 > \varepsilon$$

（5）计算系数 β_0 及共轭方向 $\boldsymbol{d}^{(1)}$ ：

$$\beta_0 = \frac{\| \nabla f(\boldsymbol{X}^{(1)}) \|^2}{\| \nabla f(\boldsymbol{X}^{(0)}) \|^2} = \frac{5.952^2}{10.77^2} = 0.3054$$

$$\begin{aligned} \boldsymbol{d}^{(1)} &= -\nabla f(\boldsymbol{X}^{(1)}) + \beta_0 \boldsymbol{d}^{(0)} \\ &= -\begin{bmatrix} 2.2105 \\ -5.5263 \end{bmatrix} + 0.3054 \begin{bmatrix} 10 \\ 4 \end{bmatrix} = \begin{bmatrix} 0.8435 \\ 6.7479 \end{bmatrix} \end{aligned}$$

（6）计算新的迭代点：

$$\boldsymbol{X}^{(2)} = \boldsymbol{X}^{(1)} + \alpha \boldsymbol{d}^{(1)} = \begin{bmatrix} 7.63158 \\ 3.05263 \end{bmatrix} + \alpha \begin{bmatrix} 0.8435 \\ 6.7479 \end{bmatrix}$$

代入目标函数，并沿 $\boldsymbol{d}^{(1)}$ 方向进行一维搜索，求得最优步长因子 $\alpha_1 = 0.4368$ 。于是新迭代点为

$$\boldsymbol{X}^{(2)} = \boldsymbol{X}^{(1)} + \alpha_1 \boldsymbol{d}^{(1)} = \begin{bmatrix} 7.63158 \\ 3.05263 \end{bmatrix} + 0.4368 \begin{bmatrix} 0.8435 \\ 6.7479 \end{bmatrix} = \begin{bmatrix} 8.0000 \\ 6.0001 \end{bmatrix}$$

（7）计算新迭代点 $\boldsymbol{X}^{(2)}$ 处的梯度及其模：

$$\nabla f(\boldsymbol{X}^{(2)}) = \begin{bmatrix} 2x_1 - x_2 - 10 \\ 2x_2 - x_1 - 4 \end{bmatrix} = \begin{bmatrix} -0.0001 \\ -0.0002 \end{bmatrix}$$

$$\| \nabla f(\boldsymbol{X}^{(2)}) \| = \sqrt{(-0.0001)^2 + (-0.0002)^2} = 0.00023 < \varepsilon$$

则极小值点为

$$\boldsymbol{X}^* = \begin{bmatrix} 8.0000 \\ 6.0001 \end{bmatrix} \approx \begin{bmatrix} 8 \\ 6 \end{bmatrix}$$

实际上，可以把共轭梯度法看作梯度法的改进。当令所有的 $\beta_k = 0$ 时，共轭梯度法就是梯度法。因此共轭梯度法的效果不低于梯度法。由于不涉及矩阵，共轭梯度法要求的存储量小，收敛速度较梯度法快，具有超线性收敛速度。

共轭梯度法是以正定二次函数的共轭方向理论为基础的，因此在理论上对于二次型函数而言，最多经过 n 次迭代必能达到极小值点，但在实际计算时，由于舍入误差的影响及函数的非二次型，n 次迭代也不一定就能达到极值点。因此在 n 次迭代后如果未达到收敛精度，则通常会重置负梯度方向，重新开始迭代，直到满足精度。

4.3 牛顿法

牛顿法是根据目标函数的等值线在极值点附近为同心椭圆簇的特点，在极值点 $\boldsymbol{X}^*$ 邻域内用一个二次函数 $\varphi(\boldsymbol{X})$ 来近似代替原目标函数 $f(\boldsymbol{X})$，并将 $\varphi(\boldsymbol{X})$ 的极小值点作为对目标函数 $f(\boldsymbol{X})$ 求优的下一个迭代点，经多次迭代，使之逼近原目标函数 $f(\boldsymbol{X})$ 的极小值点。

4.3.1 方法原理

牛顿法基本原理类似二次插值法，将目标函数在某一点附近二阶泰勒展开，用这个二次函数的最优点近似目标函数的最优点；若不满足精度要求，将上一轮得到的最优点作为本轮起点，再次用上述方法求最优点，直到满足精度要求。

4.3.2 牛顿法迭代公式

设目标函数是连续二阶可微的，将函数在点 $\boldsymbol{X}^{(k)}$ 按泰勒级数展开，并保留到二次项，得

$$f(\boldsymbol{X}) \approx \varphi(\boldsymbol{X}) = f(\boldsymbol{X}^{(k)}) + [\nabla f(\boldsymbol{X}^{(k)})]^{\mathrm{T}}(\boldsymbol{X}-\boldsymbol{X}^{(k)}) + \frac{1}{2}(\boldsymbol{X}-\boldsymbol{X}^{(k)})^{\mathrm{T}}\nabla^2 f(\boldsymbol{X}^{(k)})(\boldsymbol{X}-\boldsymbol{X}^{(k)})$$

设 $\boldsymbol{X}^{(k+1)}$ 为 $\varphi(\boldsymbol{X})$ 的极小值点，有 $\nabla\varphi(\boldsymbol{X}^{(k+1)})=0$，即 $\nabla f(\boldsymbol{X}^{(k)}) + \nabla^2 f(\boldsymbol{X}^{(k)})(\boldsymbol{X}^{(k+1)}-\boldsymbol{X}^{(k)})=0$，则得

$$\boldsymbol{X}^{(k+1)} = \boldsymbol{X}^{(k)} - [\nabla^2 f(\boldsymbol{X}^{(k)})]^{-1}\nabla f(\boldsymbol{X}^{(k)}),\ k=0,1,2,\cdots \tag{4.23}$$

这就是多元函数求极值的牛顿法迭代公式。式（4.23）中取 $\boldsymbol{d}^{(k)} = -[\nabla^2 f(\boldsymbol{X}^{(k)})]^{-1}\nabla f(\boldsymbol{X}^{(k)})$，称为牛顿方向。式（4.23）中没有步长因子 α_k，或者可以看成步长因子恒等于 1，所以牛顿法是一种定步长因子的迭代。

从牛顿法的原理分析，如果目标函数为二次函数，有 $f(\boldsymbol{X})=\varphi(\boldsymbol{X})$，即牛顿法一轮迭代的终点就是最优解，而且是精确解。因此牛顿法解决了二次函数非球面时的搜索方向问题，其可以消除偏心存在对采用梯度方向为搜索方向时的影响，直接给出了搜索二次函数最优点的方向。或者说，牛顿法对偏心进行了改变，消除了二次曲面的偏心率，对于更高次曲面，也可以减小这种偏心，从而在一定程度上解决了梯度法收敛慢的缺点。

4.3.3 牛顿法的特点

（1）由于采用了目标函数二阶导数信息，收敛速度比梯度法快。

（2）牛顿法迭代公式与一般迭代公式的区别在于，没有步长因子。这使得在接近最优点时步长因子不能调节，可能会错过最优点，造成算法的稳定性欠佳，甚至造成不能收敛而导致计算失败。为了解决这一问题，通过增加阻尼因子，我们提出了阻尼牛顿法。

（3）需要计算 Hessian 矩阵及其逆矩阵，内存占用大，计算量大，此外二阶导数不存在或者逆矩阵不存在的情况不能应用。

例 4.4　用牛顿法求目标函数 $f(\boldsymbol{X})=x_1^2+25x_2^2$ 的极小值。

解：（1）取初始点 $\boldsymbol{X}^{(0)}=[2\ \ 2]^{\mathrm{T}}$。

（2）计算梯度、二阶偏导数矩阵及其逆矩阵：

$$\nabla f(\boldsymbol{X}^{(0)})=\begin{bmatrix}2x_1\\50x_2\end{bmatrix}=\begin{bmatrix}4\\100\end{bmatrix}$$

$$\nabla^2 f(\boldsymbol{X})=\begin{bmatrix}2&0\\0&50\end{bmatrix}$$

$$[\nabla^2 f(\boldsymbol{X})]^{-1}=\begin{bmatrix}\frac{1}{2}&0\\0&\frac{1}{50}\end{bmatrix}$$

（3）计算新的迭代点：

$$\boldsymbol{X}^{(1)}=\boldsymbol{X}^{(0)}-[\nabla^2 f(\boldsymbol{X}^{(0)})]^{-1}\nabla f(\boldsymbol{X}^{(0)})=\begin{bmatrix}2\\2\end{bmatrix}-\begin{bmatrix}\frac{1}{2}&0\\0&\frac{1}{50}\end{bmatrix}\begin{bmatrix}4\\100\end{bmatrix}=\begin{bmatrix}0\\0\end{bmatrix}$$

经过一次迭代即可求得极小值点 $\boldsymbol{X}^*=[0\ \ 0]^{\mathrm{T}}$，函数极小值 $f(\boldsymbol{X}^*)=0$。

例 4.5　用牛顿法求目标函数 $f(\boldsymbol{X})=x_1^2+x_2^2-x_1x_2-10x_1-4x_2+60$ 的最优解，计算精度 $\varepsilon=10^{-2}$。

解：（1）取初始点 $\boldsymbol{X}^{(0)}=[0\ \ 0]^{\mathrm{T}}$。

（2）计算梯度、二阶偏导数矩阵及其逆矩阵：

$$f(\boldsymbol{X}^{(0)})=60$$

$$\nabla f(\boldsymbol{X}^{(0)})=\begin{bmatrix}2x_1-x_2-10\\2x_2-x_1-4\end{bmatrix}=\begin{bmatrix}-10\\-4\end{bmatrix}$$

$$\nabla^2 f(\boldsymbol{X})=\begin{bmatrix}2&-1\\-1&2\end{bmatrix}$$

$$[\nabla^2 f(\boldsymbol{X})]^{-1}=\frac{1}{3}\begin{bmatrix}2&1\\1&2\end{bmatrix}$$

（3）计算新的迭代点：

$$\boldsymbol{X}^{(1)}=\boldsymbol{X}^{(0)}-[\nabla^2 f(\boldsymbol{X}^{(0)})]^{-1}\nabla f(\boldsymbol{X}^{(0)})=\begin{bmatrix}0\\0\end{bmatrix}-\frac{1}{3}\begin{bmatrix}2&1\\1&2\end{bmatrix}\begin{bmatrix}-10\\-4\end{bmatrix}=\begin{bmatrix}8\\6\end{bmatrix}$$

$$\|\nabla f(\boldsymbol{X}^{(1)})\|=0<\varepsilon$$

经过一次迭代即可求得最优解：极小值点 $\boldsymbol{X}^*=\begin{bmatrix}8\\6\end{bmatrix}$ 和函数极小值 $f(\boldsymbol{X}^*)=8$。

4.3.4 阻尼牛顿法

由例 4.4 和例 4.5 可以看出，对于二次函数，用牛顿法迭代一次即可得到最优点；对于非二次函数，若函数的迭代点已进入极小值点的邻域，则其收敛速度也是很快的。但是从牛顿法迭代公式可以看出，迭代点是由近似二次函数 $\varphi(\boldsymbol{X})$ 的极值条件确定的，该迭代点可能是 $\varphi(\boldsymbol{X})$ 的极小值点，也可能是 $\varphi(\boldsymbol{X})$ 的极大值点。因此在用牛顿法迭代时，可能会出现函数上升的现象，即 $f(\boldsymbol{X}^{(k+1)}) > f(\boldsymbol{X}^{(k)})$，使迭代不能收敛于最优点。例如，例 4.4 中若取初始点 $\boldsymbol{X}^{(0)}=[0\ 1]^{\mathrm{T}}$，第一次迭代点的函数值就增大。这表明牛顿法不能保证函数值稳定地下降，在严重的情况下甚至不能收敛而导致计算失败。可见，牛顿法对初始点的要求是比较苛刻的，所选取的初始点离极小值点不能太远。而在极小值点位置未知的情况下，上述要求很难达到。

为了消除牛顿法的上述问题，需要对其进行一些修改。将牛顿法定步长因子的迭代改为变步长因子的迭代，引入步长因子 α，在 $\boldsymbol{X}^{(k)}$ 的牛顿方向进行一维搜索，保证每次迭代点的函数值都是下降的。这种方法称为阻尼牛顿法，其迭代公式为

$$\boldsymbol{X}^{(k+1)}=\boldsymbol{X}^{(k)}-\alpha_k[\nabla^2 f(\boldsymbol{X}^{(k)})]^{-1}\nabla f(\boldsymbol{X}^{(k)}),\ k=0,1,2,\cdots \tag{4.24}$$

式中，α_k 为牛顿方向的最优步长。这种方法对初始点的选取不再苛刻，从而提高了牛顿法的可靠度。但采用阻尼牛顿法，每次迭代都要进行一维搜索，使收敛速度大大降低。

阻尼牛顿法的计算步骤如下所示。

（1）给定初始点 $\boldsymbol{X}^{(0)}$，收敛精度 ε，并令计算次数 $k=0$。

（2）计算 $\boldsymbol{X}^{(k)}$ 点的梯度 $\nabla f(\boldsymbol{X}^{(k)})$ 和梯度的模 $\|\nabla f(\boldsymbol{X}^{(k)})\|$。

（3）判断是否满足精度指标 $\|\nabla f(\boldsymbol{X}^{(k)})\|\leqslant\varepsilon$；若满足，$\boldsymbol{X}^{(k)}$ 为最优点，迭代停止，输出最优解 $\boldsymbol{X}^*=\boldsymbol{X}^{(k)}$ 和 $f(\boldsymbol{X}^*)=f(\boldsymbol{X}^{(k)})$，否则进行下一步计算。

（4）计算 $\boldsymbol{X}^{(k)}$ 点的牛顿方向 $\boldsymbol{d}^{(k)}$：

$$\boldsymbol{d}^{(k)}=-[\nabla^2 f(\boldsymbol{X}^{(k)})]^{-1}\nabla f(\boldsymbol{X}^{(k)}) \tag{4.25}$$

（5）以 $\boldsymbol{X}^{(k)}$ 为出发点，沿 $\boldsymbol{d}^{(k)}$ 进行一维搜索，求能使函数值下降最多的步长因子 α_k，即

$$\min_{\alpha} f(\boldsymbol{X}^{(k)}+\alpha\boldsymbol{d}^{(k)})=f(\boldsymbol{X}^{(k)}+\alpha_k\boldsymbol{d}^{(k)}) \tag{4.26}$$

令 $\boldsymbol{X}^{(k+1)}=\boldsymbol{X}^{(k)}+\alpha_k\boldsymbol{d}^{(k)}$，$k=k+1$，转到（2）。

阻尼牛顿法的程序框图如图 4.8 所示。

牛顿法和阻尼牛顿法统称为牛顿型方法。这类方法的最大优点是收敛速度快，也就是说，它的迭代次数相对其他方法来说少得多。特别是对于一些性态较好的目标函数，例如，二次函数，只需保证求梯度和二阶偏导数矩阵时的精度，不管初始点在何处，均可一步就找出最优点。可是这类方法也有很大的缺点。在每次迭代决定牛顿方向时，都要计算目标函数的一阶导数和二阶导数矩阵及其逆矩阵。这就使计算较为复杂，增加了每次迭代的计算工作量和计算机的存储量。

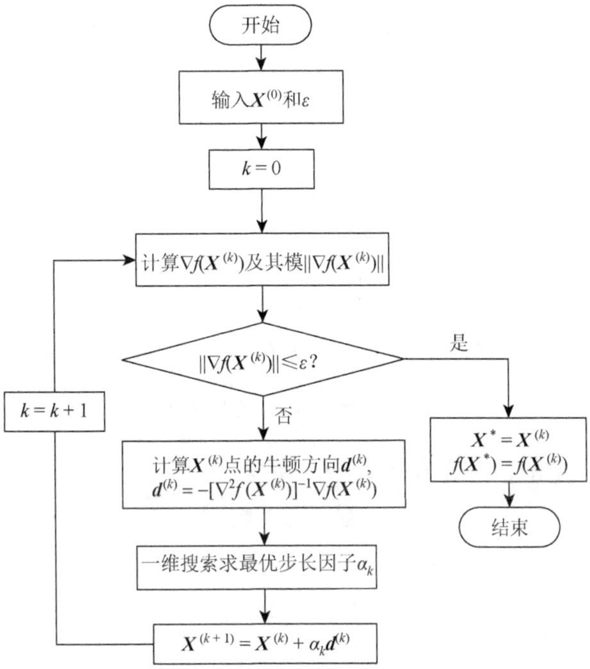

图 4.8　阻尼牛顿法的程序框图

4.4　变 尺 度 法

经过前面的讨论可以看出，梯度法收敛速度太慢，牛顿法虽然收敛速度很快，但要求计算二阶导数及其逆矩阵，其计算量和存储量都很大，二者都有致命的弱点。有什么办法可以既不用计算函数的二阶导数及其逆矩阵，又保持较快的收敛速度。变尺度法（variable metric method）就是这样一种方法，其基于牛顿法，用尺度矩阵作为牛顿法中对称正定迭代矩阵的近似。此法是 1959 年由 Davidon 提出的，并于 1963 年被 Fletcher 和 Powell 所简化，故称为 DFP 法或称为 DFP 变尺度法。

4.4.1　变尺度法基本原理

牛顿法的缺点在于需要计算 Hessian 矩阵及其逆阵，解决的方法是保留牛顿法的迭代公式的形式，但不计算 Hessian 矩阵的逆，而是用一个矩阵去近似和逼近 $\boldsymbol{H}^{-1}$，以减少计算量。

考察例 4.2 中讨论过的目标函数 $f(\boldsymbol{X})=x_1^2+25x_2^2$，用最速下降法求极小值，满足精度 $\varepsilon=10^{-2}$ 要经过 5 次迭代。但是若进行变换，令

$$\begin{cases} y_1 = x_1 \\ y_2 = 5x_2 \end{cases}$$

就可以将等值线为椭圆的目标函数 $f(\boldsymbol{X})$ 变换成等值线为圆的函数 $\varphi(\boldsymbol{X})=y_1^2+y_2^2$，消除

了函数的偏心，用最速下降法只需一次迭代即可求得极小值点。这种变换称为尺度变换。采用尺度变换的方法，通过放大或缩小各个坐标，可以把函数的偏心程度降到最低，从而改进了函数的收敛性质。

对于一般的二次函数，用梯度法求解时

$$f(\boldsymbol{X})=\frac{1}{2}\boldsymbol{X}^{\mathrm{T}}\boldsymbol{G}\boldsymbol{X}+\boldsymbol{X}^{\mathrm{T}}\boldsymbol{B}+C$$

迭代收敛的速度取决于矩阵 $\boldsymbol{G}$ 的性质，如 $\boldsymbol{G}$ 为正定矩阵，可进行尺度变换

$$\boldsymbol{X}=\boldsymbol{Q}\boldsymbol{X}$$

在新的坐标系中，函数 $f(\boldsymbol{X})$ 的二次项变为

$$\frac{1}{2}\boldsymbol{X}^{\mathrm{T}}\boldsymbol{G}\boldsymbol{X}=\frac{1}{2}\boldsymbol{X}^{\mathrm{T}}\boldsymbol{Q}^{\mathrm{T}}\boldsymbol{G}\boldsymbol{Q}\boldsymbol{X}$$

因为矩阵 $\boldsymbol{G}$ 是正定的，总存在矩阵 $\boldsymbol{Q}$，使得

$$\boldsymbol{Q}^{\mathrm{T}}\boldsymbol{G}\boldsymbol{Q}=\boldsymbol{I}$$

用矩阵 $\boldsymbol{Q}^{-1}$ 右乘上式两边，得

$$\boldsymbol{Q}^{\mathrm{T}}\boldsymbol{G}=\boldsymbol{Q}^{-1}$$

用矩阵 $\boldsymbol{Q}$ 左乘上式两边，得

$$\boldsymbol{Q}\boldsymbol{Q}^{\mathrm{T}}\boldsymbol{G}=\boldsymbol{I}$$

再用矩阵 $\boldsymbol{G}^{-1}$ 右乘上式两边，得

$$\boldsymbol{Q}\boldsymbol{Q}^{\mathrm{T}}=\boldsymbol{G}^{-1}$$

上式说明，二次函数矩阵 $\boldsymbol{G}^{-1}$ 的逆矩阵可以通过尺度变换矩阵 $\boldsymbol{Q}$ 来求得。对于非二次函数，也可以用类似的思想方法，通过尺度变换，使函数的性态逐步变好。比较梯度法与牛顿法，可知，梯度法迭代公式为

$$\boldsymbol{X}^{(k+1)}=\boldsymbol{X}^{(k)}-\alpha_k\nabla f(\boldsymbol{X}^{(k)}),\ k=0,1,2,\cdots$$

上式也可以看作

$$\boldsymbol{X}^{(k+1)}=\boldsymbol{X}^{(k)}-\alpha_k\boldsymbol{I}\nabla f(\boldsymbol{X}^{(k)}),\ k=0,1,2,\cdots$$

修正牛顿迭代公式为

$$\boldsymbol{X}^{(k+1)}=\boldsymbol{X}^{(k)}-\alpha_k[\nabla^2 f(\boldsymbol{X}^{(k)})]^{-1}\nabla f(\boldsymbol{X}^{(k)}),\ k=0,1,2,\cdots$$

牛顿法对二次函数很有效，但要计算 Hessian 矩阵的逆矩阵，将两种方法合并发现，构造一个矩阵，只要从单位矩阵 $\boldsymbol{I}$ 出发，最后趋向 Hessian 矩阵的逆矩阵，就可以实现从梯度法到牛顿法搜索的转变。该构造矩阵是一个不断变化的矩阵，称作变尺度矩阵。变尺度法的迭代式为

$$\boldsymbol{X}^{(k+1)}=\boldsymbol{X}^{(k)}-\alpha_k\boldsymbol{A}_k\nabla f(\boldsymbol{X}^{(k)}),\ k=0,1,2,\cdots \tag{4.27}$$

搜索迭代方向 $\boldsymbol{S}^{(k)}=-\boldsymbol{A}_k\nabla f(\boldsymbol{X}^{(k)})\ (k=0,1,2,\cdots)$。

按这种方法迭代，既不用计算二阶导数矩阵及其逆矩阵，又能沿牛顿方向搜索，因此具有较快的收敛速度，关键是如何构造尺度矩阵 $\boldsymbol{A}_k$。

理论证明，取 $\boldsymbol{A}_0=\boldsymbol{I}$（单位矩阵）。经过对矩阵 $\Delta\boldsymbol{A}_k$ 的不断修正，在迭代中逐步逼近 $[\nabla^2 f(\boldsymbol{X}^{(k)})]^{-1}$。

为了使变尺度矩阵 $\boldsymbol{A}_k$ 逼近 Hessian 矩阵的逆矩阵，并具有容易计算的特点，构造矩阵必须满足下列条件。

（1）保证迭代公式具有下降性质。要求构造矩阵 $\boldsymbol{A}_k$ 是对称正定的。因为若要求搜索方向为下降方向，要求搜索方向与该点负梯度方向之间的夹角小于 90°，即

$$\boldsymbol{S}_k^{\mathrm{T}}[-\nabla f(\boldsymbol{X}^{(k)})] = -\nabla f(\boldsymbol{X}^{(k)})^{\mathrm{T}} \boldsymbol{A}_k^{\mathrm{T}}[-\nabla f(\boldsymbol{X}^{(k)})] > 0 \tag{4.28}$$

即 $\boldsymbol{A}_k$ 应为对称正定。

（2）要求 $\boldsymbol{A}_k$ 具有简单的迭代形式。显然 $\boldsymbol{A}_{k+1} = \boldsymbol{A}_k + \Delta\boldsymbol{A}_k$ 为最简单的形式，其中 $\Delta\boldsymbol{A}_k$ 为修正矩阵，式（4.28）称作修正公式。

（3）要求构造矩阵必须满足拟牛顿条件，拟牛顿条件为对目标函数 $f(\boldsymbol{X})$ 在点 $\boldsymbol{X}^{(k)}$ 进行二阶泰勒展开

$$f(\boldsymbol{X}) \approx f(\boldsymbol{X}^{(k)}) + [\nabla f(\boldsymbol{X}^{(k)})]^{\mathrm{T}}(\boldsymbol{X} - \boldsymbol{X}^{(k)}) + \frac{1}{2}(\boldsymbol{X} - \boldsymbol{X}^{(k)})^{\mathrm{T}} \nabla^2 f(\boldsymbol{X}^{(k)})(\boldsymbol{X} - \boldsymbol{X}^{(k)}) \tag{4.29}$$

将 $\nabla^2 f(\boldsymbol{X}^{(k)})$ 用 $\boldsymbol{G}$ 代替，则

$$\nabla f(\boldsymbol{X}) = \nabla f(\boldsymbol{X}^{(k)}) + \boldsymbol{G}(\boldsymbol{X} - \boldsymbol{X}^{(k)}) \tag{4.30}$$

对于迭代点 $\boldsymbol{X}^{(k+1)}$

$$\nabla f(\boldsymbol{X}^{(k+1)}) = \nabla f(\boldsymbol{X}^{(k)}) + \boldsymbol{G}(\boldsymbol{X}^{(k+1)} - \boldsymbol{X}^{(k)}) \tag{4.31}$$

因此可得

$$\nabla f(\boldsymbol{X}^{(k+1)}) - \nabla f(\boldsymbol{X}^{(k)}) = \boldsymbol{G}(\boldsymbol{X}^{(k+1)} - \boldsymbol{X}^{(k)}) \tag{4.32}$$

给两边左乘 $\boldsymbol{G}^{-1}$

$$\boldsymbol{G}^{-1}[\nabla f(\boldsymbol{X}^{(k+1)}) - \nabla f(\boldsymbol{X}^{(k)})] = \boldsymbol{X}^{(k+1)} - \boldsymbol{X}^{(k)} \tag{4.33}$$

式（4.33）就是 Hessian 矩阵 $\boldsymbol{G}$ 应满足的关系式。若要构造矩阵，构造的矩阵也应满足这个关系式

$$\boldsymbol{A}^{k+1}[\nabla f(\boldsymbol{X}^{(k+1)}) - \nabla f(\boldsymbol{X}^{(k)})] = \boldsymbol{X}^{(k+1)} - \boldsymbol{X}^{(k)} \tag{4.34}$$

式（4.34）是按牛顿法递推出来的条件，也就是 DFP 变尺度条件。

构造修正矩阵 $\Delta\boldsymbol{A}_k$ 的方法不同，可以演变出不同的变尺度法，DFP 变尺度法修改的构造 $\Delta\boldsymbol{A}_k$ 的方法如下：

$$\Delta\boldsymbol{A}_k = \frac{\Delta\boldsymbol{X}^{(k)}[\Delta\boldsymbol{X}^{(k)}]^{\mathrm{T}}}{[\Delta\boldsymbol{X}^{(k)}]^{\mathrm{T}}\Delta\boldsymbol{g}_k} - \frac{\boldsymbol{A}_k\Delta\boldsymbol{g}_k[\Delta\boldsymbol{g}_k]^{\mathrm{T}}\boldsymbol{A}_k}{[\Delta\boldsymbol{g}_k]^{\mathrm{T}}\boldsymbol{A}_k\Delta\boldsymbol{g}_k} \tag{4.35}$$

式中，$\Delta\boldsymbol{g}_k = \nabla f(\boldsymbol{X}^{(k+1)}) - \nabla f(\boldsymbol{X}^{(k)})$；$\Delta\boldsymbol{X}^{(k)} = \boldsymbol{X}^{(k+1)} - \boldsymbol{X}^{(k)}$。

4.4.2 变尺度法迭代步骤和算法流程

变尺度迭代公式为

$$\boldsymbol{X}^{(k+1)} = \boldsymbol{X}^{(k)} - \alpha_k\boldsymbol{A}_k\nabla f(\boldsymbol{X}^{(k)}),\ k = 0,1,2,\cdots \tag{4.36}$$

变尺度法采用迭代公式迭代时，对第一轮迭代，$\boldsymbol{A}_0 = \boldsymbol{I}$，即 $\boldsymbol{X}^1 = \boldsymbol{X}^0 - \alpha_0\nabla f(\boldsymbol{X}^0)$，也就是梯度法。当迭代过程逼近最优点时，迭代公式变成 $\boldsymbol{X}^{k+1} = \boldsymbol{X}^k - \alpha_k[\boldsymbol{H}(\boldsymbol{X}^k)]^{-1}\nabla f(\boldsymbol{X}^k)$，也就是阻尼牛顿法。所以，可以把变尺度法看作梯度法和牛顿法的改进算法，或者梯度法

和牛顿法是变尺度法的特例。至于变尺度矩阵的构造，主要思路是为了使变尺度矩阵随着迭代过程逐渐逼近 Hessian 矩阵的逆，可以构造 $\boldsymbol{A}^{k+1}=\boldsymbol{A}^k+\Delta\boldsymbol{A}^k$，其中 $\Delta\boldsymbol{A}^k$ 为 k 次迭代的修正矩阵。变尺度矩阵的修正是变尺度法区别于牛顿法之处，采用式（4.35）构造修正矩阵。

变尺度法的计算步骤如下所示。

（1）取初始点 $\boldsymbol{X}^{(0)}$，迭代计算精度 ε。

（2）令 $k=0$，$\boldsymbol{A}_0=\boldsymbol{I}$（单位矩阵）。

（3）计算 $\boldsymbol{X}^{(k)}$ 点的梯度 $\nabla f(\boldsymbol{X}^{(k)})$ 及其模 $\|\nabla f(\boldsymbol{X}^{(k)})\|$。

（4）判断是否满足精度指标 $\|\nabla f(\boldsymbol{X}^{(k)})\|\leqslant\varepsilon$，若满足，$\boldsymbol{X}^{(k)}$ 为最优点，迭代停止，输出最优解 $\boldsymbol{X}^*=\boldsymbol{X}^{(k)}$ 和 $f(\boldsymbol{X}^*)=f(\boldsymbol{X}^{(k)})$，否则进行下一步计算。

（5）构造搜索方向 $\boldsymbol{d}^{(k)}=-\boldsymbol{A}_k\nabla f(\boldsymbol{X}^{(k)})$ 进行一维搜索，根据 $\min\limits_{\alpha} f(\boldsymbol{X}^{(k)}+\alpha\boldsymbol{d}^{(k)})=f(\boldsymbol{X}^{(k)}+\alpha_k\boldsymbol{d}^{(k)})$ 求最优步长因子 α_k，并求出新点 $\boldsymbol{X}^{(k+1)}=\boldsymbol{X}^{(k)}+\alpha_k\boldsymbol{d}^{(k)}$。

（6）按变尺度公式计算 $\Delta\boldsymbol{A}_k$ 及 $\boldsymbol{A}_k$。

（7）令 $k=k+1$。转（3），变尺度法的计算框图如图 4.9 所示。

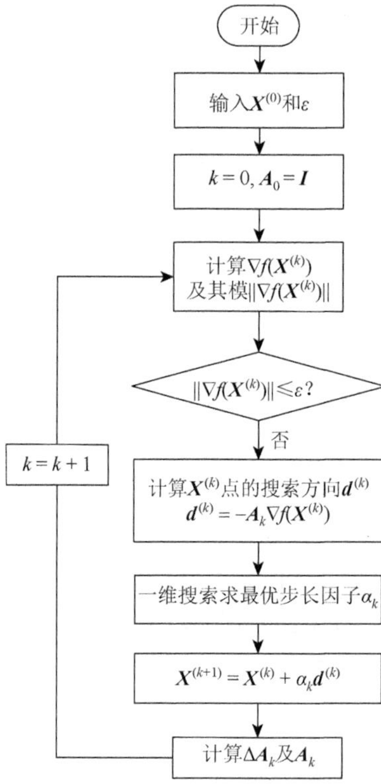

图 4.9　变尺度法的计算框图

例 4.6　用变尺度法求目标函数 $f(\boldsymbol{X})=x_1^2+x_2^2-x_1x_2-10x_1-4x_2+60$ 的最优解，迭代精度 $\varepsilon=10^{-2}$。

解：（1）取初始点 $\boldsymbol{X}^{(0)}=[0\ \ 0]^{\mathrm{T}}$，尺度矩阵 $\boldsymbol{A}_0=\begin{bmatrix}1 & 0\\0 & 1\end{bmatrix}$。

（2）计算初始点 $\boldsymbol{X}^{(0)}$ 处的目标函数、梯度及其模：

$$f(\boldsymbol{X}^{(0)})=60$$

$$\nabla f(\boldsymbol{X}^{(0)})=\begin{bmatrix}2x_1-x_2-10\\2x_2-x_1-4\end{bmatrix}=\begin{bmatrix}-10\\-4\end{bmatrix}$$

$$\|\nabla f(\boldsymbol{X}^{(0)})\|=\sqrt{(-10)^2+(-4)^2}=10.77>\varepsilon$$

（3）求搜索方向：

$$\boldsymbol{d}^{(0)}=-\boldsymbol{A}^{(0)}\nabla f(\boldsymbol{X}^{(0)})=-\begin{bmatrix}1&0\\0&1\end{bmatrix}\begin{bmatrix}-10\\-4\end{bmatrix}=\begin{bmatrix}10\\4\end{bmatrix}$$

（4）计算新的迭代点：

$$\boldsymbol{X}^{(1)}=\boldsymbol{X}^{(0)}+\alpha\boldsymbol{d}^{(0)}=\begin{bmatrix}0\\0\end{bmatrix}+\alpha\begin{bmatrix}10\\4\end{bmatrix}$$

代入目标函数，并沿 $\boldsymbol{d}^{(0)}$ 方向进行一维搜索，求得最优步长：

$$\alpha_0=0.763158$$

于是新迭代点 $\boldsymbol{X}^{(1)}=\boldsymbol{X}^{(0)}+\alpha_0\boldsymbol{d}^{(0)}=\begin{bmatrix}0\\0\end{bmatrix}+0.763158\begin{bmatrix}10\\4\end{bmatrix}=\begin{bmatrix}7.63158\\3.05263\end{bmatrix}$。

（5）计算新迭代点 $\boldsymbol{X}^{(1)}$ 处的目标函数、梯度及其模：

$$f(\boldsymbol{X}^{(1)})=15.737$$

$$\nabla f(\boldsymbol{X}^{(1)})=\begin{bmatrix}2x_1-x_2-10\\2x_2-x_1-4\end{bmatrix}=\begin{bmatrix}2.211\\-5.526\end{bmatrix}$$

$$\|\nabla f(\boldsymbol{X}^{(1)})\|=\sqrt{(2.211)^2+(-5.526)^2}=5.95>\varepsilon$$

（6）构造尺度矩阵 $\boldsymbol{A}_1$。

$$\Delta\boldsymbol{X}^{(0)}=\boldsymbol{X}^{(1)}-\boldsymbol{X}^{(0)}=\begin{bmatrix}7.63158\\3.05263\end{bmatrix}$$

$$\Delta\boldsymbol{g}^{(0)}=\nabla f(\boldsymbol{X}^{(1)})-\nabla f(\boldsymbol{X}^{(0)})=\begin{bmatrix}2.211\\-5.526\end{bmatrix}-\begin{bmatrix}-10\\-4\end{bmatrix}=\begin{bmatrix}12.211\\-1.526\end{bmatrix}$$

计算 $\Delta\boldsymbol{A}_0$：

$$\Delta\boldsymbol{A}_0=\frac{\Delta\boldsymbol{X}^{(0)}[\Delta\boldsymbol{X}^{(0)}]^{\mathrm{T}}}{[\Delta\boldsymbol{X}^{(0)}]^{\mathrm{T}}\Delta\boldsymbol{g}_0}-\frac{\boldsymbol{A}_0\Delta\boldsymbol{g}_0[\Delta\boldsymbol{g}_0]^{\mathrm{T}}\boldsymbol{A}_0}{[\Delta\boldsymbol{g}_0]^{\mathrm{T}}\boldsymbol{A}_0\Delta\boldsymbol{g}_0}$$

$$=\frac{\begin{bmatrix}7.63158\\3.05263\end{bmatrix}[7.63158\quad 3.05263]}{[7.63158\quad 3.05263]\begin{bmatrix}12.211\\-1.526\end{bmatrix}}+\frac{\begin{bmatrix}1&0\\0&1\end{bmatrix}\begin{bmatrix}12.211\\-1.526\end{bmatrix}[12.211\quad -1.526]\begin{bmatrix}1&0\\0&1\end{bmatrix}}{[12.211\quad -1.526]\begin{bmatrix}1&0\\0&1\end{bmatrix}\begin{bmatrix}12.211\\-1.526\end{bmatrix}}$$

$$=\begin{bmatrix}-0.327&0.386\\0.386&0.0897\end{bmatrix}$$

计算尺度矩阵 $\boldsymbol{A}_1$：

$$A_1 = A_0 + \Delta A_0 = \begin{bmatrix} 1 & 0 \\ 0 & 1 \end{bmatrix} + \begin{bmatrix} -0.327 & 0.386 \\ 0.386 & 0.0897 \end{bmatrix} = \begin{bmatrix} 0.673 & 0.386 \\ 0.386 & 1.0897 \end{bmatrix}$$

（7）重新建立搜索方向，重新计算新的迭代点。

$$\boldsymbol{d}^{(1)} = -A_1 \nabla f(\boldsymbol{X}^{(1)}) = -\begin{bmatrix} 0.673 & 0.386 \\ 0.386 & 1.0897 \end{bmatrix} \begin{bmatrix} 2.211 \\ -5.526 \end{bmatrix} = \begin{bmatrix} 0.646 \\ 5.168 \end{bmatrix}$$

$$\boldsymbol{X}^{(2)} = \boldsymbol{X}^{(1)} + \alpha \boldsymbol{d}^{(1)} = \begin{bmatrix} 7.63158 \\ 3.05263 \end{bmatrix} + \alpha \begin{bmatrix} 0.646 \\ 5.168 \end{bmatrix}$$

代入目标函数，并沿 $\boldsymbol{d}^{(1)}$ 方向进行一维搜索，求得最优步长因子 $\alpha_1 = 0.5703$，于是新迭代点为

$$\boldsymbol{X}^{(2)} = \boldsymbol{X}^{(1)} + \alpha_1 \boldsymbol{d}^{(1)} = \begin{bmatrix} 7.63158 \\ 3.05263 \end{bmatrix} + 0.5703 \begin{bmatrix} 0.646 \\ 5.168 \end{bmatrix} = \begin{bmatrix} 7.9999 \\ 5.9999 \end{bmatrix}$$

计算新迭代点 $\boldsymbol{X}^{(2)}$ 处目标函数的梯度及其模：

$$\nabla f(\boldsymbol{X}^{(2)}) = \begin{bmatrix} 2x_1 - x_2 - 10 \\ 2x_2 - x_1 - 4 \end{bmatrix} = \begin{bmatrix} -0.0001 \\ -0.0001 \end{bmatrix}$$

$$\| \nabla f(\boldsymbol{X}^{(2)}) \| = \sqrt{(-0.0001)^2 + (-0.0001)^2} = 0.00014 < \varepsilon$$

满足迭代终止准则，迭代终止，得到最优解：极小值点 $\boldsymbol{X}^* = \begin{bmatrix} 7.9999 \\ 5.9999 \end{bmatrix}$ 和函数极小值 $f(\boldsymbol{X}^*) = 8$。

从例 4.6 可以看出，对于二次函数应用 DFP 变尺度法两次迭代后即可达到最优点。比应用牛顿法多迭代一次，但是不用计算目标函数的二阶导数及其逆。这种算法用于高维问题（如 20 个变量以上），收敛速度快，效果好，成为无约束优化问题最有效的算法之一。在例 4.6 中二次迭代的结果与真解相比略有偏差，主要是由于一维搜索的不精确产生的。由于舍入误差和一维搜索的不精确，在大量的计算中可能会使某个尺度矩阵 A_k 不能保持正定或变为奇异而影响数值的稳定性，使计算失败。

应用以上各节所介绍的几种无约束最优化的方法，均需计算目标函数的一阶或二阶偏导数。在实际的工程优化问题中，目标函数有时很复杂，并且也未必都能满足正定、连续可微等条件，其偏导数或难以求得，或根本就不存在。这时如仍用前面介绍的方法就行不通了，只能用直接法来解决问题。直接法不需要求目标函数的一阶或二阶偏导数，仅仅需要计算各迭代点的目标函数值，并通过分析比较，逐步逼近最优点。工程上常用的直接法有坐标轮换法、Powell 法和单纯形法。

4.5 坐标轮换法

坐标轮换法是将多维问题转化为一系列一维问题的求解方法，它将多变量的优化问题转化为单变量的优化问题，因此又称为变量轮换法。这种方法在搜索过程中只需要目标函数的信息，而不需要求解目标函数的导数。因此比前面介绍的几种优化方法更加简单明了。

4.5.1　坐标轮换法的基本原理

将多维无约束优化问题分解、转化为一系列一维优化问题，轮换沿各个坐标轴进行一维搜索，直到求得最优点。

坐标轮换法轮流沿坐标方向进行搜索，每次只允许一个变量变化，其余变量保持不变。以二元函数 $f(x_1,x_2)$ 为例，说明坐标轮换法的迭代过程。如图 4.10 所示，选定的初始点 $\boldsymbol{X}^{(0)}$ 作为第一轮的始点 $\boldsymbol{X}_0^{(1)}$，保持 x_2 不变而沿 x_1 方向 $\boldsymbol{e}_1=\begin{bmatrix}1\\0\end{bmatrix}$ 进行一维搜索，确定其最优步长因子 $\alpha_1^{(1)}$，即可获得第一轮的第一个迭代点 $\boldsymbol{X}_1^{(1)}=\boldsymbol{X}_0^{(1)}+\alpha_1^{(1)}\boldsymbol{e}_1$。然后以 $\boldsymbol{X}_1^{(1)}$ 为新起点，改沿 x_2 方向 $\boldsymbol{e}_2=\begin{bmatrix}0\\1\end{bmatrix}$ 进行一维搜索，确定其最优步长因子 $\alpha_2^{(1)}$，可得第一轮的第二个迭代点 $\boldsymbol{X}_2^{(1)}=\boldsymbol{X}_1^{(1)}+\alpha_2^{(1)}\boldsymbol{e}_2$。这个二维问题经过沿 $\boldsymbol{e}_1$ 和 $\boldsymbol{e}_2$ 方向的两次一维搜索完成了第一轮迭代。接着的第二轮迭代则是 $\boldsymbol{X}_0^{(2)}=\boldsymbol{X}_2^{(1)}$，$\boldsymbol{X}_1^{(2)}=\boldsymbol{X}_0^{(2)}+\alpha_1^{(2)}\boldsymbol{e}_1$，$\boldsymbol{X}_2^{(2)}=\boldsymbol{X}_1^{(2)}+\alpha_2^{(2)}\boldsymbol{e}_2$。按照同样的方式进行第三轮、第四轮……迭代。随着迭代的进行，目标函数值不断下降，最后的迭代点必将逼近该二维目标函数的最优点。迭代的终止准则可以采用点距准则，即在一轮迭代后，终点与始点的距离小于收敛精度 ε，则迭代停止。

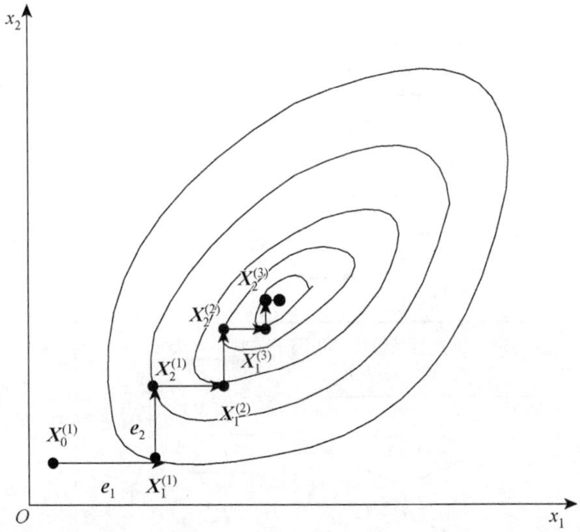

图 4.10　坐标轮换法的搜索过程

对 n 维优化问题，先将 $n-1$ 个变量固定不动，只对第一个变量进行一维搜索得到最优点 $\boldsymbol{X}_1^{(1)}$。然后，再对第二个变量进行一维搜索得到 $\boldsymbol{X}_2^{(1)}$ 点等。总之，每次都固定 $n-1$ 个变量不变，只对目标函数的一个变量进行一维搜索，当 n 个变量 $x_1,x_2,\cdots,x_n$ 以此进行一轮搜索之后，即完成一轮迭代计算。若未收敛，则又从前一轮的最末点开始，进行下一轮迭代计算，如此继续下去，直至收敛到最优点。第 k 轮第 i 维搜索的迭代公式为

$$\boldsymbol{X}_i^{(k)} = \boldsymbol{X}_{i-1}^{(k)} + \alpha_i^{(k)} \boldsymbol{d}_i^{(k)},\ i = 0,1,\cdots,n \tag{4.37}$$

式中，$\boldsymbol{X}_{i-1}^{(k)}$ 表示第 k 轮第 i 维搜索的初始点；$\boldsymbol{d}_i^{(k)}$ 表示第 k 轮第 i 维搜索的搜索方向，轮流取 n 个坐标的单位向量，即

$$\boldsymbol{d}_i^{(k)} = \boldsymbol{e}_i = [0,\cdots,1,\cdots,0]^{\mathrm{T}} \tag{4.38}$$

第 i 个单位坐标方向为 1，其余为 0；$\alpha_i^{(k)}$ 表示第 k 轮第 i 维搜索迭代的步长因子，可以采用一维搜索的方法确定。若 $\| \boldsymbol{X}_n^{(k)} - \boldsymbol{X}_0^{(k)} \| \leqslant \varepsilon$，则迭代停止，得到最优解 $\boldsymbol{X}^* = \boldsymbol{X}_n^{(k)}$；否则 $\boldsymbol{X}_0^{(k+1)} = \boldsymbol{X}_n^{(k)}$，进行下一轮搜索，直到满足精度要求。

4.5.2　坐标轮换法的迭代过程

（1）取初始点 $\boldsymbol{X}^{(0)}$，迭代计算精度 ε，取 n 个坐标轴方向矢量为搜索方向。

$$\boldsymbol{d}_i = \boldsymbol{e}_i = [0,\cdots,1,\cdots,0]^{\mathrm{T}}$$

（2）按公式 $\boldsymbol{X}_i^{(k)} = \boldsymbol{X}_{i-1}^{(k)} + \alpha_i^{(k)} \boldsymbol{d}_i^{(k)}$ $(i = 0,1,\cdots,n)$ 进行迭代计算，其中 $\alpha_i^{(k)}$ 可通过一维搜索的方法确定。

（3）判断是否满足 $\| \boldsymbol{X}_n^{(k)} - \boldsymbol{X}_0^{(k)} \| \leqslant \varepsilon$，若满足，迭代终止，输出最优解 $\boldsymbol{X}^* = \boldsymbol{X}_n^{(k)}$，否则 $k = k+1$，返回（2）。

坐标轮换法的计算框图如图 4.11 所示。

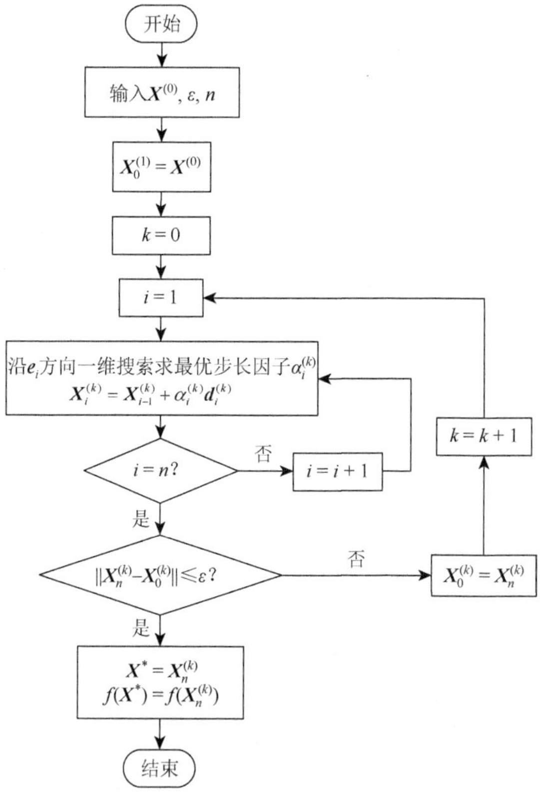

图 4.11　坐标轮换法的计算框图

例 4.7　用坐标轮换法求目标函数 $f(\boldsymbol{X}) = x_1^2 + x_2^2 - x_1x_2 - 10x_1 - 4x_2 + 60$ 的最优解，迭代精度 $\varepsilon = 10^{-2}$。

解：取初始点 $\boldsymbol{X}^{(0)} = \begin{bmatrix} 0 \\ 0 \end{bmatrix}$，进行第一轮迭代计算，沿 $\boldsymbol{e}_1 = \begin{bmatrix} 1 \\ 0 \end{bmatrix}$ 方向进行一维搜索，即

$$\boldsymbol{X}_1^{(1)} = \boldsymbol{X}_0^{(1)} + \alpha_1 \boldsymbol{e}_1$$

式中，$\boldsymbol{X}_0^{(1)}$ 为第一轮的起始点，取 $\boldsymbol{X}_0^{(1)} = \boldsymbol{X}^{(0)}$

$$\boldsymbol{X}_1^{(1)} = \begin{bmatrix} 0 \\ 0 \end{bmatrix} + \alpha_1 \begin{bmatrix} 1 \\ 0 \end{bmatrix} = \begin{bmatrix} \alpha_1 \\ 0 \end{bmatrix}$$

代入目标函数可得

$$f(\boldsymbol{X}_1^{(1)}) = \alpha_1^2 - 10\alpha_1 + 60$$

对 α_1 进行一维搜索，使目标函数极小，即 $\min\limits_{\alpha} f(\boldsymbol{X}_1^{(1)}) = \alpha_1^2 - 10\alpha_1 + 60$，可得 α_1。这里暂且借用微分学求导解出，令其一阶导数为零，则

$$2\alpha_1 - 10 = 0\text{，即 }\alpha_1 = 5$$

可得

$$\boldsymbol{X}_1^{(1)} = \begin{bmatrix} 5 \\ 0 \end{bmatrix}$$

以 $\boldsymbol{X}_1^{(1)}$ 为新起点，沿 $\boldsymbol{e}_2 = \begin{bmatrix} 0 \\ 1 \end{bmatrix}$ 方向进行一维搜索，即

$$\boldsymbol{X}_2^{(1)} = \boldsymbol{X}_1^{(1)} + \alpha_2 \boldsymbol{e}_2 = \begin{bmatrix} 5 \\ 0 \end{bmatrix} + \alpha_2 \begin{bmatrix} 0 \\ 1 \end{bmatrix} = \begin{bmatrix} 5 \\ \alpha_2 \end{bmatrix}$$

代入目标函数，并对 α_2 进行一维搜索，使目标函数极小，即

$$\min_{\alpha} f(\boldsymbol{X}_2^{(1)}) = \alpha_2^2 - 9\alpha_2 + 35$$

可得

$$\alpha_2 = 4.5$$

则

$$\boldsymbol{X}_2^{(1)} = \begin{bmatrix} 5 \\ 4.5 \end{bmatrix}$$

对第一轮按终止准则检验

$$\| \boldsymbol{X}_2^{(1)} - \boldsymbol{X}_0^{(1)} \| = 6.726812024 \geqslant \varepsilon$$

继续进行第二轮迭代计算。例 4.7 的各轮计算结果列于表 4.2。

表 4.2　例 4.7 的各轮计算结果

k	$X_1^{(k)}$			$X_0^{(k+1)}=X_2^{(k)}$			$\Vert X_2^{(k)}-X_0^{(k)}\Vert$
	x_1	x_2	$f(X_1)$	x_1	x_2	$f(X_2)$	
0				0	0	60	
1	5	0	35	5	4.5	14.75	6.726812024
2	7.25	4.5	9.6875	7.25	5.625	8.421875	2.515576475
3	7.8125	5.625	8.105469	7.8125	5.90625	8.026367	0.628894119
4	7.953125	5.90625	8.006592	7.953125	5.976563	8.001648	0.15722353
5	7.988281	5.976563	8.000412	7.988281	5.994141	8.000103	0.039305882
6	7.99707	5.994141	8.000026	7.99707	5.998535	8.000006	0.009826471

计算 6 轮共 12 次一维搜索后，有$\Vert X_2^{(6)}-X_0^{(6)}\Vert=0.009826471<\varepsilon$。故近似最优解：极小值点$X^*=X_2^{(6)}=\begin{bmatrix}7.99707\\5.998535\end{bmatrix}$和目标函数极小值$f(X^*)=8.000006$。

例 4.7 中目标函数极小值的搜索过程如图 4.12 所示。

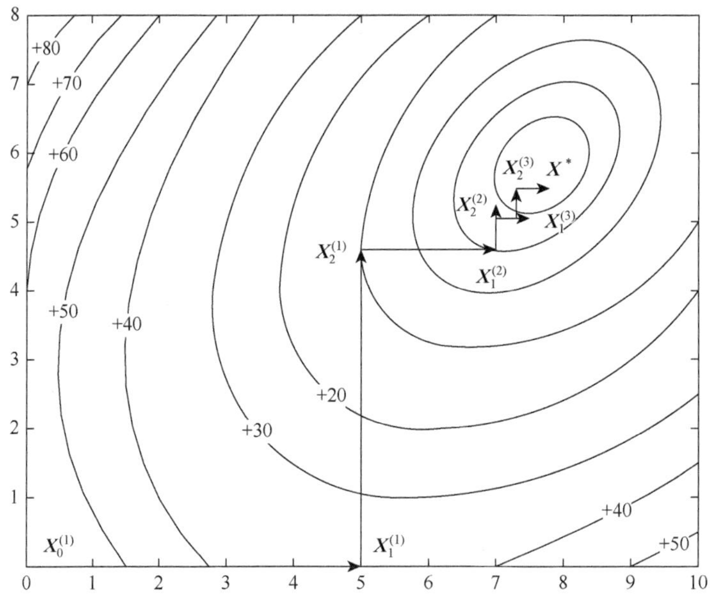

图 4.12　例 4.7 中目标函数极小值的搜索过程

坐标轮换法具有算法简单，易于程序实现的优点。但采用坐标轮换法，只能轮流沿坐标方向搜索，尽管它具有步步下降的特点，但路程迂回曲折，要多次变换方向，才有可能求得无约束极值点，尤其在极值点附近，每次搜索的步长更小，因此收敛很慢。此外，坐标轮换法的收敛效率在很大程度上取决于目标函数的形态。如图 4.13（a）所示，若目标函数的等值线为长短轴都平行于坐标轴的椭圆形，则这种搜索方法很有效，两次就可达到极值点。但当目标函数的等值线近似于椭圆且长短轴倾斜时，如图 4.13（b）所示，用这种搜索方法，必须多次迭代才能曲折地达到最优点。当目标函数的等值线出现脊线时，如图 4.13（c）所示，这种搜索方法完全无效。因为每次的搜索方向总是平行于某一坐标轴，不会斜向前进，所以一旦遇到了等值线的脊线，就不能找到更好的点了。

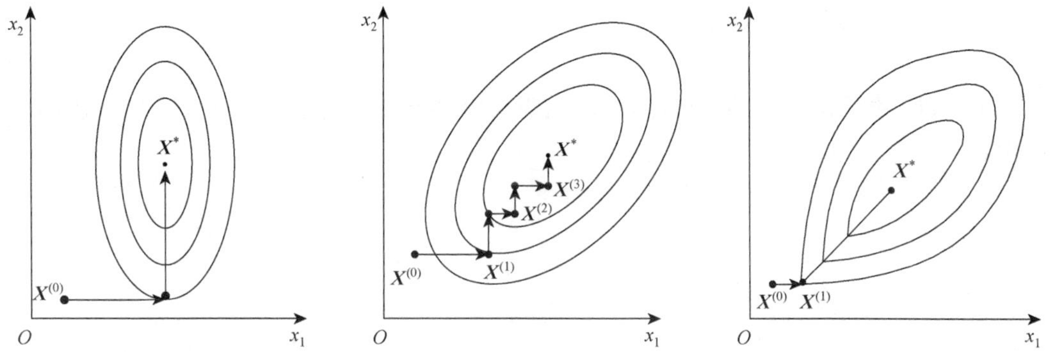

(a) 搜索有效　(b) 搜索低效　(c) 搜索无效

图 4.13　坐标轮换法的搜索效能

因此坐标轮换法不是一种很好的搜索方法，但是在坐标轮换法的基础上可以构造出更好的搜索方法。

4.6　Powell 法

4.6.1　Powell 法基本原理

共轭方向法是采用构造共轭方向进行迭代搜索的方法，其关键是如何构造共轭方向，Powell 法则是直接利用函数值构造共轭方向，然后从任一初始点开始，逐次沿共轭方向进行一维搜索求最优解的方法，因此属于共轭方向法。与共轭梯度法相比，Powell 法不需要对函数求导数，而是在迭代中逐次构造出用于搜索的共轭方向。

Powell 法的基本原理为：①采用坐标轮换法进行第一轮迭代，即从初始点 $\boldsymbol{X}^{(0)}$ 出发，依次沿 n 个坐标轴共进行 n 次一维搜索，最终得到沿第 n 个坐标轴的极小值点；②将此极小值点与本轮搜索的初始点构成一个新的方向，并沿此方向进行第 $n+1$ 次一维搜索，找出这一轮搜索的最后一个极小值点作为下一轮的初始点；③进行下一轮搜索，舍弃上一轮的第一个搜索方向而把新产生的搜索方向加到最后，沿这 n 个方向依次搜索极小值点，再将本轮的 n 个极小值点与本轮初始点构成一个新的方向，并沿此方向搜索极小值点作为下一轮的初始点；④按照这种方式依次进行下去，直至求得优化问题的最优点，若目标函数是个 n 维的正定二次函数，则经过这样的 n 轮迭代以后，就可以收敛到最优点。

下面以二次函数 $f(\boldsymbol{X})=\frac{1}{2}\boldsymbol{X}^{\mathrm{T}}\boldsymbol{G}\boldsymbol{X}+\boldsymbol{X}^{\mathrm{T}}\boldsymbol{B}+C$ 为例说明 Powell 法中共轭方向的构造过程。如图 4.14 所示，$\boldsymbol{X}^{(k)}$ 和 $\boldsymbol{X}^{(k+1)}$ 为从不同点出发沿相同方向 $\boldsymbol{d}^{(i)}$ 搜索到的两个点，$\boldsymbol{d}^{(k)}$ 为 $\boldsymbol{X}^{(k)}$ 和 $\boldsymbol{X}^{(k+1)}$ 的连线方向。由 4.2 节的论述可知，$\boldsymbol{d}^{(i)}$ 和 $\boldsymbol{d}^{(k)}$ 是矩阵 $\boldsymbol{G}$ 的共轭方向。对于二维问题，函数 $f(\boldsymbol{X})$ 的等值线为一椭圆簇，沿此共轭方向进行一维搜索就可以找到极小值点 $\boldsymbol{X}^*$。

4.6.2 Powell 法的迭代过程

下面以二维无约束优化问题为例，说明采用 Powell 法求解的迭代过程，如图 4.15 所示。

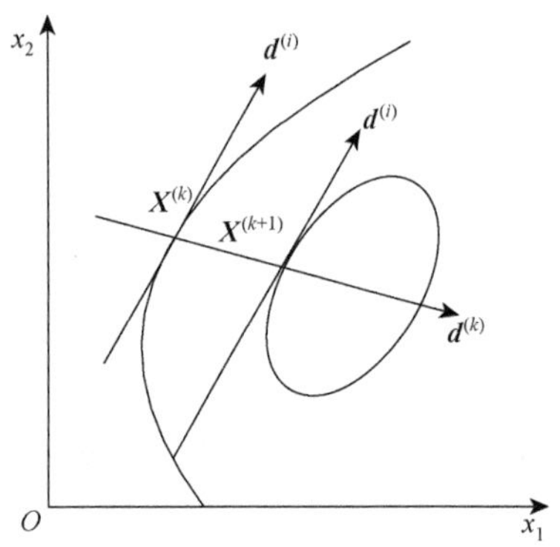

图 4.14 通过一维搜索确定共轭方向

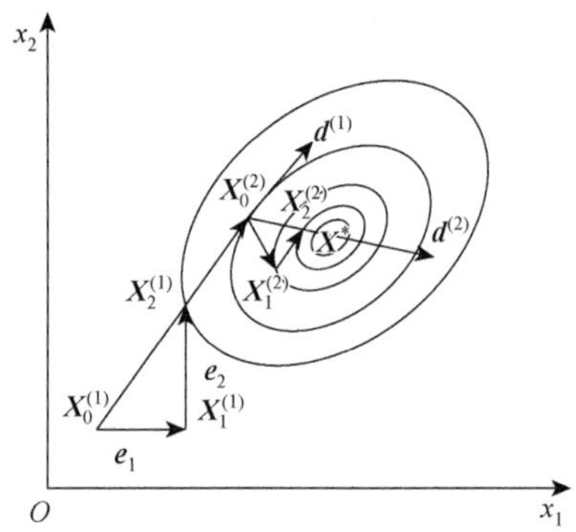

图 4.15 二维情况下 Powell 法的迭代过程

（1）任选一初始点 $\boldsymbol{X}^{(0)}$，令 $\boldsymbol{X}_0^{(1)}=\boldsymbol{X}^{(0)}$，按照坐标轮换法，选择两个单位向量 $\boldsymbol{d}_1=\boldsymbol{e}_1=\begin{bmatrix}1\\0\end{bmatrix}$ 和 $\boldsymbol{d}_2=\boldsymbol{e}_2=\begin{bmatrix}0\\1\end{bmatrix}$ 依次作为搜索方向进行第一轮搜索得到 $\boldsymbol{X}_2^{(1)}$ 点。

（2）用 $\boldsymbol{X}_0^{(1)}$ 和 $\boldsymbol{X}_2^{(1)}$ 的连线方向 $\boldsymbol{d}^{(1)}=\boldsymbol{X}_2^{(1)}-\boldsymbol{X}_0^{(1)}$ 构成新的搜索方向。

从 $\boldsymbol{X}_2^{(1)}$ 点出发，沿 $\boldsymbol{d}^{(1)}$ 方向一维搜索得到 $\boldsymbol{X}^{(1)}$ 点。令 $\boldsymbol{X}_0^{(2)}=\boldsymbol{X}^{(1)}$，作为下一轮搜索的初始点。

（3）从 $\boldsymbol{X}_0^{(2)}$ 出发，依次沿 $\boldsymbol{d}_1=\boldsymbol{e}_2=\begin{bmatrix}0\\1\end{bmatrix}$ 和 $\boldsymbol{d}_2=\boldsymbol{d}^{(1)}$ 方向进行一维搜索，得到 $\boldsymbol{X}_1^{(2)}$ 点和 $\boldsymbol{X}_2^{(2)}$ 点。

（4）用 $\boldsymbol{X}_0^{(2)}$ 和 $\boldsymbol{X}_2^{(2)}$ 的连线方向 $\boldsymbol{d}^{(2)}=\boldsymbol{X}_2^{(2)}-\boldsymbol{X}_0^{(2)}$ 构成新的搜索方向。$\boldsymbol{X}_0^{(2)}$ 和 $\boldsymbol{X}_2^{(2)}$ 是从两个不同点出发沿相同的方向 $\boldsymbol{d}^{(1)}$ 搜索得到的，因此 $\boldsymbol{d}^{(1)}$ 与 $\boldsymbol{X}_0^{(2)}$ 和 $\boldsymbol{X}_2^{(2)}$ 的连线方向 $\boldsymbol{d}^{(2)}$ 互为共轭方向。从 $\boldsymbol{X}_2^{(2)}$ 点出发，沿 $\boldsymbol{d}^{(2)}$ 方向一维搜索得到 $\boldsymbol{X}^{(2)}$ 点。因为 $\boldsymbol{X}^{(2)}$ 是从 $\boldsymbol{X}_2^{(1)}$ 点出发依次沿两个互为共轭的方向 $\boldsymbol{d}^{(1)}$ 和 $\boldsymbol{d}^{(2)}$ 进行两次一维搜索得到的，所以 $\boldsymbol{X}^{(2)}$ 就是该二维二次函数的极小值点 $\boldsymbol{X}^*$。

4.6.3　改进的 Powell 法

上面 Powell 法要求各轮迭代方向组中的向量是线性无关的，然而，用上述 Powell 法每次迭代产生的 n 个新方向可能出现线性相关的情况。这样以后各轮迭代计算将在维数下降的空间内进行，从而导致算法收敛不到真正的最优点上。这种现象称为 Powell 法的退化。针对上述退化现象，对 Powell 法进行改进，在每轮获得新方向 $\boldsymbol{d}^{(k)}$ 之后，在组成新的方向组时，不一定换掉第一个方向 $\boldsymbol{d}_1$，而是有选择地换掉其中某一个方向 $\boldsymbol{d}_m$ $(1 \leqslant m \leqslant n)$，以避免新方向组中的各方向出现线性相关的情形，保证新方向组比前一方向组具有更好的共轭性质。为此，导出用 $\boldsymbol{d}^{(k)}$ 方向代替 $\boldsymbol{d}_m$ 来组成新的搜索方向组的判别条件。

设 $f_1 = f(\boldsymbol{X}_0^{(k)})$ 为第 k 轮起始点的函数值，$f_2 = f(\boldsymbol{X}_n^{(k)})$ 为第 k 轮方向组一维搜索终点的函数值，$f_3 = f(2\boldsymbol{X}_n^{(k)} - \boldsymbol{X}_0^{(k)})$ 为 $\boldsymbol{X}_0^{(k)}$ 对 $\boldsymbol{X}_n^{(k)}$ 映射点的函数值，$\varDelta_m^{(k)} = \max\limits_{1<m<n} \{f(\boldsymbol{X}_{m-1}^{(k)}) - f(\boldsymbol{X}_m^{(k)})\}$ 为第 k 轮方向组中沿各个方向一维搜索所得的函数值中下降的最大值。

若 $f_3 < f_1$ 和 $(f_1 - 2f_2 + f_3)(f_1 - f_2 - \varDelta_m^{(k)})^2 < \dfrac{1}{2}\varDelta_m^{(k)}(f_1 - f_3)^2$ 同时成立，则用 $\boldsymbol{d}^{(k)}$ 方向换掉 $\boldsymbol{d}_m$ 方向，否则仍用原来的 n 个搜索方向。

改进的 Powell 法在计算上虽然稍微复杂一些，但它保证了对于非线性函数计算时收敛的可靠性。理论和实践都证明了，这种方法对于正定二次型函数具有较高的收敛速度，对于机械优化设计中多种多样的目标函数来说是很有效的。

4.6.4　改进 Powell 法的迭代过程

（1）给定初始点 $\boldsymbol{X}^{(0)}$ 和迭代计算精度 ε。

（2）取初始方向组为 n 个单位坐标向量，即 $\boldsymbol{d}_i^{(k)} = \boldsymbol{e}_i$，令 $k=1$。

（3）从初始点 $\boldsymbol{X}_0^{(k)} = \boldsymbol{X}^{(0)}$ 开始，依次沿 $\boldsymbol{d}_i^{(k)} = \boldsymbol{e}_i$ 各方向进行一轮 n 次一维搜索，分别得到 n 个极小值点 $\boldsymbol{X}_i^{(k)} = \boldsymbol{X}_{i-1}^{(k)} + \alpha_i^{(k)}\boldsymbol{d}_i^{(k)}$ $(i = 0,1,\cdots,n)$，作为搜索方向进行第一轮搜索得到 $\boldsymbol{X}_2^{(1)}$ 点。

（4）连接 $\boldsymbol{X}_0^{(k)}$ 和 $\boldsymbol{X}_n^{(k)}$ 构成共轭方向，$\boldsymbol{d}^{(k)} = \boldsymbol{X}_n^{(k)} - \boldsymbol{X}_0^{(k)}$，沿此共轭方向计算映射点

$$\boldsymbol{X}_{n+1}^{(k)} = 2\boldsymbol{X}_n^{(k)} - \boldsymbol{X}_0^{(k)}$$

（5）计算第 k 轮迭代中每相邻两点目标函数值的下降量，并找出下降量的最大者

$$\varDelta_i^{(k)} = f_{i-1}^{(k)} - f_i^{(k)},\ \varDelta_m^{(k)} = \max_{1<i<n} \varDelta_i = f_{m-1}^{(k)} - f_m^{(k)}$$

及其相应的方向

$$\boldsymbol{d}_m^{(k)} = \boldsymbol{X}_m^{(k)} - \boldsymbol{X}_{m-1}^{(k)}$$

（6）检验判别条件。令 $f_1 = f(\boldsymbol{X}_0^{(k)})$，$f_2 = f(\boldsymbol{X}_n^{(k)})$，$f_3 = f(\boldsymbol{X}_{n+1}^{(k)})$，若同时满足 $f_3 < f_1$ 和 $(f_1 - 2f_2 + f_3)(f_1 - f_2 - \varDelta_m^{(k)})^2 < 0.5\varDelta_m^{(k)}(f_1 - f_3)^2$，则由 $\boldsymbol{X}_n^{(k)}$ 出发沿 $\boldsymbol{d}_{n+1}^{(k)}$ 方向进行一维搜索，

求出该方向的极小值点 $\boldsymbol{X}^{(k)}$，并以 $\boldsymbol{X}^{(k)}$ 作为 $k+1$ 轮迭代的初始点，即令 $\boldsymbol{X}_0^{(k+1)}=\boldsymbol{X}^{(k)}$；然后进行第 $k+1$ 轮迭代，其搜索方向去掉 $\boldsymbol{d}_m^{(k)}$，并令 $\boldsymbol{d}_{n+1}^{(k+1)}=\boldsymbol{d}^{(k)}$，即

$$[\boldsymbol{d}_1^{(k+1)},\boldsymbol{d}_2^{(k+1)},\cdots,\boldsymbol{d}_n^{(k+1)}]=[\boldsymbol{d}_1^{(k)},\boldsymbol{d}_2^{(k)},\cdots,\boldsymbol{d}_{m-1}^{(k)},\boldsymbol{d}_{m+1}^{(k)},\cdots,\boldsymbol{d}_{n+1}^{(k)}]$$

（7）若上述替换条件不满足，则进入第 $k+1$ 轮迭代，其 n 个方向全部用第 k 轮的搜索方向，而初始点则取 $\boldsymbol{X}_n^{(k)}$ 和 $\boldsymbol{X}_{n+1}^{(k)}$ 中函数值较小的点。

（8）判断是否满足收敛准则

$$\|\boldsymbol{X}_n^{(k)}-\boldsymbol{X}_0^{(k)}\|\leqslant\varepsilon$$

若满足，迭代终止，输出最优解 $\boldsymbol{X}^*=\boldsymbol{X}_n^{(k)}$；否则 $k=k+1$，返回（2）。

例 4.8　用 Powell 法求目标函数 $f(\boldsymbol{X})=x_1^2+x_2^2-x_1x_2-10x_1-4x_2+60$ 的极小值点，迭代收敛精度 $\varepsilon=10^{-2}$。

解：（1）取初始点 $\boldsymbol{X}^{(0)}=[0\ \ 0]^{\mathrm{T}}$，$f_1=f(\boldsymbol{X}^{(0)})=60$。第一轮迭代的搜索方向取两个坐标的单位向量。

$$\boldsymbol{d}_1^{(1)}=\boldsymbol{e}_1=\begin{bmatrix}1\\0\end{bmatrix},\quad \boldsymbol{d}_2^{(1)}=\boldsymbol{e}_2=\begin{bmatrix}0\\1\end{bmatrix}$$

$$\boldsymbol{X}_1^{(1)}=\boldsymbol{X}_0^{(1)}+\alpha_1^{(1)}\boldsymbol{d}_1^{(1)}$$

式中，$\boldsymbol{X}_0^{(1)}$ 为第一轮的起始点，取 $\boldsymbol{X}_0^{(1)}=\boldsymbol{X}^{(0)}$，沿 $\boldsymbol{d}_1^{(1)}$ 方向进行一维搜索得最优步长因子 $\alpha_1^{(1)}=5$。由此得最优点为

$$\boldsymbol{X}_1^{(1)}=\begin{bmatrix}0\\0\end{bmatrix}+5\begin{bmatrix}1\\0\end{bmatrix}=\begin{bmatrix}5\\0\end{bmatrix}$$

以 $\boldsymbol{X}_1^{(1)}$ 为新起点，沿 $\boldsymbol{d}_2^{(1)}$ 方向进行一维搜索得最优步长因子 $\alpha_2^{(1)}=4.5$。由此得最优点为

$$\boldsymbol{X}_2^{(1)}=\boldsymbol{X}_1^{(1)}+\alpha_2^{(1)}\boldsymbol{d}_2^{(1)}=\begin{bmatrix}5\\0\end{bmatrix}+4.5\begin{bmatrix}0\\1\end{bmatrix}=\begin{bmatrix}5\\4.5\end{bmatrix}$$

（2）计算相邻两点函数值的下降量。

$$f_1=f(\boldsymbol{X}_0^{(1)})=60,\quad f_2=f(\boldsymbol{X}_1^{(1)})=35,\quad f_3=f(\boldsymbol{X}_2^{(1)})=14.75$$

$$\varDelta_1^{(1)}=f_1-f_2=60-35=25$$

$$\varDelta_2^{(1)}=f_2-f_3=35-14.75=20.25$$

$$\varDelta_m^{(1)}=\max\{\varDelta_1^{(1)},\ \varDelta_2^{(1)}\}=\varDelta_1^{(1)}=25$$

$$\boldsymbol{d}_m^{(1)}=\boldsymbol{d}_1^{(1)}=\boldsymbol{e}_1$$

（3）计算第 $n+1$ 个方向 $\boldsymbol{d}_3^{(1)}$ 及该方向上的反射点。

$$\boldsymbol{d}_3^{(1)}=\boldsymbol{X}_2^{(1)}-\boldsymbol{X}_0^{(1)}=\begin{bmatrix}5\\4.5\end{bmatrix}-\begin{bmatrix}0\\0\end{bmatrix}=\begin{bmatrix}5\\4.5\end{bmatrix}$$

$$\boldsymbol{X}_3^{(1)}=2\boldsymbol{X}_2^{(1)}-\boldsymbol{X}_0^{(1)}=2\begin{bmatrix}5\\4.5\end{bmatrix}-\begin{bmatrix}0\\0\end{bmatrix}=\begin{bmatrix}10\\9\end{bmatrix}$$

（4）检验判别条件。

$$f_1=f(\boldsymbol{X}_0^{(1)})=60,\quad f_2=f(\boldsymbol{X}_2^{(1)})=14.75,\quad f_3=f(\boldsymbol{X}_3^{(1)})=15,\quad f_3<f_1$$

$$(f_1-2f_2+f_3)(f_1-f_2-\Delta_m^{(1)})^2=18657.8\text{，}\quad 0.5\Delta_m^{(1)}(f_1-f_3)^2=25312.5$$

故 $(f_1-2f_2+f_3)(f_1-f_2-\Delta_m^{(1)})^2<0.5\Delta_m^{(1)}(f_1-f_3)^2$ 成立。

（5）因为 $f_2<f_3$，故由 $\boldsymbol{X}_2^{(1)}$ 出发沿 $\boldsymbol{d}_3^{(1)}$ 方向进行一维搜索得最优步长因子 $\alpha_3^{(1)}=0.4945$。由此得最优点为

$$\boldsymbol{X}^{(1)}=\boldsymbol{X}_2^{(1)}+\alpha_3^{(1)}\boldsymbol{d}_3^{(1)}=\begin{bmatrix}5\\4.5\end{bmatrix}+0.4945\begin{bmatrix}5\\4.5\end{bmatrix}=\begin{bmatrix}7.4725\\6.7253\end{bmatrix}$$

（6）令 $\boldsymbol{X}_0^{(2)}=\boldsymbol{X}^{(1)}$，进行第二轮迭代，其搜索方向去掉 $\boldsymbol{d}_m^{(1)}=\boldsymbol{d}_1^{(1)}$，并令 $\boldsymbol{d}_1^{(2)}=\boldsymbol{d}_2^{(1)}$，$\boldsymbol{d}_2^{(2)}=\boldsymbol{d}_3^{(1)}$。例 4.8 各轮计算结果列于表 4.3。

表 4.3　例 4.8 各轮计算结果

k	$\boldsymbol{X}_0^{(k)}$		$\boldsymbol{X}_1^{(k)}$		$\boldsymbol{X}_2^{(k)}$		$\boldsymbol{X}^{(k)}$	
	x_1	x_2	x_1	x_2	x_1	x_2	x_1	x_2
1	0	0	5	0	5	4.5	7.472	6.725
2	7.4725	6.7253	7.4725	5.7363	7.9071	6.1275	8	6

故本例的极小值点为 $\boldsymbol{X}^*=\begin{bmatrix}8\\6\end{bmatrix}$，达到精度要求总共进行了两轮共 6 次一维搜索。

4.7　单纯形法

单纯形是指在 n 维设计空间中具有 $n+1$ 个顶点的多面体。如二维空间，单纯形为三角形，其他图形可以分解为若干个三角形，所以三角形是二维空间最简单最基本的图形。在三维空间，单纯形即四面体。当然，空间的维数更高时，就无法用图形直观地描述了。但是可以说 n 维设计空间的单纯形，就是 n+1 个顶点组成的图形。如果 n+1 个顶点构成的多面体的各个棱长彼此相同时，称为正规单纯形。单纯形示例如图 4.16 所示，包括：在一维空间中由两个点构成的线段；在二维空间中由不在一条直线上的三个点构成的三角形；在三维空间中由不在一个平面上的四个点构成的四面体等。

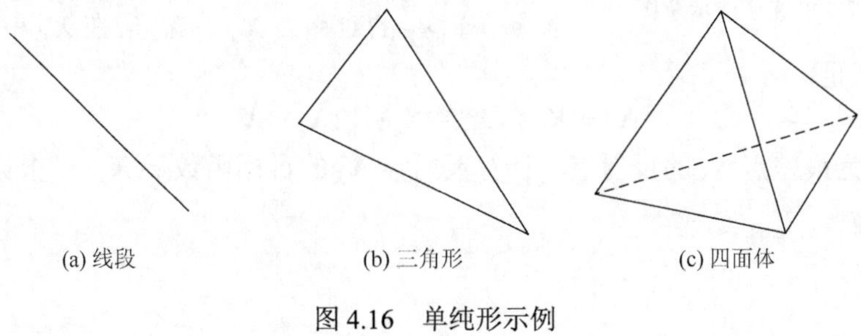

(a) 线段　(b) 三角形　(c) 四面体

图 4.16　单纯形示例

单纯形法只需计算目标函数值，是无须一维搜索，也无须进行求导的一种直接优化方

法。其优点是计算简单，几何概念清晰，适用于目标函数求导比较困难或不知道目标函数的具体表达式而仅知其具体计算方法的情况。

4.7.1 单纯形法的基本思想

单纯形法的基本思想是在设计空间中构成一个初始单纯形，计算并比较单纯形各顶点的函数值，从它们之间的大小来判断函数变化的大致方向，并设法构成新的单纯形以替换原有的单纯形，使新单纯形不断地向目标函数的极小值点靠近，直到寻找到极小值点。

对于无约束优化问题，单纯形法是根据问题的维数 n，选取由 n+1 个顶点构成的单纯形，计算单纯形各顶点的函数值并进行比较，从中确定有利的搜索方向和步长因子，找到一个比较好的点取代单纯形中较差的点，组成新的单纯形代替原来的单纯形，使新的单纯形不断地向目标函数的极小值点移动并收缩，这样经过若干次迭代，即可得到满足收敛准则的近似解。

4.7.2 单纯形法的变形方法

单纯形法迭代过程是通过反射、扩张、收缩和缩小边长四种方式实现变形直至趋于最优点的。现以二维函数 $f(x_1,x_2)$ 为例说明单纯形法变形方法。

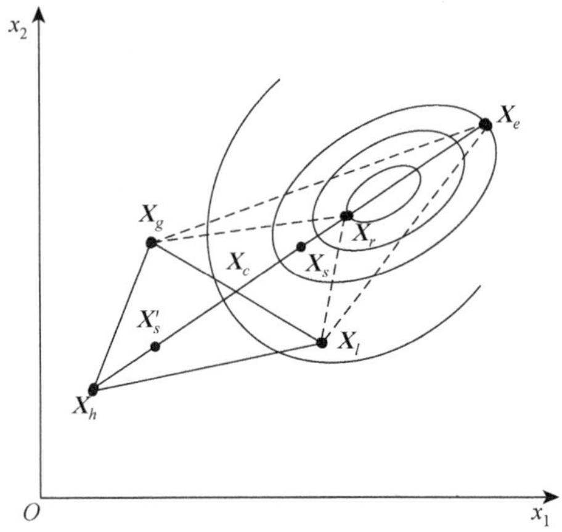

图 4.17 单纯形法示意图

如图 4.17 所示，在 x_1Ox_2 平面上取不在同一直线上的三点 $\boldsymbol{X}_h$、$\boldsymbol{X}_g$、$\boldsymbol{X}_l$，以它们为顶点组成一个单纯形（即三角形）。计算各顶点的函数值，若

$$f(\boldsymbol{X}_h) > f(\boldsymbol{X}_g) > f(\boldsymbol{X}_l)$$

说明 $\boldsymbol{X}_l$ 点最好，$\boldsymbol{X}_h$ 点最差。可以采用以下四种措施寻找极小值点。

1. 反射

求出 $\boldsymbol{X}_h$ 以外的所有顶点（即 $\boldsymbol{X}_g$ 和 $\boldsymbol{X}_l$ 两点）的形心点 $\boldsymbol{X}_c$，并以 $\boldsymbol{X}_c$ 为对称中心，求取 $\boldsymbol{X}_h$ 关于 $\boldsymbol{X}_c$ 的对称点 $\boldsymbol{X}_r$。$\boldsymbol{X}_r$ 应在 $\boldsymbol{X}_h$ 和 $\boldsymbol{X}_c$ 连线的延长线上，并满足

$$\boldsymbol{X}_r = \boldsymbol{X}_c + (\boldsymbol{X}_c - \boldsymbol{X}_h) = 2\boldsymbol{X}_c - \boldsymbol{X}_h$$

$\boldsymbol{X}_r$ 点称为最差点 $\boldsymbol{X}_h$ 的反射点。计算反射点 $\boldsymbol{X}_r$ 的目标函数 $f(\boldsymbol{X}_r)$，根据其大小采取相应搜索措施。

2. 扩张

若反射点 $\boldsymbol{X}_r$ 的函数值 $f(\boldsymbol{X}_r)$ 小于最好点 $\boldsymbol{X}_l$ 的函数值 $f(\boldsymbol{X}_l)$，即当 $f(\boldsymbol{X}_r) < f(\boldsymbol{X}_l)$ 时，

表明所取的搜索方向正确，可进一步扩大效果，继续沿 $\boldsymbol{X}_h$ 和 $\boldsymbol{X}_c$ 连线方向向前扩张，在更远处取点 $\boldsymbol{X}_e$，并使

$$\boldsymbol{X}_e=\boldsymbol{X}_c+\gamma(\boldsymbol{X}_r-\boldsymbol{X}_c)$$

式中，γ 为扩张系数，$\gamma=1.2\sim2.0$，一般取 $\gamma=2.0$。

如果 $f(\boldsymbol{X}_e)<f(\boldsymbol{X}_r)$，说明扩张有利，用 $\boldsymbol{X}_e$ 代替最差点 $\boldsymbol{X}_h$ 构成新的单纯形 $\boldsymbol{X}_g\boldsymbol{X}_l\boldsymbol{X}_e$；如果 $f(\boldsymbol{X}_e)>f(\boldsymbol{X}_r)$，说明扩张不利，则舍弃 $\boldsymbol{X}_e$，仍用 $\boldsymbol{X}_r$ 代替最差点 $\boldsymbol{X}_h$ 构成新的单纯形 $\boldsymbol{X}_g\boldsymbol{X}_l\boldsymbol{X}_r$。

3. 收缩

若反射点 $\boldsymbol{X}_r$ 的函数值 $f(\boldsymbol{X}_r)$ 小于最差点 $\boldsymbol{X}_h$ 的函数值 $f(\boldsymbol{X}_h)$，但不小于次差点 $\boldsymbol{X}_g$ 的函数值 $f(\boldsymbol{X}_g)$，即当 $f(\boldsymbol{X}_h)>f(\boldsymbol{X}_r)\geqslant f(\boldsymbol{X}_g)$ 时，表示 $\boldsymbol{X}_r$ 点走得太远，应进行压缩，得到压缩点 $\boldsymbol{X}_s$，即

$$\boldsymbol{X}_s=\boldsymbol{X}_c+\beta(\boldsymbol{X}_r-\boldsymbol{X}_c)$$

式中，β 为压缩系数，常取 $\beta=0.5$。此时，若 $f(\boldsymbol{X}_s)<f(\boldsymbol{X}_h)$，则用压缩点 $\boldsymbol{X}_s$ 代替最差点 $\boldsymbol{X}_h$ 构成新的单纯形 $\boldsymbol{X}_g\boldsymbol{X}_l\boldsymbol{X}_s$；否则用反射点 $\boldsymbol{X}_r$ 代替最差点 $\boldsymbol{X}_h$ 构成新的单纯形 $\boldsymbol{X}_g\boldsymbol{X}_l\boldsymbol{X}_r$。

若反射点 $\boldsymbol{X}_r$ 的函数值 $f(\boldsymbol{X}_r)$ 不小于最差点 $\boldsymbol{X}_h$ 的函数值 $f(\boldsymbol{X}_h)$，即当 $f(\boldsymbol{X}_r)\geqslant f(\boldsymbol{X}_h)$ 时，则应压缩得更多一些，即新点应在 $\boldsymbol{X}_h$ 与 $\boldsymbol{X}_c$ 之间，得到的压缩点 $\boldsymbol{X}_s'$ 为

$$\boldsymbol{X}_s'=\boldsymbol{X}_c+\beta(\boldsymbol{X}_h-\boldsymbol{X}_c)$$

这时，若 $f(\boldsymbol{X}_s')<f(\boldsymbol{X}_h)$，用压缩点 $\boldsymbol{X}_s'$ 代替最差点 $\boldsymbol{X}_h$ 构成新的单纯形 $\boldsymbol{X}_g\boldsymbol{X}_l\boldsymbol{X}_s'$；否则不用 $\boldsymbol{X}_s'$。

4. 缩小边长

如果在 $\boldsymbol{X}_h$ 与 $\boldsymbol{X}_c$ 连线方向上所有点的函数值大多数都大于 $f(\boldsymbol{X}_h)$，或者 $f(\boldsymbol{X}_s)>f(\boldsymbol{X}_h)$，则不能沿此方向搜索。这时可使单纯形向最好点进行收缩，即让最好点 $\boldsymbol{X}_l$ 不动，其余各顶点 $\boldsymbol{X}_g$ 和 $\boldsymbol{X}_h$ 都向 $\boldsymbol{X}_l$ 靠拢为原距离的一半，如图 4.18 所示，由单纯形 $\boldsymbol{X}_h\boldsymbol{X}_g\boldsymbol{X}_l$ 收缩成单纯形 $\boldsymbol{X}_h'\boldsymbol{X}_g'\boldsymbol{X}_l$。在此基础上，继续采用上面的搜索措施进行寻优。

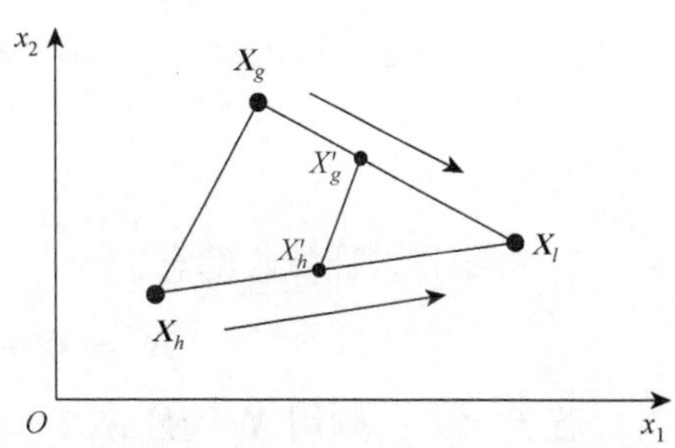

图 4.18　缩小边长示意图

由单形替换法的迭代过程可知，可以通过对原单纯形的反射、扩张、收缩和缩小边长得到一个新的单纯形，其中至少一个顶点的函数值比原单纯形要小。

4.7.3　单纯形法的迭代过程

单纯形法的迭代算法如下所示。

(1) 构造初始单纯形。选取初始点 $\boldsymbol{X}_0$，从 $\boldsymbol{X}_0$ 出发沿各坐标轴方向取步长因子 h 得到 n 个顶点 $\boldsymbol{X}_i\ (i=1,2,\cdots,n)$ 与 $\boldsymbol{X}_0$ 构成初始单纯形。这样选取顶点可以保证单纯形各边

是 n 个线性无关的向量。否则，可能会使搜索范围局限在某个较低维的空间内，找不到极小值点。

（2）计算各顶点的函数值。计算各顶点的函数值 $f_i = f(\boldsymbol{X}_i)\ (i=0,1,2,\cdots,n)$，比较函数值的大小，确定最好点 $\boldsymbol{X}_l$、最差点 $\boldsymbol{X}_h$ 和次差点 $\boldsymbol{X}_g$，即有

$$f_l = f(\boldsymbol{X}_l) = \min_i f_i,\ i=0,1,2,\cdots,n$$

$$f_h = f(\boldsymbol{X}_h) = \max_i f_i,\ i=0,1,2,\cdots,n$$

$$f_g = f(\boldsymbol{X}_g) = \max_i f_i,\ i=0,1,2,\cdots,n, i \neq h$$

检验是否满足收敛准则

$$\left|\frac{f_h - f_l}{f_l}\right| \leqslant \varepsilon$$

若满足，则 $\boldsymbol{X}^* = \boldsymbol{X}_l$，停止迭代，否则转（3）。

（3）计算单纯形的中心。除最差点 X_h 外，计算其余各点的中心

$$\boldsymbol{X}_c = \frac{1}{n}\sum_{i=0,\, i\neq h}^{n} \boldsymbol{X}_i$$

（4）反射。以 $\boldsymbol{X}_c$ 为对称中心，求取 $\boldsymbol{X}_h$ 关于 $\boldsymbol{X}_c$ 的对称点 $\boldsymbol{X}_r$，点 $\boldsymbol{X}_r$ 称为最差点 $\boldsymbol{X}_h$ 的反射点，并计算反射点 $\boldsymbol{X}_r$ 的目标函数 $f(\boldsymbol{X}_r)$

$$\boldsymbol{X}_r = \boldsymbol{X}_c + (\boldsymbol{X}_c - \boldsymbol{X}_h) = 2\boldsymbol{X}_c - \boldsymbol{X}_h,\quad f_r = f(\boldsymbol{X}_r)$$

（5）扩张。若 $f_r < f_l$ 时，则向前扩张，得扩张点

$$\boldsymbol{X}_e = \boldsymbol{X}_c + \gamma(\boldsymbol{X}_r - \boldsymbol{X}_c),\quad f_e = f(\boldsymbol{X}_e)$$

若 $f_e < f_r$，则用 $\boldsymbol{X}_e$ 代替 $\boldsymbol{X}_h$，并返回（2）；否则，用 $\boldsymbol{X}_r$ 代替 $\boldsymbol{X}_h$，返回（2）。

当 $f_r > f_l$ 时，若 $f_r < f_g$，则用 $\boldsymbol{X}_r$ 代替 $\boldsymbol{X}_h$，返回（2）；若 $f_r \geqslant f_g$，则进行（6）。

（6）收缩。若 $f_r < f_h$，计算收缩点

$$\boldsymbol{X}_s = \boldsymbol{X}_c + \beta(\boldsymbol{X}_r - \boldsymbol{X}_c),\quad f_s = f(\boldsymbol{X}_s)$$

若 $f_r \geqslant f_h$，计算收缩点

$$\boldsymbol{X}_s = \boldsymbol{X}_c + \beta(\boldsymbol{X}_h - \boldsymbol{X}_c),\quad f_s = f(\boldsymbol{X}_s)$$

若 $f_s < f_h$，则用 $\boldsymbol{X}_s$ 代替 $\boldsymbol{X}_h$，返回（2）；否则，进行（7）。

（7）缩小边长。将单纯形的各顶点向最好点 $\boldsymbol{X}_l$ 收缩，收缩后的单纯形各顶点为

$$\boldsymbol{X}_i = \boldsymbol{X}_l + \frac{1}{2}(\boldsymbol{X}_i - \boldsymbol{X}_l),\ i=0,1,\cdots,n$$

缩小单纯形的边长后，返回（2）重复这个过程。

例 4.9 用单纯形法求目标函数 $f(\boldsymbol{X}) = x_1^2 + x_2^2 - x_1x_2 - 10x_1 - 4x_2 + 60$ 的极小值点，迭代收敛精度 $\varepsilon = 10^{-2}$。

解：（1）以初始点 $\boldsymbol{X}_0 = [0\ \ 0]^{\mathrm{T}}$，$\boldsymbol{X}_1 = [1\ \ 0]^{\mathrm{T}}$，$\boldsymbol{X}_2 = [0\ \ 1]^{\mathrm{T}}$ 为顶点构造初始单纯形。计算顶点的函数值，即

$$f_0 = f(\boldsymbol{X}_0) = 60,\ f_1 = f(\boldsymbol{X}_1) = 51,\ f_2 = f(\boldsymbol{X}_2) = 57$$

可见，最好点 $\boldsymbol{X}_l = \boldsymbol{X}_1$，最差点 $\boldsymbol{X}_h = \boldsymbol{X}_0$，次差点 $\boldsymbol{X}_g = \boldsymbol{X}_2$。

（2）求 $\boldsymbol{X}_l$ 和 $\boldsymbol{X}_g$ 的形心 $\boldsymbol{X}_c$，即

$$\boldsymbol{X}_c = \frac{1}{n}\sum_{i=0}^{n}(\boldsymbol{X}_i - \boldsymbol{X}_h) = \frac{1}{2}(\boldsymbol{X}_1 + \boldsymbol{X}_2) = \begin{bmatrix} 0.5 \\ 0.5 \end{bmatrix}$$

（3）求反射点 $\boldsymbol{X}_r$ 及其函数值 f_r，即

$$\boldsymbol{X}_r = 2\boldsymbol{X}_c - X_h = 2\begin{bmatrix} 0.5 \\ 0.5 \end{bmatrix} - \begin{bmatrix} 0 \\ 0 \end{bmatrix} = \begin{bmatrix} 1 \\ 1 \end{bmatrix}$$

$$f_r = f(\boldsymbol{X}_r)\ = 47$$

（4）由于 $f_r < f_l$，继续向前扩张，取 $\gamma = 2$，计算扩张点 $\boldsymbol{X}_e$ 及其函数值 f_e，即

$$\boldsymbol{X}_e = \boldsymbol{X}_c + \gamma(\boldsymbol{X}_r - \boldsymbol{X}_c) = \begin{bmatrix} 0.5 \\ 0.5 \end{bmatrix} + 2\left(\begin{bmatrix} 1 \\ 1 \end{bmatrix} - \begin{bmatrix} 0.5 \\ 0.5 \end{bmatrix}\right) = \begin{bmatrix} 1.5 \\ 1.5 \end{bmatrix}$$

$$f_e = f(\boldsymbol{X}_e)\ = 41.25$$

（5）由于 $f_e < f_r$，故以 $\boldsymbol{X}_e$ 代替 $\boldsymbol{X}_h$，构成新的单纯形进行下一轮循环计算。

（6）经过 15 轮的循环计算，迭代收敛。

故极小值点为 $\boldsymbol{X}^* = \begin{bmatrix} 7.8894 \\ 5.8216 \end{bmatrix}$。用收敛准则检验

$$\left|\frac{f_h - f_l}{f_l}\right| = \left|\frac{8.0476 - 8.0243}{8.0243}\right| = 0.0029 \leqslant \varepsilon$$

满足精度要求，计算终止。

单纯形法收敛较慢。对于求不到目标函数导数或目标函数值靠实验获得的情况，单纯形法是一种有效的方法。

4.8　无约束优化方法的对比

4.8.1　搜索方向对比

各种无约束优化方法都可用式 $\boldsymbol{X}^{(k+1)} = \boldsymbol{X}^{(k)} + \alpha^{(k)}\boldsymbol{S}^{(k)}$ 进行迭代计算，各种优化方法的区别，以及方法的有效程度均体现在搜索方向 $\boldsymbol{S}^{(k)}$ 的不同构造上。无约束优化方法的搜索方向 $\boldsymbol{S}^{(k)}$ 构造方法总结如下。

（1）梯度法（间接法）：

$$\boldsymbol{S}^{(k)} = -f(\boldsymbol{X}^{(k)})/\|f(\boldsymbol{X}^{(k)})\|$$

（2）共轭梯度法（间接法）：

$$\boldsymbol{S}^{(k+1)} = -\boldsymbol{g}^{(k+1)} + \frac{\|\boldsymbol{g}^{(k+1)}\|^2}{\|\boldsymbol{g}^{(k)}\|^2}\boldsymbol{S}^{(k)} = -\nabla f(\boldsymbol{X}^{(k+1)}) + \frac{[\nabla f(\boldsymbol{X}^{(k+1)})]^{\mathrm{T}}\nabla f(\boldsymbol{X}^{(k+1)})}{[\nabla f(\boldsymbol{X}^{(k)})]^{\mathrm{T}}\nabla f(\boldsymbol{X}^{(k)})}\boldsymbol{S}^{(k)}$$

（3）牛顿法（间接法）：

$$\boldsymbol{S}^{(k)} = -[\nabla^2 f(\boldsymbol{X}^{(k)})]^{-1} \nabla f(\boldsymbol{X}^{(k)})$$

（4）DFP 变尺度法（间接法）：

$$\boldsymbol{S}^{(k+1)} = -\boldsymbol{A}^{(k+1)} \nabla f(\boldsymbol{X}^{(k+1)}),\ \boldsymbol{A}^{(k+1)} = \boldsymbol{A}^{(k)} + \Delta \boldsymbol{A}^{(k)}$$

（5）坐标轮换法（直接法）：

$$\boldsymbol{S}_i = \boldsymbol{e}_i,\ i = 1,2,\cdots,n$$

（6）Powell 法（直接法）：

$$\boldsymbol{S}^{(k)} = \boldsymbol{X}_n^{(k)} - \boldsymbol{X}_0^{(k)} \rightarrow \boldsymbol{S}_{n+1}^{(k)}$$

4.8.2　无约束优化方法的特点及其使用条件

几种无约束优化方法的特点及其使用条件如下所示。

（1）坐标轮换法。方法特点：方法简单，只需计算函数值，不需求函数导数。使用时准备工作量小，存储量少。但计算效率低，可靠性也差，当目标函数有脊线性态时，可能失败。

使用条件：用于维数较低（一般为 5 维以下）或目标函数无导数，或虽有导数但很难求时的情况。

（2）Powell 法。方法特点：属于共轭方向法。具有直接法的共同优点，且具有二次收敛性，收敛速度较快，可靠性也比较好。存储量少。程序较复杂。

使用条件：用于维数较高的目标函数，其他同上。

（3）梯度法。方法特点：需计算一阶偏导数。方法简单，可靠性较好，可稳定地使函数值下降。对初始点要求不严。但收敛速度十分缓慢，特别是当迭代点进入最优点邻域时，更为严重。

使用条件：目标函数必须存在一阶偏导数。适用于精度要求不高的优化问题。

（4）共轭梯度法。方法特点：共轭方向法之一。只需计算第一阶偏导数，程序编制较容易，准备工作量比牛顿法少。收敛速度较快，所需存储量比牛顿法、DFP 变尺度法少。有效性不如 DFP 变尺度法。

使用条件：适用于维数较高的目标函数，且易于求一阶偏导数的目标函数。

（5）牛顿法。方法特点：具有二次收敛性，在极值点附近收敛速度快。但要计算函数的 Hessian 矩阵及其逆矩阵。准备工作量大，程序复杂，所需存储量大。要求迭代点 Hessian 矩阵非奇异且为定型（正定或负定），要求初始点靠近极值点。可靠性较差。

使用条件：目标函数存在一阶或二阶偏导数。

（6）DFP 变尺度法。方法特点：共轭方向法之一。具有二次收敛性，收敛速度快。可靠性好，只需计算一阶偏导数，对初始点要求不高。DFP 变尺度法是有效的无约束优化方法，但所需储存量大。

使用条件：要求函数具有一阶偏导数。适用于维数较高（10～50 维）的目标函数。

习　　题

4.1　用梯度法求解目标函数 $f(\boldsymbol{X}) = x_1^2 + x_2^2 - x_1x_2 - 10x_1 - 4x_2 + 60$ 的最优解，取起始点 $\boldsymbol{X}^{(0)} = [0,0]^{\mathrm{T}}$，迭代收敛精度 $\varepsilon = 10^{-2}$。

4.2　设目标函数为 $f(\boldsymbol{X}) = 2x_1 - 4x_2 + x_1^2 + x_2^2 - x_1x_2$，试用共轭梯度法求其最优解，取起始点为 $\boldsymbol{X}^{(0)} = [2,2]^{\mathrm{T}}$，迭代收敛精度 $\varepsilon = 10^{-2}$。

4.3　共轭梯度法中，试画图说明共轭方向和梯度之间的关系。

4.4　用牛顿法求目标函数 $f(\boldsymbol{X}) = x_1^4 - 2x_1^2x_2 + x_1^2 + 2x_2^2 - 2x_1x_2 + 4.5x_1 - 4x_2 + 4$ 的最优解，取迭代收敛精度 $\varepsilon = 10^{-3}$。

4.5　坐标轮换法的基本思想是什么？

4.6　设目标函数为 $f(\boldsymbol{X}) = 60 - 10x_1 - 4x_2 + x_1^2 + x_2^2 - x_1x_2$，试用坐标轮换法求解目标函数的最优解，取初始点 $\boldsymbol{X}^{(0)} = [0,0]^{\mathrm{T}}$，迭代收敛精度 $\varepsilon = 10^{-2}$。

4.7　用 Powell 法求解目标函数 $f(\boldsymbol{X}) = 2x_1^2 + x_2^2 - x_1x_2$ 的最优解，取初始点 $\boldsymbol{X}^{(0)} = [2,2]^{\mathrm{T}}$，迭代收敛精度 $\varepsilon = 10^{-2}$。

4.8　试说明单纯形法的基本思想与变形方法。

第5章　线性规划

线性规划即指目标函数和约束条件都是线性函数的一类优化问题。线性规划是约束优化问题中最简单的一种。线性规划的理论和算法较为成熟，在工程管理和经济领域中应用十分广泛。例如，生产组织与计划、物资调运、电源规划、电网规划、设备检修等优化问题都属于线性规划。在工程设计领域，虽然大多数优化问题属于非线性规划问题，但可将非线性规划问题转化为一系列线性规划问题来迭代计算。本章结合具体的实例介绍线性规划的基本概念和基本性质，然后论述线性规划的求解方法——单纯形法。

线性规划问题的基本性质如下所示。

（1）线性规划问题的目标函数和约束函数都是线性函数。

（2）线性规划问题的可行域是封闭的凸多边形（多面体）。

（3）线性规划问题的最优解位于可行域的某一顶点上。

5.1　线性规划的标准形式

在生产和经营活动中，人们会经常提出这样的一个问题：如何合理地利用有限的人力、物力、财力等资源，以便获得最好的经济效益。本节将通过实际例子引出线性规划的标准形式。

例 5.1　某生产车间计划生产甲、乙两种产品。每生产 1t 甲产品可获利润 2 万元，需占用一车间工作时间为 3 工日，二车间工作时间为 6 工日；每生产 1t 乙产品可获利润 1 万元，需占用一车间工作时间为 5 工日，二车间工作时间为 2 工日。现一车间可用于生产甲、乙产品的时间为 15 工日，二车间可用于生产甲、乙产品的时间为 24 工日。试确定如何安排甲、乙两种产品的合理投产数，以获得最大的利润。

解：根据题意可知，这是一个生产计划问题，设安排生产甲、乙两产品分别为 x_1t、x_2t，则获得利润可用函数 $f(x_1,x_2)$ 表示，即 $f(x_1,x_2)=2x_1+x_2$，一车间和二车间生产甲、乙两产品的时间约束表示为

$$\begin{cases} 3x_1+5x_2 \leqslant 15 \\ 6x_1+2x_2 \leqslant 24 \\ x_1 \geqslant 0 \\ x_2 \geqslant 0 \end{cases}$$

因此该问题可以表示为，求一组设计变量 $\boldsymbol{X}=[x_1,x_2]$，在满足约束条件的情况下，使目标函数 $f(x_1,x_2)=2x_1+x_2$ 的值达到最大值。其优化数学模型为

$$\begin{cases} \max \ f(\boldsymbol{X}) \\ \text{s.t.} \quad 3x_1 + 5x_2 \leqslant 15 \\ \qquad 6x_1 + 2x_2 \leqslant 24 \\ \qquad x_1 \geqslant 0 \\ \qquad x_2 \geqslant 0 \end{cases}$$

例 5.2　某公司甲、乙两化工厂，位于一主河流旁，甲化工厂位于上游，流经甲化工厂的流量为 500 万 m^3/d，甲、乙两化工厂之间有一条流量为 200 万 m^3/d 的支流；甲化工厂每日排放工业污水 2 万 m^3，乙化工厂每日排放工业污水 1.4 万 m^3；从甲化工厂排放的工业污水流到乙化工厂之前有 20%可得到自然净化。根据环境保护要求：河流中工业污水的含量应不大于 0.2%；甲、乙两化工厂都各自处理一部分污水，甲化工厂处理污水的成本是 1000 元/万 m^3，乙化工厂处理污水的成本是 800 元/万 m^3。在满足环境保护要求的条件下，甲、乙两化工厂每日各处理工业污水多少万 m^3 才能使处理费用最低？

解：根据题意可知，设安排生产甲、乙两化工厂日处理污水分别为 x_1 万 m^3、x_2 万 m^3，则处理费用可用函数 $f(x_1,x_2)$ 表示，即 $f(x_1,x_2)=1000x_1+800x_2$，从甲化工厂排放的工业污水流到乙化工厂之前有 20%可得到自然净化的条件和河流中工业污水的含量不大于 0.2%的环境保护要求可得

$$(2-x_1)/500 \leqslant 2/1000$$

从流经乙化工厂后河流中工业污水的含量不大于 0.2%的环境保护要求可得

$$[0.8(2-x_1)+(1.4-x_2)]/(500+200) \leqslant 2/1000$$

经整理后得其优化数学模型为

$$\begin{cases} \min \ f(\boldsymbol{X}) \\ \text{s.t.} \quad x_1 \geqslant 1 \\ \qquad 0.8x_1 + x_2 \geqslant 1.6 \\ \qquad x_1 \leqslant 2 \\ \qquad x_2 \leqslant 1.4 \\ \qquad x_1, x_2 \geqslant 0 \end{cases}$$

因此该问题可以表示为求一组设计变量 $\boldsymbol{X}=[x_1,x_2]$，在满足约束条件下，使得工业污水处理费用目标函数 $f(x_1,x_2)=1000x_1+800x_2$ 为最小。

从以上两个例子可以看出，它们同属于一类优化问题。从数学上说，它们具有以下共同特征。

（1）每一个问题都有一组未知数 $(x_1,x_2,\cdots,x_n)$ 表示某一方案，这组未知数的一组值代表了一个具体方案，通常要求这些未知数取值是非负值。

（2）每一个问题都存在一定的限制条件（称为约束条件），这些限制条件都可以用一组等式或不等式来表达。

（3）每一个问题都有一个目标要求，并且这个目标可表示为一组未知数的线性函数（称为目标函数）。按照研究的具体问题不同，要求目标函数实现最大化或最小化。

上述这类问题，约束函数和目标函数都是线性的，所以称它为线性规划问题。线性规划的数学模型的一般形式为求解一组变量 $x_j(j=1,2,\cdots,n)$ 的值，满足约束条件

$$\begin{cases} a_{11}x_1+a_{12}x_2+\cdots+a_{1n}x_n \leqslant b_1(\text{或}\geqslant b_1) \\ a_{21}x_1+a_{22}x_2+\cdots+a_{2n}x_n \leqslant b_2(\text{或}\geqslant b_2) \\ \quad\vdots \\ a_{m1}x_1+a_{m2}x_2+\cdots+a_{mn}x_n \leqslant b_m(\text{或}\geqslant b_m) \end{cases} \tag{5.1}$$

$$x_j \geqslant 0, j=1,2,\cdots,n \tag{5.2}$$

使目标函数的值达到最小（或最大）

$$f(X)=c_1x_1+c_2x_2+\cdots+c_nx_n \tag{5.3}$$

为了讨论和计算上的方便，常把式（5.1）～式（5.3）化为如下统一的标准形式，即求解约束优化问题：

$$\begin{cases} \min \ \ f(\boldsymbol{X})=\sum_{j=1}^{n}c_jx_j \\ \text{s.t.} \ \ \sum_{j=1}^{n}a_{ij}x_j=b_i, i=1,2,\cdots,m \\ \qquad x_j \geqslant 0, j=1,2,\cdots,n \end{cases} \tag{5.4}$$

式中，c_j、a_{ij}、b_i 都是已知的量；x_j 是未知量；n 为线性规划的维数；m 为线性规划的阶数，一般情况下 $m<n$。

任何其他形式的线性规划均可化为标准形式，并可借助于标准形式的求解方法求解。将线性规划一般形式化为标准形式的方法如下所示。

（1）如果目标函数为极大化，则可转化为极小化，因为在同样的约束条件下，$\max f(\boldsymbol{X})$ 与 $\min f(\boldsymbol{X})$ 有相同的最优解，所以以后仅限于讨论极小化的情况。

（2）在约束条件中，如果有不等式约束

$$a_{i1}x_1+a_{i2}x_2+\cdots+a_{in}x_n \leqslant b_i(\text{或}\geqslant b_i) \tag{5.5}$$

可以加上新的变量 $x_{n+i} \geqslant 0$（也可称 x_{n+i} 为松弛变量），把它们全变为等式约束，即

$$a_{i1}x_1+a_{i2}x_2+\cdots+a_{in}x_n+x_{n+i}=b_i \tag{5.6}$$

如果有不等式约束

$$a_{i1}x_1+a_{i2}x_2+\cdots+a_{in}x_n \geqslant b_i \tag{5.7}$$

可以减去新的变量 $x_{n+i} \geqslant 0$（也可称 x_{n+i} 为剩余变量），把它们全变为等式约束，即

$$a_{i1}x_1+a_{i2}x_2+\cdots+a_{in}x_n-x_{n+i}=b_i \tag{5.8}$$

以上这些引入的新变量，无论是松弛变量还是剩余变量并不出现在目标函数中，也就不影响问题的解，因此可以把所有的约束条件化为统一的等式形式。

（3）在某些问题中，实际情况并不要求某一变量 x_k 为非负情况，可令

$$x_k=U_k-V_k$$

式中，$U_k \geqslant 0, V_k \geqslant 0$。

将 x_k 代入目标函数和约束方程中，x_k 是正还是负，由求解后 U_k 和 V_k 的相对大小来确定。

对于式（5.4）～式（5.6）也可用向量和矩阵符号表示为

$$\boldsymbol{A}=\begin{bmatrix} a_{11} & a_{12} & \cdots & a_{1n} \\ a_{21} & a_{22} & \cdots & a_{2n} \\ \vdots & \vdots & & \vdots \\ a_{m1} & a_{m2} & \cdots & a_{mn} \end{bmatrix}$$

式中，$\boldsymbol{A}$ 称为线性规划的系数矩阵（$m\times n$），一般情况下 $m<n$，且 m、n 为整数。

$$\boldsymbol{b}=[b_1,b_2,\cdots,b_m]^{\mathrm{T}}$$

式中，$\boldsymbol{b}$ 是 m 维（列）向量，称为线性约束的常数向量，一般情况下，$b_i\geqslant 0$。

$$\boldsymbol{C}=[c_1,c_2,\cdots,c_n]^{\mathrm{T}}$$

$\boldsymbol{C}$ 为价值系数。

$$\boldsymbol{X}=[x_1,x_2,\cdots,x_n]^{\mathrm{T}}$$

$\boldsymbol{X}$ 是 n 维（列）向量。

$$\boldsymbol{p}_j=[a_{1j},a_{2j},\cdots,a_{mj}]^{\mathrm{T}}，\quad j=1,2,\cdots,n$$

$\boldsymbol{p}_j$ 称为线性规划的第 j 列系数列向量，因此：

$$\boldsymbol{A}=[p_1,p_2,\cdots,p_n]$$

为简便起见，标准形式还可写成式（5.9）和式（5.10）两种等价形式。

$$\begin{cases} \min \quad f(\boldsymbol{X})=\boldsymbol{CX} \\ \text{s.t.} \quad \boldsymbol{AX}=\boldsymbol{b} \\ \qquad\quad \boldsymbol{X}\geqslant 0 \end{cases} \tag{5.9}$$

$$\begin{cases} \min \quad f(\boldsymbol{X})=\sum\limits_{j=1}^{n}c_jx_j \\ \text{s.t.} \quad \sum\limits_{j=1}^{n}\boldsymbol{p}_jx_j=b_i \\ \qquad\quad x_j\geqslant 0, j=1,2,\cdots,n \end{cases} \tag{5.10}$$

将例 5.1 的数学模型化为标准形式，即有

$$\begin{cases} \min \quad f(\boldsymbol{X})=-2x_1-x_2 \\ \text{s.t.} \quad 3x_1+5x_2+x_3=15 \\ \qquad\quad 6x_1+2x_2+x_4=24 \\ \qquad\quad x_j\geqslant 0, j=1,2,3,4 \end{cases} \tag{5.11}$$

用标准形式中的矩阵和向量表示，则有

$$\boldsymbol{A}=\begin{bmatrix}3 & 5 & 1 & 0\\ 6 & 2 & 0 & 1\end{bmatrix}$$

$$\boldsymbol{b}=[15 \quad 24]^{\mathrm{T}}$$

$$\boldsymbol{C}=[-2 \quad -1 \quad 0 \quad 0]^{\mathrm{T}}$$

$$\boldsymbol{p}_1=[3 \quad 6]^{\mathrm{T}}$$

$$\boldsymbol{p}_2=[5 \quad 2]^{\mathrm{T}}$$

$$\boldsymbol{p}_3=[1 \quad 0]^{\mathrm{T}}$$

$$\boldsymbol{p}_4=[0 \quad 1]^{\mathrm{T}}$$

$$\boldsymbol{A}=[\boldsymbol{p}_1,\boldsymbol{p}_2,\boldsymbol{p}_3,\boldsymbol{p}_4]$$

5.2 线性规划的基本性质

5.2.1 线性规划的几何意义

由于图解法简单直观，有助于了解线性规划问题求解的基本原理。因此首先用图解法解释线性规划的几何意义，并与代数法得到的解对照进行说明。以 5.1 节中的例 5.1 为例进行求解说明。

$$\begin{cases}\min \quad f(\boldsymbol{X})=-2x_1-x_2\\ \text{s.t.} \quad 3x_1+5x_2+x_3=15\\ \qquad 6x_1+2x_2+x_4=24\\ \qquad x_j\geqslant 0, j=1,2,3,4\end{cases} \tag{5.12}$$

式中，x_3、x_4为松弛变量。

为了在平面直角坐标系x_1Ox_2中作图，首先，令$x_3=0$，$x_4=0$，画出约束方程的图形，如图 5.1 所示。显然，满足约束条件的点，必定位于凸多边形 $OACD$ 的内部或边界上。

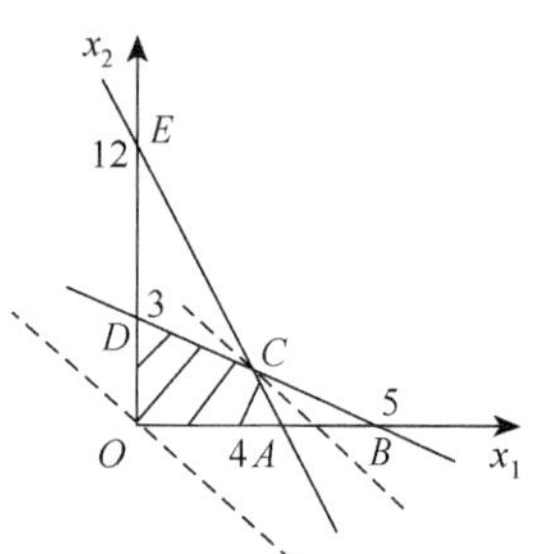

图 5.1 线性规划的几何意义

其次，绘制目标函数$f(\boldsymbol{X})=-2x_1-x_2$的图形，取$f(\boldsymbol{X})$不同的常数，可画出一系列平行直线，在此平行直线簇中，可确定出一条直线，使它离原点 O 尽可能远而又与凸多边形 $OACD$ 至少有一个交点。由图 5.1 可见，通过点 C 的一条直线符合这个要求，即点 C 满足约束条件式(5.12)，又使式(5.12)表示的目标函数值最小，所以点 C 是这个问题的最优解。

下面再用代数法求解联立方程组。设变量个数为 n，方程个数为 m，令 $p=m-n$，为使方程组有唯一解，让多个变量等于零，例如，在这个问题中，$p=4-2=2$，因此若四个变量中令任意两个变量等于零，则必存在两个变量组合的唯一解。表 5.1 列出了 6 个可能的解，其中有 4 个解恰好等于多边形上的 4 个顶点的坐标，余下的 2 个解则违反了所有变量为非负的约束条件。

表 5.1 例 5.1 的基本解

序号		1	2	3	4	5	6
变量数	x_1	0	0	0	5	4	15/4
	x_2	0	3	12	0	0	3/4
	x_3	15	0	–45	0	3	0
	x_4	24	18	0	–6	0	0
图 5.1 中对应的点		O	D	E	B	A	C

5.2.2 线性规划的基本概念与性质

为了说明线性规划的基本性质和分析线性规划问题的求解过程，首先，给出线性规划问题解的定义，即可行解、基本解、基本可行解、最优解的定义及基、基向量、基变量与非基变量的概念。图 5.2 为线性规划解之间的相互关系。

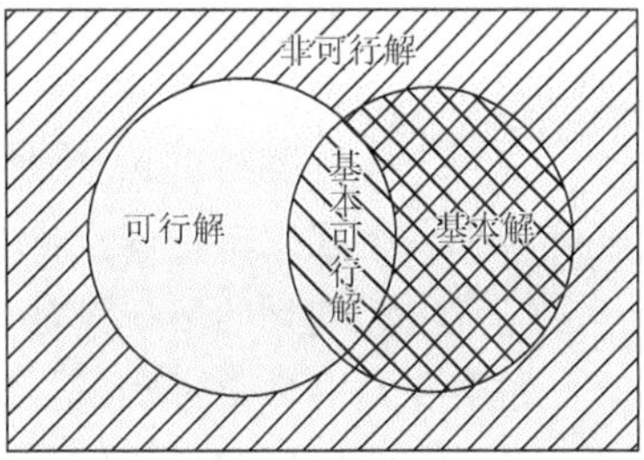

图 5.2 线性规划解之间的相互关系

1. 可行解

凡同时满足式（5.4）中约束条件的任何一个解$\boldsymbol{X}=[x_1, x_2,\cdots,x_n]^{\mathrm{T}}$，称为线性规划的可行解。所有可行解的集合称为可行域。图 5.1 中凸多边形 $OACD$ 内部与边界上的任何一个点都代表一个可行解，可行解有无数个。

2. 基本解

令式（5.5）中任意 $n-m$ 个变量等于零，若剩余的 m 个变量构成的 m 个线性方程有唯一解（等价于相应的线性方程组的列向量线性无关），则称由此得到的 n 个变量的解为基本解。显然，基本解的个数小于或等于从 n 个变量中选取 m 个变量的组合数$C_n^m=\dfrac{n!}{m!(n-m)!}$。由表 5.1 可见，$n=4$，$m=2$，则基本解的个数不超过$C_4^2=\dfrac{4!}{2!(4-2)!}=6$个。表 5.1 中所列的 6 个解都是基本解。这 6 个基本解与图 5.1 中的 6 个顶点 A、B、C、D、E、O 相对应。

3. 基本可行解

如果基本解还满足非负条件$x_j \geqslant 0(j=1,2,\cdots,n)$，则称这基本解为基本可行解。基本可行解既是基本解，又是可行解。例如，表 5.1 中所列与图 5.1 中 O、A、C、D 对应的 4 个解，都是基本可行解。

4. 最优解

满足式（5.4）的基本可行解称为线性规划的最优解，即使目标函数达到最小值的可行解称为最优解。例如，图 5.1 中点 C 为最优解，对应的目标函数最优值为 33/4。

5. 基、基向量、基变量与非基变量

在线性规划标准形式的系数矩阵 $\boldsymbol{A}$ 中，选择 m 列线性无关向量构成 m 阶非奇异矩阵 $\boldsymbol{B}$，则称矩阵 $\boldsymbol{B}$ 是线性规划的一个基，而组成基 $\boldsymbol{B}$ 的列向量 $\boldsymbol{p}_j\,(j=1,2,\cdots,m)$ 称为基向量，与基向量对应的变量 $x_j \geqslant 0(j=1,2,\cdots,n)$ 称为基变量，其余的 $n-m$ 个变量称为非基变量。基变量用 $\boldsymbol{X}_b$ 表示，非基变量用 $\boldsymbol{X}_n$ 表示。

例如，在式（5.12）中，若取系数矩阵 $\boldsymbol{A}$ 中前两列 $\boldsymbol{p}_1$ 和 $\boldsymbol{p}_2$ 构成基，则 $\boldsymbol{B}=\begin{bmatrix}3 & 5\\6 & 2\end{bmatrix}$，相应的基变量为 x_1 和 x_2，非基变量为 x_3 和 x_4。若取 $\boldsymbol{A}$ 中后两列 p_3 和 p_4 构成基，则 $\boldsymbol{B}=\begin{bmatrix}1 & 0\\0 & 1\end{bmatrix}$，这个基是单位矩阵，称为标准基，与其相对应，基变量为 x_3、x_4，而非基变量为 x_1、x_2。

基变量与非基变量是相对于基而言的，离开基是没有意义的。根据以上分析，可得出线性规划的两个重要性质。

（1）线性规划可行解的集合构成一个凸集，且这个凸集是凸多面体，它的每一个顶点对应于一个基本可行解，即顶点与基本可行解相当。

（2）线性规划的最优解如果唯一存在，必然在凸集的某个顶点（即某个基本可行解）上。如果有无穷多个最优解，则必在凸集的某一条边或某一个面上取得。

因此线性规划的最优解不必在可行域整个区域内搜索，只要在它的有限个基本可行解中寻找即可。上述实例中存在唯一的最优解，在特殊情况下可能会出现无穷多个最优解、无界解和无可行解三种情形，如图 5.3（a）～（c）所示。

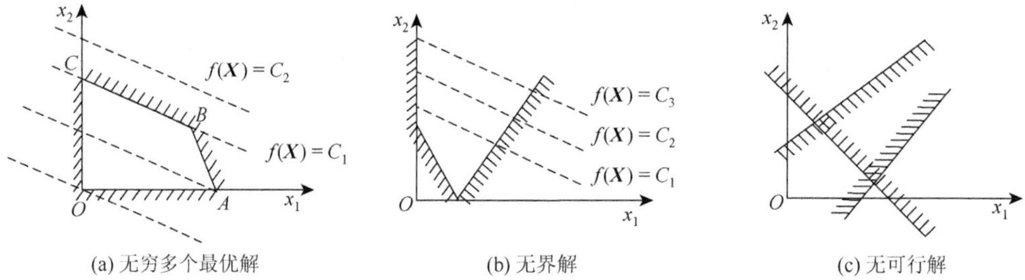

(a) 无穷多个最优解　　(b) 无界解　　(c) 无可行解

图 5.3　线性规划解的特殊情形

基本可行解在线性规划问题的求解中起着极其重要的作用。那么找出所有的基本可行解，并逐个比较其值的大小以确定它的最优解，如果问题有最优解，这种求解方式是可行的。但是，在实际的线性规划问题中，其变量的个数 n 和约束方程的个数 m 都非常大，其基本可行解的数目非常多，即使采用计算机运算也难以实现。同时，仅仅考察基本可行解，也不能确定问题何时有一个无界解。所以，没有必要找出所有的基本可行解以求得最优解，而是采用一定的方法来解决这个问题，如单纯形法，单纯形法是一种求解线性规划的迭代算法，是获得可行解并能从中确定最优解很有效的方法。

5.3　线性规划的单纯形法

5.3.1　基本思想

线性规划的单纯形法的基本思想是从一个初始基本可行解 $\boldsymbol{X}^0$ 出发，寻找使目标函数值有较大下降的一个新的基本可行解 $\boldsymbol{X}^1$ 代替原来的基本可行解，如此完成一次迭代。随后作出判断，如果未达到最优解，则继续迭代下去。因为基本可行解的数目有限，所以经过有限次迭代一定能获得最优解。因此求解线性规划的单纯形法是一种迭代方法。

根据上述基本思想，采用单纯形法求解线性规划问题，要解决以下三个问题。

（1）如何确定初始基本可行解。

（2）如何由一个基本可行解迭代出另一个基本可行解，同时使目标函数获得较大的下降。

（3）如何判断一个基本可行解是否为最优解。

现在再以例 5.1 中的线性规划问题为例，从上述三方面逐步进行求解。

①确定初始基本可行解，代入目标函数中，并判断是否为最优解。

对于约束条件全为 $\leqslant b_i(i=1,2,\cdots,m)$ 的线性规划问题，当用添加松弛变量的方法把不等式约束转化为等式约束时，往往会发现这些松弛变量就可以作为初始基本可行解中的一部分基本变量。例如，假设约束条件为

$$\begin{cases}2x_1+x_2+x_3\leqslant 2\\ x_1+2x_2+3x_3\leqslant 5\\ 2x_1+2x_2+x_3\leqslant 6\\ x_j\geqslant 0, j=1,2,3\end{cases}$$

引入松弛变量 x_4、x_5 和 x_6，可将前三个不等式约束转化成标准形式

$$\begin{cases}2x_1+x_2+x_3+x_4=2\\ x_1+2x_2+3x_3+x_5=5\\ 2x_1+2x_2+x_3+x_6=6\\ x_j\geqslant 0, j=1,2,3,4,5,6\end{cases}$$

再令 $x_1=x_2=x_3=0$，则可立即得到一个基本可行解

$$\begin{cases}x_1=x_2=x_3=0\\ x_4=2\\ x_5=5\\ x_6=6\end{cases}$$

这里需要说明的是，对于约束条件中存在 $\geqslant b_i$ 的情况，或 $=b_i$ 但变量系数没有一个为 1 的情况，这种方法就不奏效了，这时需要通过引入人工变量的方法来寻找初始基本可行解，这点将在后面讨论。

对于例 5.1，式（5.11）的系数矩阵为

$$\boldsymbol{A}=[\boldsymbol{p}_1\quad \boldsymbol{p}_2\quad \boldsymbol{p}_3\quad \boldsymbol{p}_4]=\begin{bmatrix}3&5&1&0\\6&2&0&1\end{bmatrix}$$

从上式可以看出，其中有一个标准基（单位矩阵）

$$\boldsymbol{B}=\begin{bmatrix}1&0\\0&1\end{bmatrix}$$

与 $\boldsymbol{B}$ 对应的变量 x_3、x_4 为基本变量，可将式（5.11）改写成如下形式：

$$\begin{cases}x_3=15-3x_1-5x_2\\x_4=24-6x_1-2x_2\end{cases}\tag{5.13}$$

若令非基变量 $x_1=x_2=0$，则可得到一个初始基本可行解 $\boldsymbol{X}^0$：

$$\boldsymbol{X}^0=[x_1^0,x_2^0,x_3^0,x_4^0]^{\mathrm{T}}=[0,0,15,24]^{\mathrm{T}}$$

判别初始基本可行解是否是最优解，此时可将式（5.13）代入目标函数中，得

$$f(\boldsymbol{X})=-2x_1-x_2\tag{5.14}$$

对应的目标函数值 $f(\boldsymbol{X})=0$。由于式（5.14）中 x_1 和 x_2 的系数都为负，因而 $f(\boldsymbol{X})=0$ 不是最小值，因此所得的解不是最优解。

②基本可行解从初始基本可行解 $\boldsymbol{X}^0$ 迭代出另一个基本可行解 $\boldsymbol{X}^1$，并判断 $\boldsymbol{X}^1$ 是否为最优解，从一个基本可行解迭代出另一个基本可行解，可分两步进行。

第一步：从原来的非基变量中选出一个（称为进基变量）使其成为新的基变量。

第二步：从原来的基变量中选一个（称为离基变量）使其成为新的非基变量。

选择进基变量和离基变量的原则是：使目标函数值得到最快的下降，同时保证所有的基本变量满足非负条件。

由式（5.14）中非基变量 x_1 和 x_2 的系数都是负值可知，若 x_1 和 x_2 不取零而取正值，则目标函数值还可以下降。因此只要式（5.14）中还存在负系数的非基变量，就表明目标函数还有下降的可能，也就还需要将非基变量和基变量进行对换。一般选择目标函数式中系数最小的（即绝对值最大的负系数）非基变量换入基变量，对于例 5.1，选择非基变量 x_1 换入基变量，然后从 x_3、x_4 中换出一个基变量，并保证变换后得到的基变量均为非负。

当 $x_2=0$ 时，由式（5.13）得（考虑 x_3 和 x_4 的非负要求）

$$\begin{cases}x_3=15-3x_1\geqslant 0\\x_4=24-6x_1\geqslant 0\end{cases}\tag{5.15}$$

从式（5.15）可知，只有选择 $x_1=\min\left\{\frac{15}{3},\frac{24}{6}\right\}=4$，才能使式（5.15）成立。由于当 $x_1=4$ 时，原基变量 $x_4=0$，另一基变量 x_3 满足非负要求，因此可以将 x_1 与 x_4 互换。

于是由式（5.13）可得到

$$\begin{cases}3x_1+x_3=15-5x_2\geqslant 0\\6x_1=24-2x_2-x_4\geqslant 0\end{cases}\tag{5.16}$$

用消元法将式（5.16）中 x_1 的系数列向量 $\begin{bmatrix}3\\6\end{bmatrix}$ 变换为标准基向量 $\begin{bmatrix}0\\1\end{bmatrix}$，其具体过程如下：

$$\begin{cases} x_3 = 3 - 4x_2 + \dfrac{1}{2}x_4 \\ x_1 = 4 - \dfrac{1}{3}x_2 - \dfrac{1}{6}x_4 \end{cases} \tag{5.17}$$

再将式（5.17）代入目标函数式（5.14），得到

$$f(\boldsymbol{X}) = -8 - \frac{1}{3}x_2 + \frac{1}{3}x_4 \tag{5.18}$$

③判断是否为最优解。继续求出第 3 个基本可行解，并判断是否为最优解。

由于在式（5.18）中只有 x_2 的系数为负，所以应选取 x_2 为进基变量，然后分析式（5.17），从 x_1 和 x_3 中选取一个离基变量，并保证变换后得到的基本变量均为非负。当 $x_4 = 0$ 时，由式（5.17）可得

$$\begin{cases} x_3 = 3 - 4x_2 \geqslant 0 \\ x_1 = 4 - \dfrac{1}{3}x_2 \geqslant 0 \end{cases} \tag{5.19}$$

从式（5.19）中可以看出，只有选择 $x_2 = \min\left\{\dfrac{3}{4}, \dfrac{4\times 3}{1}\right\} = \dfrac{3}{4}$，才能使式（5.19）成立。由于当 $x_2 = \min\left\{\dfrac{3}{4}, \dfrac{4\times 3}{1}\right\} = \dfrac{3}{4}$ 时，原基变量 $x_3 = 0$，而另一个基变量 $x_1 = \dfrac{15}{4}$ 为非负。因此可以将 x_2 与 x_3 互换，并用消元法将式（5.17）中 x_2 的系数 $\begin{bmatrix} 4 \\ 1/3 \end{bmatrix}$ 变换为标准基向量 $\begin{bmatrix} 1 \\ 0 \end{bmatrix}$，即

$$\begin{cases} x_2 = \dfrac{3}{4} - \dfrac{1}{4}x_3 + \dfrac{1}{8}x_4 \\ x_1 = \dfrac{15}{4} + \dfrac{1}{12}x_3 - \dfrac{5}{24}x_4 \end{cases} \tag{5.20}$$

再将式（5.20）代入式（5.18）中，得到

$$f(\boldsymbol{X}) = -\frac{33}{4} + \frac{1}{12}x_3 + \frac{7}{24}x_4 \tag{5.21}$$

令非基变量 $x_3 = x_4 = 0$，由式（5.21）得到第 3 个基本可行解 $\boldsymbol{X}^2$ 为

$$\boldsymbol{X}^2 = [x_1^2 \quad x_2^2 \quad x_3^2 \quad x_4^2]^{\mathrm{T}} = \begin{bmatrix} \dfrac{15}{4} & \dfrac{3}{4} & 0 & 0 \end{bmatrix}^{\mathrm{T}}$$

由式（5.21）可知，$f(\boldsymbol{X}) = -33/4$ 是最小值，因为式（5.21）中所有非基变量 x_3 和 x_4 的系数都为正数，再进行任何迭代运算都不可能使目标函数值下降了，所以此基本可行解 $\boldsymbol{X}^2$ 是最优解。

将每次迭代得到的结果与 5.2 节中图解法得到的结果进行对比，其几何意义就很明显

了。原问题的线性规划是二维的，即 $\boldsymbol{X}=[x_1,x_2]^{\mathrm{T}}$，当加入松弛变量 x_3 和 x_4 后，变成多维的问题。这时满足所有约束条件的可行域可看成一个多维空间的凸多面体，这个凸多面体上的顶点就对应基本可行解：初始基本可行解 $\boldsymbol{X}^0=[0,0,15,24]^{\mathrm{T}}$ 相当于图 5.1 中的原点 O；$\boldsymbol{X}^1=[4,0,3,0]^{\mathrm{T}}$ 相当于图 5.1 中的点 A；最优解 $\boldsymbol{X}^2=\left[\dfrac{15}{4},\dfrac{3}{4},0,0\right]^{\mathrm{T}}$ 相当于图 5.1 中的点 C。从初始基本可行解 $\boldsymbol{X}^0$ 开始迭代，依次得到 $\boldsymbol{X}^1$ 和 $\boldsymbol{X}^2$，这就相当于图 5.1 中的目标函数平移时，从 O 点开始，首先到达 A 点，最后到达 C 点。以上用单纯形法计算了一个具体的线性规划问题，由特殊到一般，下面从数学角度描述单纯形法的迭代计算问题。

5.3.2　算法的迭代过程

1. *初始基本可行解的确定*

首先，将线性规划问题转化为标准形式

$$\begin{cases}\min\ \ f(\boldsymbol{X})=\sum\limits_{j=1}^{n}c_jx_j\\ \text{s.t.}\ \ \sum\limits_{j=1}^{n}p_jx_j=b_i,i=1,2,\cdots,m\\ \qquad x_j\geqslant 0,j=1,2,\cdots,n\end{cases}$$

然后，寻找单位基矩阵。对于全部约束条件均为 $\leqslant b_i(i=1,2,\cdots,m)$ 的形式，通过加入松弛变量，就可以找到由松弛变量的系数 1 组成的单位基矩阵。对于 $\geqslant b_i$ 的约束条件，虽然可引入剩余变量将不等式约束化为等式约束，但因剩余变量系数为–1，求得的解不满足非负条件，也就是说在这种情况下无明显单位基矩阵，此时，可采用加入人工变量的方法。总之，无论是何种情况，总可以在线性规划标准形式的系数矩阵 $\boldsymbol{A}$ 中构建一个 m 阶的单位基矩阵 $\boldsymbol{B}$。为讨论问题方便，不妨假设单位基矩阵 $\boldsymbol{B}$ 的 m 个列向量与 $x_1,x_2,\cdots,x_m$ 相对应，即 $x_1,x_2,\cdots,x_m$ 为基本变量，因此有

$$\boldsymbol{B}=[\boldsymbol{p}_1,\boldsymbol{p}_2,\cdots,\boldsymbol{p}_m]=\begin{bmatrix}1&0&\cdots&0\\0&1&\cdots&0\\\vdots&\vdots&&\vdots\\0&0&\cdots&1\end{bmatrix}$$

相应地，约束方程组为

$$\begin{cases}x_1+a_{1,m+1}x_{m+1}+\cdots+a_{1,n}x_n=b_1\\ x_2+a_{2,m+1}x_{m+1}+\cdots+a_{2,n}x_n=b_2\\ \qquad\vdots\\ x_m+a_{m,m+1}x_{m+1}+\cdots+a_{m,n}x_n=b_m\\ x_j\geqslant 0,j=1,2,\cdots,n\end{cases}\tag{5.22}$$

这种含有标准基的约束方程为正则式，它在单纯形法中具有重要意义。因为将式（5.22）中的每个等式移项，可得

$$\begin{cases} x_1 = b_1 - a_{1,m+1}x_{m+1} - \cdots - a_{1,n}x_n \\ x_2 = b_2 - a_{2,m+1}x_{m+1} - \cdots - a_{2,n}x_n \\ \qquad \vdots \\ x_m = b_m - a_{m,m+1}x_{m+1} - \cdots - a_{m,n}x_n \end{cases} \tag{5.23}$$

令非基变量 $x_{m+1} = x_{m+2} = \cdots = x_n = 0$，则由式（5.23）得 $x_i = b_i (i = 1,2,\cdots,m)$，又因 $b_i \geqslant 0$，所以很容易得到初始基本可行解为

$$\boldsymbol{X} = \left[x_1, x_2, \cdots, x_m, \overbrace{0,\cdots,0}^{n-m}\right]^{\mathrm{T}} = \left[b_1, b_2, \cdots, b_m, \underbrace{0,\cdots,0}_{n-m}\right]^{\mathrm{T}}$$

一般情况下，只要线性规划问题有解，就一定能够化成式（5.22）的形式，即一定能找到初始基本可行解。

2. 基本可行解之间的迭代

由前面计算得知，从一个基本可行解算出另一个基本可行解，需要进行基的变换。现假定从非基变量中已确定的 $x_k (m+1 \leqslant k \leqslant n)$ 为进基变量，从原基变量中已确定的 $x_l (1 \leqslant l \leqslant m)$ 为离基变量，这时基的变换就是要把 x_k 的系数列向量化为单位向量，同时，也把 x_l 的系数列向量化为非单位向量，而其余 $m-1$ 个向量仍然保持为单位向量，加上 $\boldsymbol{p}_k$ 就得到新的单位基矩阵，与这个新单位基对应的解如果是可行的，那么它就是一个新的基本可行解。

式（5.22）的系数写成增广矩阵的形式

$$\begin{array}{ccccccccc} x_1 & x_2 & x_m & x_{m+1} & & x_k & & x_n & b \end{array}$$

$$\begin{bmatrix} 1 & & & a_{1,m+1} & \cdots & a_{1k} & \cdots & a_{1n} & b_1 \\ & \ddots & & \vdots & & \vdots & & \vdots & \vdots \\ & 1 & & a_{n,m+1} & \cdots & a_{nk} & \cdots & a_{nn} & b_n \\ & & \ddots & \vdots & & \vdots & & \vdots & \vdots \\ & & 1 & a_{m,m+1} & \cdots & a_{mk} & \cdots & a_{mn} & b_m \end{bmatrix} \tag{5.24}$$

通过高斯消去法运算实现 $\boldsymbol{p}_k$ 和 $\boldsymbol{p}_l$ 列向量变换，具体运算如下所示。

（1）将式（5.24）中的第 l 行除以 a_{lk}，使该行中 x_k 的系数等于 1，即

$$\left[0,\cdots,0,\frac{1}{a_{lk}},0,\cdots,\frac{a_{l,m+1}}{a_{lk}},\cdots,1,\cdots,\frac{a_{ln}}{a_{lk}}\middle|\frac{b_l}{a_{lk}}\right] \tag{5.25}$$

（2）分别用 $-a_{ik} (i=1,2,\cdots,m, i \neq l)$ 乘以式（5.25），并分别加到对应的第 $1,2,\cdots,l-1,$ $l+1, m$ 行上，使矩阵 $\boldsymbol{A}$ 中这些行的系数等于零，从而得到新的第 i 行

$$\left[0,\cdots,0,\frac{a_{ik}}{a_{lk}},0,\cdots,0,a_{im}-\frac{a_{l,m+1}}{a_{lk}},\cdots,0,\cdots,a_{ln}-\frac{a_{ln}}{a_{lk}}a_{ik}\middle|b_i-\frac{b_l}{a_{lk}}a_{ik}\right]$$

由此得到系数矩阵变换后各元素的变换关系式：

$$a'_{ij}=\begin{cases}a_{ij}-\dfrac{a_{lj}}{a_{lk}}a_{ik}, & i=1,2,\cdots,m,i\neq l\\ \dfrac{a_{lj}}{a_{lk}}, & i=l\end{cases}$$
$$b'_i=\begin{cases}b_i-\dfrac{a_{ik}}{a_{lk}}b_l, & i=1,2,\cdots,m,i\neq l\\ \dfrac{b_l}{a_{lk}}, & i=l\end{cases} \tag{5.26}$$

式中，a'_{ij}、b'_i 是变化后的新元素。

为使新的基本解满足非负条件，即要求所有 $b'_l\geqslant 0$，由式（5.26）看出首先必须使 a_{lk} 不等于零，其次必须使

$$b_i-\frac{a_{ik}}{a_{lk}}b_l\geqslant 0,\quad i=1,2,\cdots,m,i\neq l$$

当限定 $a_{ik}>0$ 时，上式可写为

$$\frac{b_i}{a_{ik}}\geqslant\frac{b_l}{a_{lk}},\quad i=1,2,\cdots,m,i\neq l$$

上式说明，离基变量的行序号 l 是根据 $\dfrac{b_i}{a_{ik}}$ 取最小比值确定的，即

$$\theta=\frac{b_l}{a_{lk}}=\min_{1\leqslant i\leqslant m}\left\{\frac{b_i}{a_{ik}}\middle| a_{ik}>0\right\} \tag{5.27}$$

按最小比值确定 θ，称最小比值规则。式（5.27）中的 a_{lk} 元素称为主元，它所在的列称为主元列，它所在的行称为主元行。

需要注意的是，若同时有几个 i 能使 $\dfrac{b_i}{a_{ik}}$ 达到最小值，为避免出现循环，l 应取下标最小的那个 i。通过以上变换，可得到由 $x_1,x_2,\cdots,x_k,\cdots,x_m$ 的系数列向量构成的 m 阶单位基矩阵，它是可行基，当非基变量 $x_m,\cdots,x_l,\cdots,x_n$ 为零时，就能够得到一个基本可行解 $\boldsymbol{X}'=[b'_1,b'_2,\cdots,b'_i,\cdots,b'_m,0,0,\cdots,0]^{\mathrm{T}}$，即

$$\begin{cases}x'_i=b_i-\dfrac{a_{ik}}{a_{lk}}b_l, & i=1,2,\cdots,m,i\neq l\\ x'_l=\dfrac{b_l}{a_{lk}}, & i=l\end{cases} \tag{5.28}$$

3. 最优性条件

每迭代出一个基本可行解，都要判别是否为最优解，以便决定是否继续迭代，为此，需要建立一个判别准则。考虑目标函数的一般形式

$$f(\boldsymbol{X})=\sum_{i=1}^{n}c_ix_i=\sum_{i=1}^{m}c_ix_i+\sum_{j=m+1}^{n}c_jx_j$$

为使目标函数变为非基变量的函数，将式（5.23）代入上式得

$$f(\boldsymbol{X})=\sum_{i=1}^{m}c_i\left(b_i-\sum_{j=m+1}^{n}a_{ij}x_j\right)+\sum_{j=m+1}^{n}c_jx_j$$

令 $f_0=\sum_{i=1}^{m}c_ib_i$ ， $f_j=\sum_{i=1}^{m}c_ia_{ij},j=m+1,m+2,\cdots,n$ ，则

$$f(\boldsymbol{X})=f_0+\sum_{j=m+1}^{n}(c_j-f_j)x_j \tag{5.29}$$

令 $\sigma_j=c_j-f_j$ ，则

$$f(\boldsymbol{X})=f_0+\sum_{j=m+1}^{n}\sigma_jx_j \tag{5.30}$$

根据式（5.30）可得下列结论。

（1）最优性准则：在解最小化问题的单纯形法迭代过程中，若所有非基变量 x_j 的系数 σ_j 都不小于零，即 $\sigma_j\geqslant 0$ ，则当前的基本可行解是最优解。因为目标函数中非基变量的系数全部都是非负的，进行任何变换迭代都不能使目标函数值下降。因此式（5.30）就是最优性条件，通常称 σ_j 为判别数（或检验数）。

（2）由式（5.30）看出，当某个 $\sigma_j<0$ 时，若 x_j 增加，则目标函数值还可能进一步下降，所以应选择目标函数式中系数最小的那个非基变量，即绝对值最大的负系数的非基变量作为进基变量，即 $\min\{c_j-f_j\}=c_k-f_k(\boldsymbol{X})$ ，于是从最优性准则推理中就可以确定 x_k 为进基变量，因为这样选取可使目标函数值 $f(\boldsymbol{X})$ 减小得最快，从而减少了迭代次数。

若有多个下标 j 使 σ_j 同时得到最小值 σ_k ，为防止循环迭代的情况发生，规定取下标最小的那个 x_j 作为进基变量 x_k 。

综上所述，单纯形法的迭代计算步骤如下所示。

（1）确定初始基本可行解。

（2）计算检验数 σ_j 是否对所有的 $j(j=m+1,m+2,\cdots,n)$ 都有 $\sigma_j\geqslant 0$ ，若都成立，则求得问题的最优解，否则转（3）。

（3）由 $\sigma_k=\min\{\sigma_j\}$ 确定进基变量 x_k 。

（4）若 $a_{ik}\leqslant 0(i=1,2,\cdots,m)$ ，则该问题无最优解，停止迭代，否则转（5）。

（5）计算 $\theta=\dfrac{b_l}{a_{lk}}=\min\limits_{1\leqslant i\leqslant m}\left\{\dfrac{b_i}{a_{ik}}\middle|a_{ik}>0\right\}$ ，确定离基变量 x_l ，从而确定以 a_{lk} 作为主元素。

（6）换基计算，按式（5.26）和式（5.28）进行迭代，求得新的基本可行解，再返回（2）继续迭代。

例 5.3 用单纯形法求下列线性规划的最优解

$$\begin{cases}\min\ f(\boldsymbol{X})=-2x_1-x_2\\ \text{s.t.}\ \ 3x_1+5x_2\leqslant 15\\ \qquad 6x_1+2x_2\leqslant 24\\ \qquad x_1,x_2\geqslant 0\end{cases}$$

解：将问题化为标准型，加入松弛变量 x_3、x_4，则标准型为

$$\begin{cases}\min & f(\boldsymbol{X})=-2x_1-x_2+0x_3+0x_4\\ \text{s.t.} & 3x_1+5x_2+0x_3=15\\ & 6x_1+2x_2+0x_4=24\\ & x_1,x_2\geqslant 0\end{cases}$$

选择 x_3、x_4 为初始基变量，得到初始单纯形表如表 5.2 所示。

表 5.2　例 5.3 的初始单纯形表

c_j			−2	−1	0	0	θ_i
$\boldsymbol{C_B}$	$\boldsymbol{X_B}$	b	x_1	x_2	x_3	x_4	
0	x_3	15	3	5	1	0	15/3 = 5
0	x_4	24	6	2	0	1	24/6 = 4
$\sigma_j=c_j-f_j$			−2	−1	0	0	4

$$\sigma_1=-2-(0\times3+0\times6)=-2$$
$$\sigma_2=-1-(0\times5+0\times2)=-1$$
$$\sigma_3=0-(0\times1+0\times0)=0$$
$$\sigma_4=0-(0\times0+0\times1)=0$$

所以选择 x_1 为进基变量，x_4 为离基变量，迭代一次后得到表 5.3。

表 5.3　例 5.3 的迭代一次单纯形表

c_j			−2	−1	0	0	θ_i
$\boldsymbol{C_B}$	$\boldsymbol{X_B}$	b	x_1	x_2	x_3	x_4	
0	x_3	3	0	4	1	−1/2	3/4
−2	x_1	4	1	1/3	0	1/6	12
$\sigma_j=c_j-f_j$			0	−1/3	0	1/3	3/4

$$\sigma_1=-2-(0\times0-2\times1)=0$$
$$\sigma_2=-1-(0\times4-2\times1/3)=-1/3$$
$$\sigma_3=0-(0\times1-2\times0)=0$$
$$\sigma_4=0-(-0\times1/2-2\times1/6)=1/3$$

所以选择 x_2 为进基变量，x_3 为离基变量，进行第二次迭代如表 5.4 所示。

表 5.4　例 5.3 的迭代二次单纯形表

c_j			−2	−1	0	0	θ_i
$\boldsymbol{C_B}$	$\boldsymbol{X_B}$	b	x_1	x_2	x_3	x_4	
−1	x_2	3/4	0	1	1/4	−1/8	
−2	x_1	15/4	1	0	−1/12	5/24	
$\sigma_j=c_j-f_j$			0	0	1/12	7/24	

$$\sigma_1 = -2-(-1\times 0-2\times 1)=0$$
$$\sigma_2 = -1-(-1\times 1-2\times 0)=0$$
$$\sigma_3 = 0-(-1\times 1/4+2\times 1/12)=1/12$$
$$\sigma_4 = 0-(1\times 1/8-2\times 5/24)=7/24$$

因此最优点 $\boldsymbol{X}^* = (x_2, x_1)^{\mathrm{T}} = \left(\dfrac{15}{4}, \dfrac{3}{4}\right)^{\mathrm{T}}$，最小值 $f(\boldsymbol{X}^*) = -2x_1 - x_2 = -2\times\dfrac{15}{4}-\dfrac{3}{4}=-\dfrac{33}{4}$。

习　　题

5.1　用图解法求解下述线性规划问题：

$$\begin{cases} \min\ \ f(\boldsymbol{X}) = 3x_3 - x_4 - 20 \\ \text{s.t.}\ \ x_1 - 3x_3 + 3x_4 = 6 \\ \qquad x_2 - 8x_3 + 4x_4 = 4 \\ \qquad x_j \geqslant 0, j = 1,2,3,4 \end{cases}$$

5.2　使用单纯形法解下述线性规划问题：

$$\begin{cases} \min\ \ f(\boldsymbol{X}) = -7x_1 - 12x_2 \\ \text{s.t.}\ \ 9x_1 + 4x_2 + x_3 = 360 \\ \qquad 4x_1 + 5x_2 + x_4 = 200 \\ \qquad 3x_1 + 10x_2 + x_5 = 300 \\ \qquad x_j \geqslant 0, j = 1,2,3,4,5 \end{cases}$$

5.3　现用一薄板制造体积为 $200\mathrm{m}^3$ 的无上盖的立方体货箱，要求箱体的长、宽、高尺寸不小于 10m，并且钢板的耗费量最小，试确定货箱的长、宽、高尺寸。

5.4　某工厂要生产 A、B 两种产品。每生产一台产品 A 可获产值 10 万元，需占用一车间工作日为 3 天，二车间工作日为 2 天；每生产一台产品 B 可获产值 6 万元，需占用一车间工作日为 2 天，二车间工作日为 1 天。现一车间可用于生产 A、B 产品的时间为 12 天，二车间可用于生产 A、B 产品的时间为 9 天，而且产品 B 的最大市场需求为 8 台。现要求生产组织者安排 A、B 两种产品的合理投产数，以便获得最大的总产值。

第 6 章　约束优化方法

实际的工程优化设计问题大多数都属于约束优化问题，其数学模型为

$$\begin{cases} \min \ f(\boldsymbol{X}), \ \boldsymbol{X} \in \mathbf{R}^n \\ \text{s.t.} \quad g_u(\boldsymbol{X}) \leqslant 0, \ u=1,2,\cdots,m \\ \qquad h_v(\boldsymbol{X})=0, \ v=1,2,\cdots,p \end{cases} \tag{6.1}$$

求解这类问题的方法通常称为约束优化计算方法。在约束优化方法中，根据求解方式的不同可以分为直接解法和间接解法两大类。

直接解法是在满足不等式约束 $g_u(\boldsymbol{X}) \leqslant 0(u=1,2,\cdots,m)$ 的可行设计区域内直接搜索问题的约束最优解 $\boldsymbol{X}^*$ 和 $f(\boldsymbol{X}^*)$。直接解法的基本思路是在 m 个不等式约束条件所形成的可行域内，选择一个初始点，然后决定一个可行搜索方向，且以适当的步长因子沿选定的方向进行搜索，得到一个使目标函数值下降的可行新点，这时即完成了一次迭代计算，再以新点为起点，重复上述搜索过程，直至满足收敛条件后迭代终止。常用的直接解法有可行方向法、随机方向法、复合形法、随机试验法、网格法、梯度投影法等。可行方向法比较复杂，一般用于大型优化设计问题。随机方向法和复合形法比较简单，对于多维问题其计算量比较大。

间接解法是将约束优化问题转化为一系列无约束优化问题求解的一种方法。由于这类方法可以选用有效的无约束优化方法，且易于处理具有不等式约束和等式约束的优化问题，因而在工程优化中得到了广泛的应用，其中最具有代表性的是惩罚函数法。

用于约束优化问题求解的算法有很多。本章主要介绍可行方向法、复合形法、惩罚函数法和乘子法。

6.1　可行方向法

6.1.1　可行方向法的基本原理

可行方向法是求解不等式约束优化问题的一种直接方法，其收敛速度快，效果较好，是求解大型约束优化问题的主要方法之一，若可行域为连续闭集，目标函数 $f(\boldsymbol{X})$ 和约束函数 $g_j(\boldsymbol{X})$ 均为 $\boldsymbol{X}$ 的连续函数，则可采用可行方向法求解。但根据可行方向法编制的优化程序比较复杂。对于式（6.2）表示的优化设计问题

$$\begin{cases} \min \ f(\boldsymbol{X}) \\ \text{s.t.} \quad g_j(\boldsymbol{X}) \leqslant 0, j=1,2,\cdots,m \end{cases} \tag{6.2}$$

可行方向法的基本原理是在可行域内选择一个初始点 $\boldsymbol{X}^0$，确定一个可行的搜索方向

$\boldsymbol{d}^k$，再在 $\boldsymbol{d}^k$ 方向上进行一维搜索求出适当的步长因子 α，按式（6.3）进行迭代计算，使得生成的下一个迭代点不超出可行域，即 $g_j(\boldsymbol{X}) \leqslant 0 (j=1,2,\cdots,m)$，又使目标函数的值有所下降，即 $f(\boldsymbol{X}^{(k+1)}) \leqslant f(\boldsymbol{X}^{(k)})$，在不断调整可行方向的过程中，使迭代点逐步逼近约束最优点，即

$$\boldsymbol{X}^{k+1} = \boldsymbol{X}^k + \alpha \boldsymbol{d}^k, \quad k=1,2,\cdots \tag{6.3}$$

6.1.2　可行方向的条件

在可行方向法中，确定可行方向 $\boldsymbol{d}^k$ 非常关键。可行方向是指沿该方向进行微小移动后，所得到的新点是可行点，且使目标函数值有所下降。因此，可行方向应满足可行条件和下降条件。

1. 可行条件

如图 6.1（a）所示，若点 $\boldsymbol{X}^k$ 在一个约束面上，对点 $\boldsymbol{X}^k$ 作约束面 $g(\boldsymbol{X})=0$ 的切线 τ，由图 6.1（a）可知，满足可行条件的方向 $\boldsymbol{d}^k$ 应与起作用约束的约束函数在点 $\boldsymbol{X}^k$ 的梯度 $\nabla g(\boldsymbol{X}^k)$ 的夹角大于或等于 90°，用向量关系表示为

$$[\nabla g(\boldsymbol{X}^k)]\boldsymbol{d}^k \leqslant 0 \tag{6.4}$$

若点 $\boldsymbol{X}^k$ 在 J 个约束面的交集上，如图 6.1（b）所示，为保证方向 $\boldsymbol{d}^k$ 可行，要求 $\boldsymbol{d}^k$ 和 J 个约束函数在点 $\boldsymbol{X}^k$ 的梯度 $\nabla g_j(\boldsymbol{X}^k)(j=1,2,\cdots,J)$ 的夹角均大于等于 90°。其向量关系可表示为

$$[\nabla g_j(\boldsymbol{X}^k)]^{\mathrm{T}}\boldsymbol{d}^k \leqslant 0, \quad j=1,2,\cdots,J \tag{6.5}$$

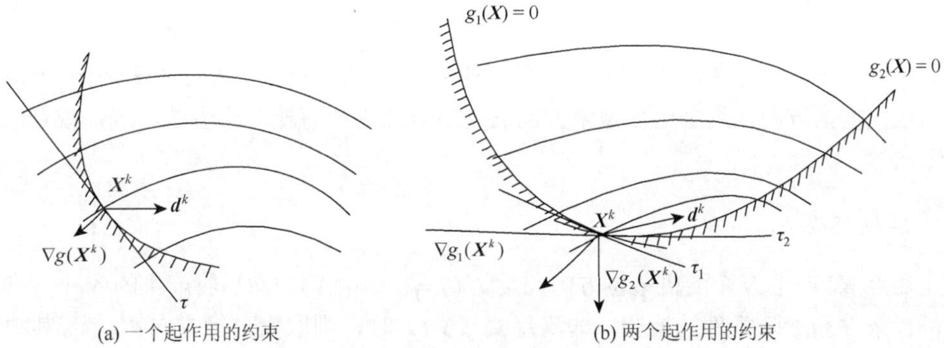

(a) 一个起作用的约束　　(b) 两个起作用的约束

图 6.1　约束函数关系示意图

2. 下降条件

下降条件是指沿该方向进行微小移动后，所得新点的目标函数值是下降的，如图 6.2 所示，满足下降条件的方向 $\boldsymbol{d}^k$ 应和目标函数在 $\boldsymbol{X}^k$ 点的梯度的夹角大于 90°。其向量关系可表示为

$$[\nabla f(\boldsymbol{X}^k)]^{\mathrm{T}}\boldsymbol{d}^k < 0 \tag{6.6}$$

满足可行条件和下降条件，即式（6.5）和式（6.6）同时成立的方向称为可行方向。根据式（6.5）和式（6.6）可知，可行方向位于约束曲面在点 $\boldsymbol{X}^k$ 的切线和目标函数等值线在点 $\boldsymbol{X}^k$ 的切线所围成的扇形区域内，该扇形区域称为可行下降方向区，如图 6.3 所示。

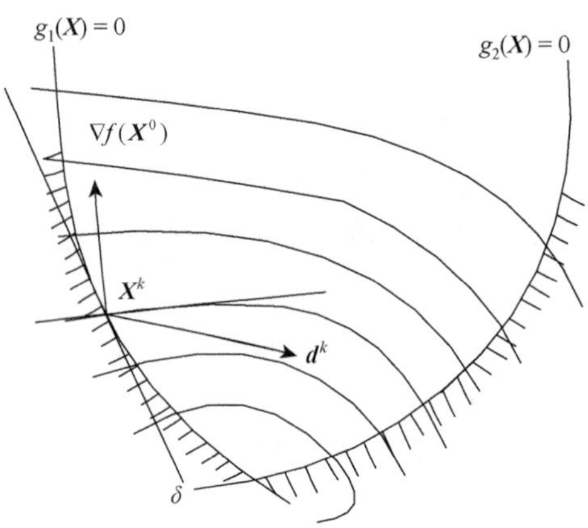

图 6.2　下降条件

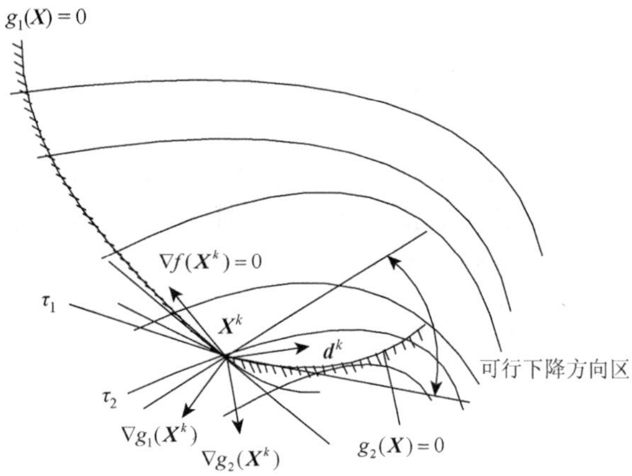

图 6.3　可行下降方向区

综上所述，当点 $\boldsymbol{X}^k$ 位于 J 个起作用的约束面上时，满足式（6.7）的方向 $\boldsymbol{d}^k$ 称为可行方向。

$$\begin{cases}[\nabla g_j(\boldsymbol{X}^k)]^{\mathrm{T}}\boldsymbol{d}^k \leqslant 0, j=1,2,\cdots,J \\ [\nabla f(\boldsymbol{X}^k)]^{\mathrm{T}}\boldsymbol{d}^k < 0\end{cases} \tag{6.7}$$

6.1.3　可行方向的生成方法

满足可行条件和下降条件的方向在可行下降方向区内，则在该区内寻找一个最有利的方向作为迭代搜索方向，这个迭代搜索方向的产生方法主要有随机产生法、线性规划法和梯度投影法等。

1. 随机产生法

先在点 $\boldsymbol{X}^k$ 产生 N 个随机单位方向向量 $\boldsymbol{d}^j (j=1,2,\cdots,N)$，然后将产生的 N 个方向逐个进行可行条件和下降条件的检验，即满足式（6.7）时，则取为可行方向 $\boldsymbol{d}^k$，若其中有 Q 个方向都满足式（6.7），则取这些可行方向中满足式（6.8）的方向为可行方向。

$$[\nabla f(\boldsymbol{X}^k)]^{\mathrm{T}}\boldsymbol{d}^k = \min\{[\nabla f(\boldsymbol{X}^k)]^{\mathrm{T}}\boldsymbol{d}^j, j=1,2,\cdots,Q\} \tag{6.8}$$

随机产生法生成的可行方向简单，容易编制程序实现。

2. 线性规划法

线性规划法适用于线性和非线性的不等式约束优化问题的可行方向生成，但不适用于等式约束。线性规划法的主要过程为：在由式（6.7）构成的可行下降方向区内选择一方

向 $\boldsymbol{d}$ 进行搜索，可得到一个使目标函数值下降的可行点。那么如何选择这个能使目标函数值下降最快的方向作为本次迭代的方向，这又变成一个以搜索方向 $\boldsymbol{d}$ 为设计变量的约束优化问题，这个新的约束优化问题的数学模型可写成式（6.9）。

$$\begin{cases} \min\ [\nabla f(\boldsymbol{X}^k)]^{\mathrm{T}}\boldsymbol{d} \\ \text{s.t.}\ \ [\nabla g_j(\boldsymbol{X}^k)]^{\mathrm{T}}\boldsymbol{d} \leqslant 0,\ j=1,2,\cdots,J \\ \qquad [\nabla f(\boldsymbol{X}^k)]^{\mathrm{T}}\boldsymbol{d} < 0 \\ \qquad \|\boldsymbol{d}_i\| \leqslant 1,\ i=1,2,\cdots,n \end{cases} \tag{6.9}$$

式中，$\boldsymbol{d}=[\boldsymbol{d}_1,\boldsymbol{d}_2,\cdots,\boldsymbol{d}_n]$。

在式（6.9）中，由于 $\nabla f(\boldsymbol{X}^k)$ 和 $[\nabla g_j(\boldsymbol{X}^k)]^{\mathrm{T}}(j=1,2,\cdots,J)$ 为常数向量，上述各函数均为设计变量 $\boldsymbol{d}$ 的线性函数，因此式（6.9）为一个线性规划问题，用线性规划法可求出使目标函数值下降最快的可行方向 $\boldsymbol{d}^*$ 为本次迭代的可行方向，即 $\boldsymbol{d}^k=\boldsymbol{d}^*$，即为最佳下降可行方向。

3. *梯度投影法*

梯度投影法主要用于求解线性约束优化问题。当沿约束面进行寻优搜索时，需要确定一个沿约束面运动的可行方向，一般取为 $-\nabla f(\boldsymbol{X}^k)$，但当点 $\boldsymbol{X}^k$ 目标函数的负梯度方向 $-\nabla f(\boldsymbol{X}^k)$ 不满足可行条件时，可将 $-\nabla f(\boldsymbol{X}^k)$ 方向投影到约束面（或约束面的交集）上，得到投影向量 $\boldsymbol{d}^k$，从图 6.4 中可以看出，该投影向量满足可行条件和下降条件。梯度投影法就是取该方向作为本次迭代的可行方向。可行方向可采用式（6.10）进行计算。

$$\boldsymbol{d}^k = -\boldsymbol{P}\nabla f(\boldsymbol{X}^k)/\|\boldsymbol{P}\nabla f(\boldsymbol{X}^k)\| \tag{6.10}$$

式中，$\nabla f(\boldsymbol{X}^k)$ 为点 $\boldsymbol{X}^k$ 的目标函数梯度；$\boldsymbol{P}$ 为投影算子，为 n 阶矩阵。

投影算子 $\boldsymbol{P}$ 可采用式（6.11）进行计算。

$$\boldsymbol{P} = \boldsymbol{I} - \boldsymbol{G}[\boldsymbol{G}^{\mathrm{T}}\boldsymbol{G}]^{-1}\boldsymbol{G}^{\mathrm{T}} \tag{6.11}$$

式中，$\boldsymbol{I}$ 为 n 阶单位矩阵；$\boldsymbol{G}$ 为 $n\times J$ 起作用约束函数的梯度矩阵，J 为起作用的约束函数个数。

$$\boldsymbol{G} = [\nabla g_1(\boldsymbol{X}^k),\nabla g_2(\boldsymbol{X}^k),\cdots,\nabla g_J(\boldsymbol{X}^k)] \tag{6.12}$$

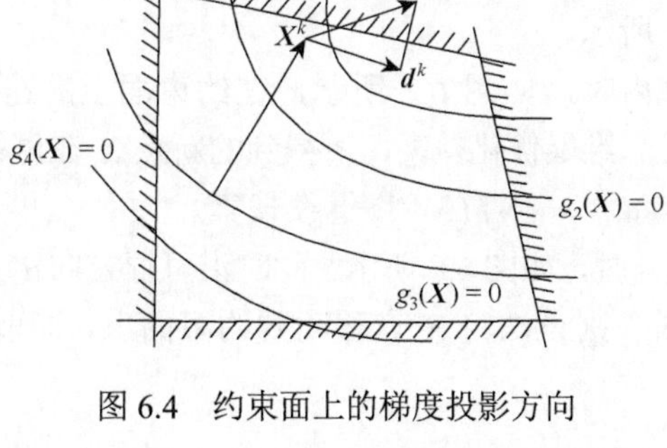

图 6.4　约束面上的梯度投影方向

6.1.4 搜索步长因子的确定

可行方向$\boldsymbol{d}^k$确定后，按式（6.13）计算新的迭代点时，需要确定步长因子α_k：

$$\boldsymbol{X}^{k+1} = \boldsymbol{X}^k + \alpha_k \boldsymbol{d}^k \tag{6.13}$$

式（6.13）中步长因子α_k的确定应使新的迭代点$\boldsymbol{X}^{k+1}$为可行点，且目标函数具有最大的下降量，确定步长因子α_k的方法主要有以下两种。

（1）α_k取最优步长因子。如图 6.5 所示，从点$\boldsymbol{X}^k$出发，沿$\boldsymbol{d}^k$方向进行一维最优化搜索，取最优步长因子α^*计算新点$\boldsymbol{X}^{k+1}$的值，$\boldsymbol{X}^{k+1} = \boldsymbol{X}^k + \alpha^* \boldsymbol{d}^k$，若新点$\boldsymbol{X}^{k+1}$为可行点，则本次迭代的步长因子取$\alpha_k = \alpha^*$。

（2）α_k取约束边界的最大步长因子。如图 6.6 所示，从$\boldsymbol{X}^k$点沿$\boldsymbol{d}^k$方向进行一维优化搜索，如果得到的新点$\boldsymbol{X}$为不可行点，根据可行方向法的搜索策略，应改变步长因子，使新点$\boldsymbol{X}$返回到约束面，使新点$\boldsymbol{X}$恰好位于约束面上的步长因子称为最大步长因子，记作α_M。则本次迭代的步长因子取$\alpha_k = \alpha_M$。

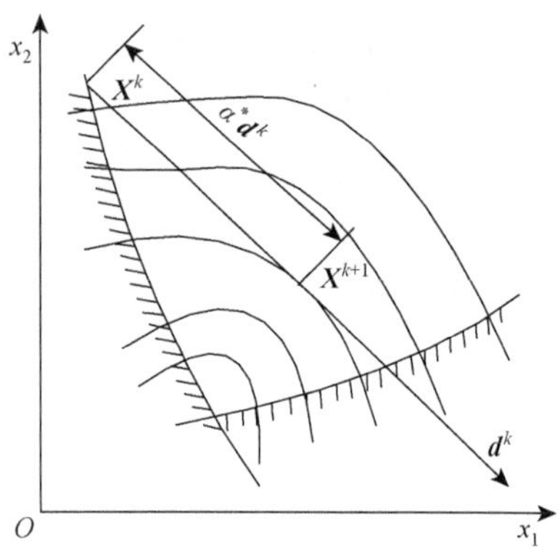

图 6.5　按最优步长因子确定新点

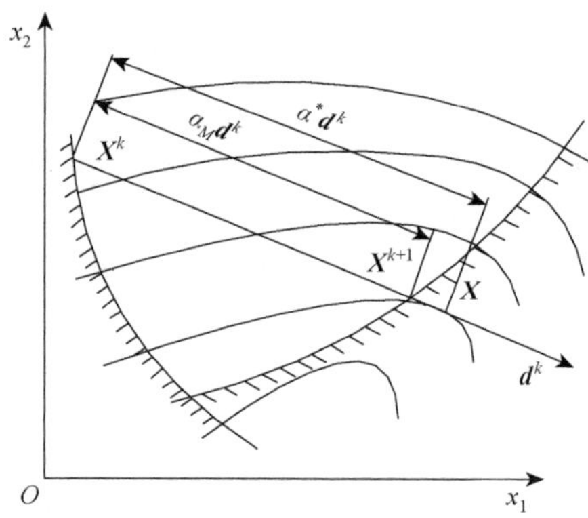

图 6.6　按最大步长因子确定新点

6.1.5 可行方向法的搜索策略

可行方向法的第 1 次迭代都是从可行的初始点$\boldsymbol{X}^0$出发，沿点$\boldsymbol{X}^0$的负梯度方向$\boldsymbol{d}^0 = -\nabla f(\boldsymbol{X}^0)$，将初始点移动到某一个约束面上或约束面的交集上，然后根据约束函数和目标函数的不同情况，采用不同的策略进行搜索，具体如图 6.7～图 6.10 所示。

采用的搜索策略如下所示。

（1）当新点在可行域内时，如图 6.7 所示，在约束面上的迭代点$\boldsymbol{X}^k$处，产生一个可行方向$\boldsymbol{d}^k$，沿此方向进行一维最优化搜索，所得到的新点$\boldsymbol{X}$在可行域内，即令$\boldsymbol{X}^{k+1} = \boldsymbol{X}$，再沿$\boldsymbol{X}^{k+1}$点的负梯度方向$\boldsymbol{d}^{k+1} = -\nabla f(\boldsymbol{X}^{k+1})$继续搜索。

（2）当新点在可行域外时，如图 6.8 所示。此时沿可行方向$\boldsymbol{d}^k$进行一维最优化搜索，所得到的新点$\boldsymbol{X}$在可行域外，则设法将$\boldsymbol{X}$点移动到约束面上，即取$\boldsymbol{d}^k$和约束面的交点作为新的迭代点$\boldsymbol{X}^{k+1}$。

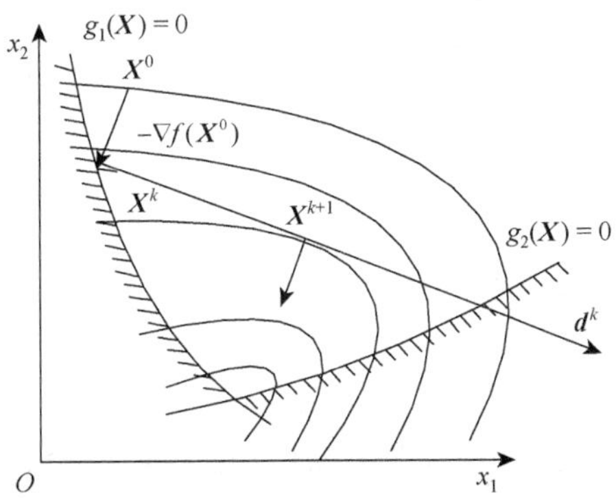

图 6.7　新点在可行域内的情况

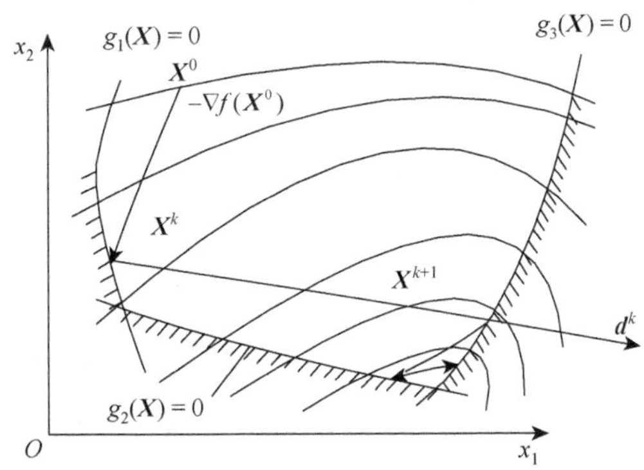

图 6.8　新点在可行域外的情况

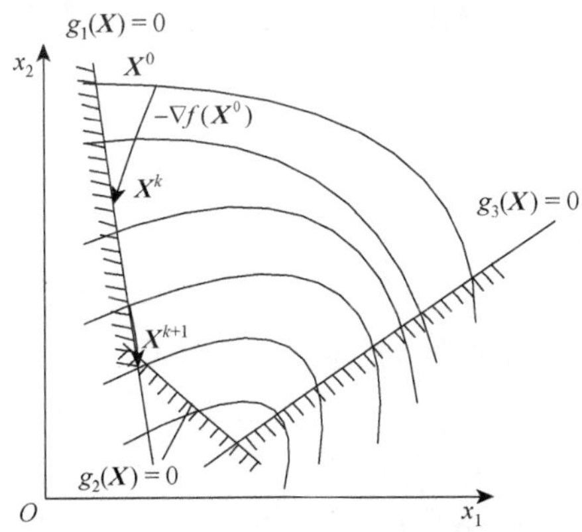

图 6.9　沿线性约束面的搜索

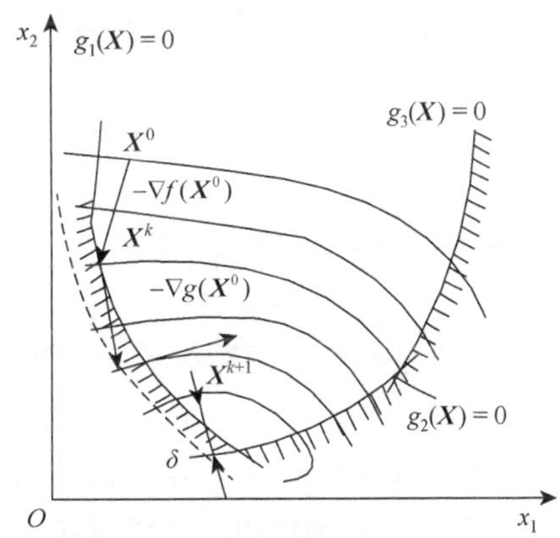

图 6.10　沿非线性约束面的搜索

（3）在图 6.9 和图 6.10 所示情况下，则采用沿约束面进行搜索的策略。对于只具有线性约束条件的非线性规划问题（图 6.9），从点 $\boldsymbol{X}^k$ 出发，沿约束面移动，在有限的几步内即可搜索到约束最优点；对于非线性约束函数（图 6.10），沿约束面移动将会进入非可行域，使问题变得复杂，此时，需将进入非可行域的新点 $\boldsymbol{X}$ 设法调整到约束面上，然后才能进行下一次迭代。调整的方法是先规定约束面容差 δ，建立新的约束边界，将已离开约束面的 $\boldsymbol{X}$ 点，沿起作用约束函数的负梯度方向 $-\nabla g(\boldsymbol{X})$ 返回到约束面，其计算公式为

$$\boldsymbol{X}^{k+1}=\boldsymbol{X}+\alpha_t\nabla g(\boldsymbol{X}) \tag{6.14}$$

式中，α_t 称为调整步长因子，可用试探法确定。

6.1.6 收敛条件

按可行方向法的原理，将设计点调整到约束面上，需要判断迭代是否收敛，即判断该迭代点是否为约束最优点。常用的收敛条件有以下三种。

（1）设计点 $\boldsymbol{X}^k$ 及约束面容差满足收敛精度 ε_1 和 ε_2，即满足式（6.15）所示条件时，迭代收敛，说明 $\boldsymbol{X}^k$ 已处于约束面上且已无法再减小目标函数值。

$$\begin{cases}[\nabla f(\boldsymbol{X}^k)]^{\mathrm{T}}\boldsymbol{d}^k \leqslant \varepsilon_1 \\ \delta \leqslant \varepsilon_2\end{cases} \tag{6.15}$$

（2）设计点 $\boldsymbol{X}^k$ 满足式（6.16）时，迭代收敛。

$$\begin{cases}\dfrac{\partial f}{\partial \boldsymbol{X}^k}=\nabla f(\boldsymbol{X}^k)+\sum\limits_{j=1}^{m}\mu_j \nabla g_j(\boldsymbol{X}^k)=0 \\ \mu_j \geqslant 0, \quad j=1,2,\cdots,m\end{cases} \tag{6.16}$$

式（6.16）说明 $-\nabla f(\boldsymbol{X}^k)$ 方向落在 m 个 $\nabla g_j(\boldsymbol{X}^k)$ $(j=1,2,\cdots,m)$ 方向构成的超角锥体内，这就是说，不可能存在一个方向 $\boldsymbol{d}^k$，满足式（6.16）所示的条件，因此，X^k 即为约束最优点。

（3）当已知点 $\boldsymbol{X}^k$ 满足梯度收敛精度 ε_3 时，如式（6.17）所示，不论 $\boldsymbol{X}^k$ 点是约束可行域内的自由点，还是约束面容差允许区域内的点，均为约束最优点。

$$\|\nabla f(\boldsymbol{X}^k)\| \leqslant \varepsilon_3 \tag{6.17}$$

6.1.7　可行方向法的迭代步骤

可行方向法的计算框图如图 6.11 所示，可行方向法的迭代步骤如下所示。

（1）在可行域内选择一个初始点 $\boldsymbol{X}^0$，给出约束面容差 δ 及收敛精度 ε。

（2）令迭代次数 $k=0$，第一次迭代搜索方向取 $\boldsymbol{d}^0=-\nabla f(\boldsymbol{X}^0)$。

（3）确定点 $\boldsymbol{X}^k$ 起作用的约束集合 $I_k=\{u \mid -\delta \leqslant g_u(\boldsymbol{X}^{(k)}) \leqslant \delta\}$。

（4）当起作用的约束集合为空，且点 $\boldsymbol{X}^k$ 在可行域内时，若 $\|\nabla f(\boldsymbol{X}^k)\| \leqslant \varepsilon$，则终止迭代计算，最优解为 $\boldsymbol{X}^*=\boldsymbol{X}^k$，$f(\boldsymbol{X}^*)=f(\boldsymbol{X}^k)$；否则，令 $\boldsymbol{d}^k=-\nabla f(\boldsymbol{X}^k)$，转入（7）。当起作用的约束集合不为空时，则转入（5）。

（5）如果点 $\boldsymbol{X}^k$ 满足 Kuhn-Tucker 条件：

$$\begin{cases}\dfrac{\partial f}{\partial \boldsymbol{X}^k}=\nabla f(\boldsymbol{X}^k)+\sum\limits_{j=1}^{m}\mu_j \nabla g_j(\boldsymbol{X}^k)=0 \\ \mu_j \geqslant 0, j=1,2,\cdots,m\end{cases} \tag{6.18}$$

则终止迭代计算，最优解为 $\boldsymbol{X}^*=\boldsymbol{X}^k$，$f(\boldsymbol{X}^*)=f(\boldsymbol{X}^k)$；否则，转入（6）。

（6）求解线性规划问题：

$$\begin{cases}\min\ [\nabla f(\boldsymbol{X}^k)]^{\mathrm{T}}\boldsymbol{d} \\ \text{s.t.}\ \ [\nabla g_j(\boldsymbol{X}^k)]^{\mathrm{T}}\boldsymbol{d} \leqslant 0,\ j=1,2,\cdots,J \\ \qquad [\nabla f(\boldsymbol{X}^k)]^{\mathrm{T}}\boldsymbol{d}<0 \\ \qquad \|\boldsymbol{d}_i\| \leqslant 1,\ i=1,2,\cdots,n\end{cases}$$

得到 $\boldsymbol{d}^*$，令 $\boldsymbol{d}^k=\boldsymbol{d}^*$。

（7）在方向 $\boldsymbol{d}^k=\boldsymbol{d}^*$ 上进行约束一维搜索，得到新点 $\boldsymbol{X}^{k+1}=\boldsymbol{X}^k+\alpha^k\boldsymbol{d}^k, k=1,2,\cdots$，令 $k=k+1$，转入（3）。

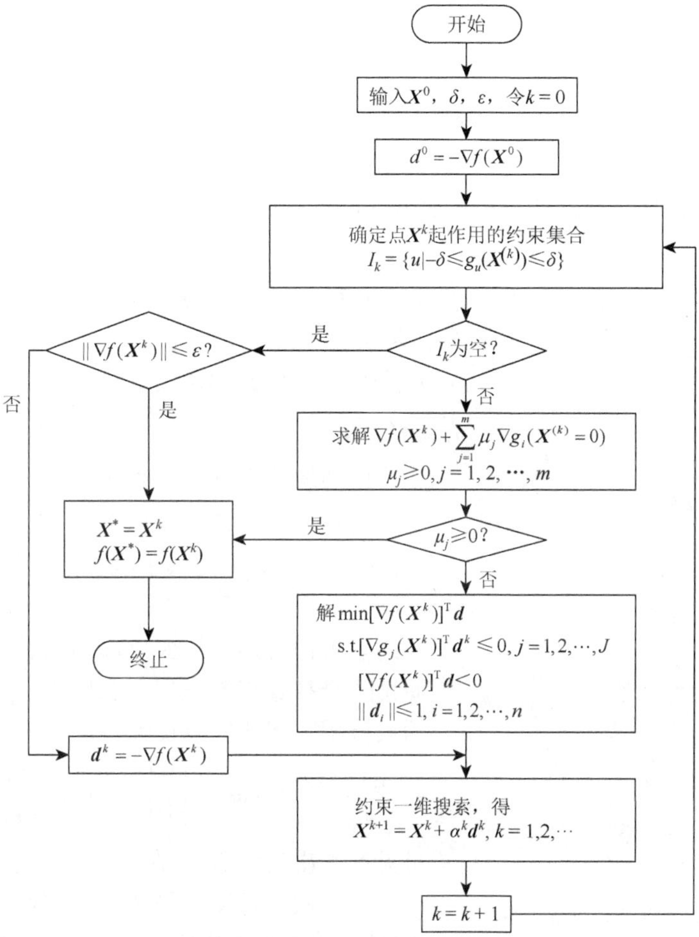

图 6.11　可行方向法的计算框图

例 6.1　用可行方向法求下列约束优化问题的约束最优解。

$$
\begin{cases}
\min\ f(X)=60-10x_1-4x_2+x_1^2+x_2^2-x_1x_2 \\
\text{s.t.}\ \ g_1(X)=-x_1\leqslant0 \\
\qquad g_2(X)=-x_2\leqslant0 \\
\qquad g_3(X)=x_1-6\leqslant0 \\
\qquad g_4(X)=x_2-8\leqslant0 \\
\qquad g_5(X)=x_1+x_2-11\leqslant0
\end{cases}
$$

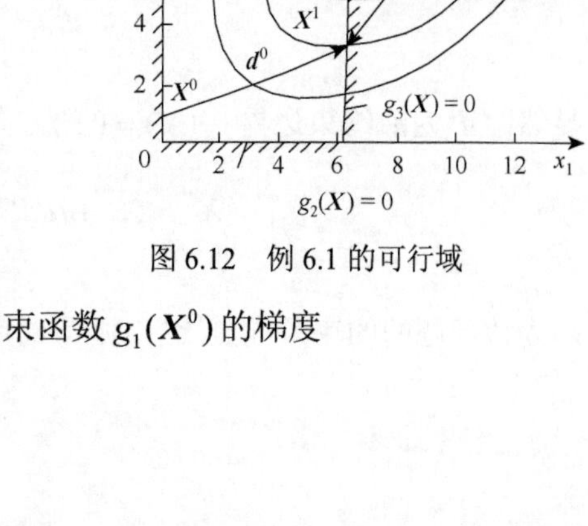

图 6.12　例 6.1 的可行域

解：为了进一步说明可行方向法的原理，求解时将先采用线性规划法，后采用梯度投影法来确定可行方向。该问题的可行域如图 6.12 所示。

取初始点 $X^0=[0,1]^{\mathrm{T}}$，为约束边界且 $g_1(X)=0$ 上的一点。第一次迭代用线性规划法确定可行方向。为此，首先计算点 X^0 的目标函数 $f(X^0)$ 和约束函数 $g_1(X^0)$ 的梯度

$$\nabla f(\boldsymbol{X}^0)=\begin{bmatrix}-10+2x_1-x_2\\-4+2x_2-x_1\end{bmatrix}=\begin{bmatrix}-11\\-2\end{bmatrix}$$

$$\nabla g_1(\boldsymbol{X}^0)=\begin{bmatrix}-1\\0\end{bmatrix}$$

为了在可行下降方向区内寻找最优方向，需求解一个可行方向 $\boldsymbol{d}=[d_1,d_2]^{\mathrm{T}}$ 为设计变量的线性规划问题，其数学模型为

$$\begin{cases}\min\ [\nabla f(\boldsymbol{X}^0)]^{\mathrm{T}}\boldsymbol{d}=-11d_1-2d_2\\ \text{s.t.}\quad [\nabla g_1(\boldsymbol{X}^0)]^{\mathrm{T}}\boldsymbol{d}=-d_1\leqslant 0\\ \qquad\ [\nabla f(\boldsymbol{X}^0)]^{\mathrm{T}}\boldsymbol{d}=-11d_1-2d_2\leqslant 0\\ \qquad\ d_1^2+d_2^2\leqslant 1\end{cases}$$

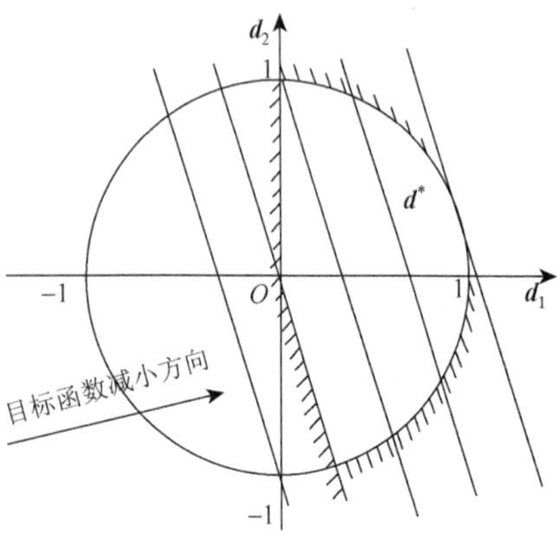

图 6.13　用线性规划法求最优方向

用图解法求解上述线性规划问题，如图 6.13 所示，得最优方向 $\boldsymbol{d}^*=[0.984,0.179]^{\mathrm{T}}$，它是目标函数等值线（直线束）和约束函数 $\boldsymbol{d}_1^2+\boldsymbol{d}_2^2=1$（半径为 1 的圆）的切点。第一次迭代的可行方向为 $\boldsymbol{d}^0=\boldsymbol{d}^*$。由约束条件可知步长因子 α_0 取值范围为 $[0,6.098]$，而由一维搜索得到最优步长因子 $\alpha_0=10.857$ 超出了约束范围，因此取步长因子 $\alpha_0=6.098$，则

$$\boldsymbol{X}^1=\boldsymbol{X}^0+\alpha_0\boldsymbol{d}^0=\begin{bmatrix}0\\1\end{bmatrix}+6.098\begin{bmatrix}0.984\\0.179\end{bmatrix}=\begin{bmatrix}6.000\\2.091\end{bmatrix}$$

可见第一次迭代点 $\boldsymbol{X}^1$ 在约束边界 $g_3(\boldsymbol{X}^1)=0$ 上。

第二次用梯度投影法来确定可行方向。迭代点 $\boldsymbol{X}^1$ 的目标函数负梯度 $-\nabla f(\boldsymbol{X}^1)=[0.092,5.818]^{\mathrm{T}}$，不满足方向的可行条件。现将 $-\nabla f(\boldsymbol{X}^1)$ 投影到约束边界 $g_3(\boldsymbol{X}^1)=0$ 上，按式（6.11）计算投影算子 $\boldsymbol{P}$。

$$\begin{aligned}\boldsymbol{P}&=\boldsymbol{I}-\nabla g_3(\boldsymbol{X}^1)\{[\nabla g_3(\boldsymbol{X}^1)]^{\mathrm{T}}\nabla g_3(\boldsymbol{X}^1)\}^{-1}[\nabla g_3(\boldsymbol{X}^1)]^{\mathrm{T}}\\&=\begin{bmatrix}1&0\\0&1\end{bmatrix}-\begin{bmatrix}1\\0\end{bmatrix}\left\{[1,0]\begin{bmatrix}1\\0\end{bmatrix}\right\}^{-1}[1,0]=\begin{bmatrix}0&0\\0&1\end{bmatrix}\end{aligned}$$

本次迭代的可行方向为

$$\boldsymbol{d}^1=\frac{-\boldsymbol{P}\nabla f(\boldsymbol{X}^1)}{\|\boldsymbol{P}\nabla f(\boldsymbol{X}^1)\|}=\begin{bmatrix}0\\1\end{bmatrix}$$

显然，$\boldsymbol{d}^1$ 为沿约束边界 $g_3(\boldsymbol{X})=0$ 的方向。若取 $\alpha_1=2.909$，则本次迭代点

$$\boldsymbol{X}^2=\boldsymbol{X}^1+\alpha_1\boldsymbol{d}^1=\begin{bmatrix}6.000\\2.091\end{bmatrix}+2.909\begin{bmatrix}0\\1\end{bmatrix}=\begin{bmatrix}6\\5\end{bmatrix}$$

即为该问题的约束最优点 $\boldsymbol{X}^*$，则得约束最优解 $\boldsymbol{X}^*=\begin{bmatrix}6\\5\end{bmatrix}$，$f(\boldsymbol{X}^*)=11$。

6.2 复合形法

复合形法是求解约束优化问题的一种重要的直接解法，由于复合形法在迭代过程中不需计算目标函数的梯度，也无须进行一维搜索，而且复合形的形状不必保持规则的图形，对目标函数及约束函数的性状又无特殊要求，因此该法的适应性较强，在优化设计中得到广泛应用。但在该法中，复合形各顶点的选择和替换，不仅要满足使目标函数值下降的要求，还应当满足所有的约束条件。因而随着设计变量和约束条件的增多，其计算效率将显著降低。

6.2.1 复合形法的基本原理

复合形法的基本原理是在 n 维设计空间的可行域内，选择 $k(n+1\leqslant k\leqslant 2n)$ 个可行点构造一个多面体（或多边形），这个多面体称为复合形。复合形的每个顶点都代表一种可行方案，对该复合形各顶点的目标函数值逐一进行计算和比较，找到目标函数值最大的顶点，称为最坏点，舍弃最坏点，以其余各点的中心为映射点，在最坏点和映射点之间连线，寻找一个既满足约束条件又使目标函数值有所下降的可行新点，并用此点代替最坏点，构成新的复合形，复合形的形状每改变一次，就向最优点移动一步，直至逼近最优点。

因此，对于求解式（6.2）的优化问题时，采用复合形法主要分为两步：①在设计空间内生成 k 个初始顶点，顶点的数目一般满足 $n+1\leqslant k\leqslant 2n$，构造一个初始复合形。如对于二维优化问题，在可行域内可构造一个三角形或四边形；②对该复合形进行迭代计算，即不断地用新的可行点代替复合形各顶点中的最坏点，不断产生新的复合形，逐步向约束最优点移动逼近，直到满足一定收敛精度。

6.2.2 初始复合形的生成

复合形法是在可行域内直接搜索最优点，要求初始复合形在可行域内生成，复合形的 $k(n+1\leqslant k\leqslant 2n)$ 个顶点必须都是可行点，如图 6.14 所示。也就是说，复合形是由 k 个顶点组成的一个多面体，每个顶点都必须满足所有的约束条件。例如，当 $n=2$ 时，即在可行域内构成一个三角形或四边形，如图 6.15 所示。当维数 $n\leqslant 5$ 时，复合形的顶点数 k 可取 $2n$ 个；当 $n>5$ 时，为了提高计算效率，可适当减少顶点数，但不能少于 $n+1$ 个。

生成初始复合形的方法有以下几种。

（1）由设计者人为给定 k 个可行点。由设计者预先给定 k 个可行点，构成初始复合形，此种方法适用在设计变量少、约束函数简单的情况下。当设计变量较多或约束函数复杂时，由设计者决定 k 个可行点常常很困难。

（2）由设计者选定一个可行点，随机产生其他各顶点。在设计空间维数多、约束条件多的条件下，一般设计者人为确定一个初始可行点，其余 $k-1$ 个可行点用随机法产生，即

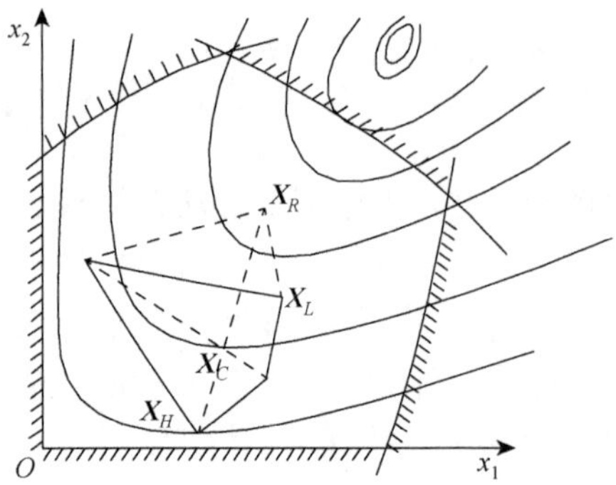

图 6.14　复合形法的算法原理

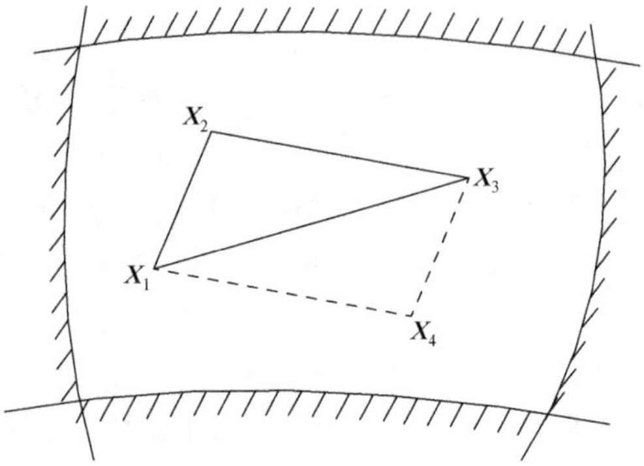

图 6.15　二维问题的初始复合形

$$x_i^j = a_i + r_i^j (b_i - a_i) \tag{6.19}$$

式中，x_i^j 为复合形中的第 j 个顶点第 i 个设计变量；a_i、b_i 为设计变量的下限和上限；r_i^j 为在（0, 1）区间内的伪随机数。

用式（6.19）产生的 $k+1$ 个随机点不一定都在可行域内，因此要设法将非可行点移到可行域内。通常采用的方法是，用式（6.20）求出已经在可行域内的 l 个顶点的中心点 $\boldsymbol{X}_C$：

$$\boldsymbol{X}_C = \frac{1}{l}\sum_{j=1}^{l}\boldsymbol{X}_j \tag{6.20}$$

然后将非可行点向中心点移动，即

$$\boldsymbol{X}'_{l+1} = \boldsymbol{X}_C + 0.5(\boldsymbol{X}_{l+1} - \boldsymbol{X}_C) \tag{6.21}$$

若得新点 $\boldsymbol{X}'_{l+1}$ 仍为不可行点，则可重复利用式（6.21），使其继续向中心点移动，直到成为可行点。按照这种方式，可以继续处理其余随机产生的点使其成为可行点，经过这样的处理后，全部成为可行点，就可构造一个所有顶点均在可行域内的初始复合形。事实上，只要可行域为凸集，其中心点必为可行点，用上述方法可以成功地在可行域内构成初始复合形。如果可行域为非凸集，如图 6.16 所示，中心点就不一定在可行域之内，则上述方法可能失败。此时可以通过改变设计变量的下限值和上限值，重新产生各顶点，有可能在可行域内生成初始复合形。

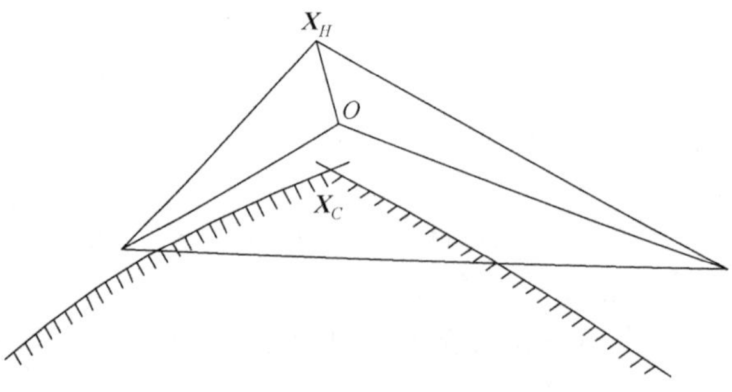

图 6.16　中心点 X_C 为非可行点的情况

6.2.3　搜索方向确定与复合形变形方法

在可行域内生成初始复合形后，将采用不同的搜索方法来改变其形状，使复合形逐步向约束最优点趋近。改变复合形形状的搜索方法主要有以下几种。

1. 反射

反射是改变复合形形状的一种主要策略，其计算步骤如下。

（1）计算复合形各顶点的目标函数值，并比较其大小，求出最好点 $\boldsymbol{X}_L$、最坏点 $\boldsymbol{X}_H$ 及次坏点 $\boldsymbol{X}_G$，即

$$\begin{aligned}&\boldsymbol{X}_L : f(\boldsymbol{X}_L)=\min\{f(\boldsymbol{X}_j)|_{1,2,3,\cdots,k}\}\\&\boldsymbol{X}_H : f(\boldsymbol{X}_H)=\max\{f(\boldsymbol{X}_j)|_{1,2,3,\cdots,k}\}\\&\boldsymbol{X}_G : f(\boldsymbol{X}_G)=\max\{f(\boldsymbol{X}_j)|_{1,2,3,\cdots,k}, j\neq H\}\end{aligned}$$

（2）计算除去最坏点 $\boldsymbol{X}_H$ 外的 $k-1$ 个顶点的中心点 $\boldsymbol{X}_C$ 为

$$\boldsymbol{X}_C=\frac{1}{k-1}\sum_{\substack{j=1\\j\neq h}}^{k}\boldsymbol{X}_j \tag{6.22}$$

（3）从统计的观点来看，一般情况下，最坏点 $\boldsymbol{X}_H$ 和中心点 $\boldsymbol{X}_C$ 的连线方向为目标函数下降的方向。为此，以点 $\boldsymbol{X}_C$ 为中心，将最坏点 $\boldsymbol{X}_H$ 按一定比例进行反射，有希望找到一个比最坏点 $\boldsymbol{X}_H$ 好的新点 $\boldsymbol{X}_R$，$\boldsymbol{X}_R$ 称为反射点，如图 6.17 所示。

$$\boldsymbol{X}_R=\boldsymbol{X}_C+\alpha(\boldsymbol{X}_C-\boldsymbol{X}_H) \tag{6.23}$$

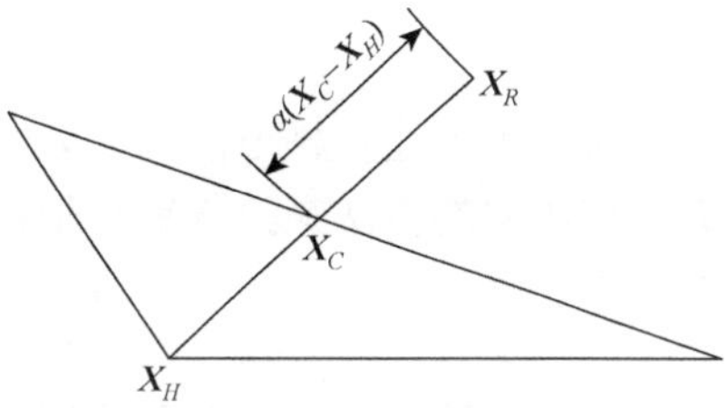

图 6.17　复合形的反射

式中，α 为反射系数，一般取 $\alpha=1.3$。

（4）判别反射点 $\boldsymbol{X}_R$ 的位置。若 $\boldsymbol{X}_R$ 为可行点，则比较 $\boldsymbol{X}_R$ 和 $\boldsymbol{X}_H$ 两点的目标函数值，如果 $f(\boldsymbol{X}_R)<f(\boldsymbol{X}_H)$，则用 $\boldsymbol{X}_R$ 取代 $\boldsymbol{X}_H$，构成新的复合形，完成一次迭代；如果 $f(\boldsymbol{X}_R)\geqslant f(\boldsymbol{X}_H)$，则将 α 缩小为原来的 70%，重新计算新的反射点，若仍不可行，继续缩小 α，直到 $f(\boldsymbol{X}_R)<f(\boldsymbol{X}_H)$。

若 $\boldsymbol{X}_R$ 为非可行点，则将 α 缩小为原来的 70%，重新计算反射点 $\boldsymbol{X}_R$，直至可行。然后重复以上步骤，即判别 $f(\boldsymbol{X}_R)$ 和 $f(\boldsymbol{X}_H)$ 的大小，一旦 $f(\boldsymbol{X}_R)<f(\boldsymbol{X}_H)$，就用 $\boldsymbol{X}_R$ 取代 $\boldsymbol{X}_H$ 完成一次迭代。

综上所述，反射成功的条件是

$$\begin{cases}g_j(\boldsymbol{X}_R)\leqslant 0, \ j=1,2,\cdots,m\\ f(\boldsymbol{X}_R)<f(\boldsymbol{X}_H)\end{cases} \tag{6.24}$$

2. 扩张

当求得的反射点 $\boldsymbol{X}_R$ 为可行点，且目标函数值下降较多时（如 $f(\boldsymbol{X}_R)<f(\boldsymbol{X}_C)$），则

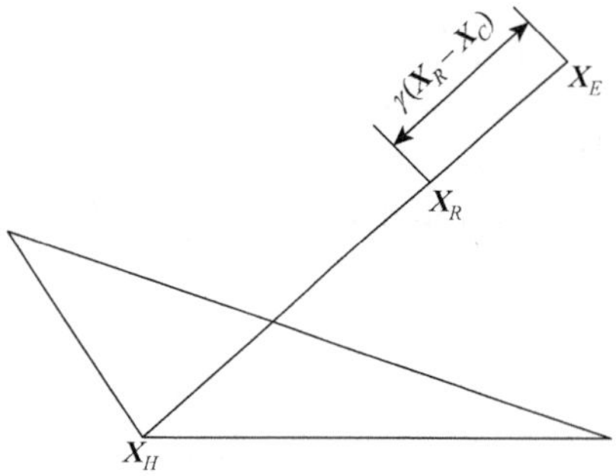

图 6.18　复合形的扩张

可沿此方向进一步扩大，即采用扩张的方法，可能找到更好的新点 $\boldsymbol{X}_E$，$\boldsymbol{X}_E$ 称为扩张点，如图 6.18 所示。其计算公式为

$$\boldsymbol{X}_E = \boldsymbol{X}_R + \gamma(\boldsymbol{X}_R - \boldsymbol{X}_C) \tag{6.25}$$

式中，γ 为扩张系数，一般 $\gamma > 1$。

若扩张点 $\boldsymbol{X}_E$ 为可行点，且 $f(\boldsymbol{X}_E) < f(\boldsymbol{X}_R)$，则称扩张成功，用 $\boldsymbol{X}_E$ 取代 $\boldsymbol{X}_H$，构成新的复合形。否则称扩张失败，放弃扩张，仍用原反射点 $\boldsymbol{X}_R$ 取代 $\boldsymbol{X}_H$，构成新的复合形。

3. 收缩

若在中心点 $\boldsymbol{X}_C$ 以外找不到好的反射点，还可以在 $\boldsymbol{X}_C$ 以内，即采用收缩的方法寻找较好的新点 $\boldsymbol{X}_K$，如图 6.19 所示，$\boldsymbol{X}_K$ 称为收缩点。

$$\boldsymbol{X}_K = \boldsymbol{X}_H + \beta(\boldsymbol{X}_C - \boldsymbol{X}_H) \tag{6.26}$$

式中，β 为收缩系数，一般 $\beta = 0.7$。

若 $f(\boldsymbol{X}_K) < f(\boldsymbol{X}_H)$，则称收缩成功，用 $\boldsymbol{X}_K$ 取代 $\boldsymbol{X}_H$，构成新的复合形。

4. 压缩

若采用上述各种方法均无效，还可以采取将复合形各顶点向最好点 $\boldsymbol{X}_L$ 靠拢的办法，即采用压缩的方法来改变复合形的形状，如图 6.20 所示。压缩后各顶点的计算公式为

$$\boldsymbol{X}_j = \boldsymbol{X}_L + 0.5(\boldsymbol{X}_L - \boldsymbol{X}_j), j = H, G$$

然后，再对压缩后的复合形采用反射、扩张或收缩等方法，继续改变复合形的形状。

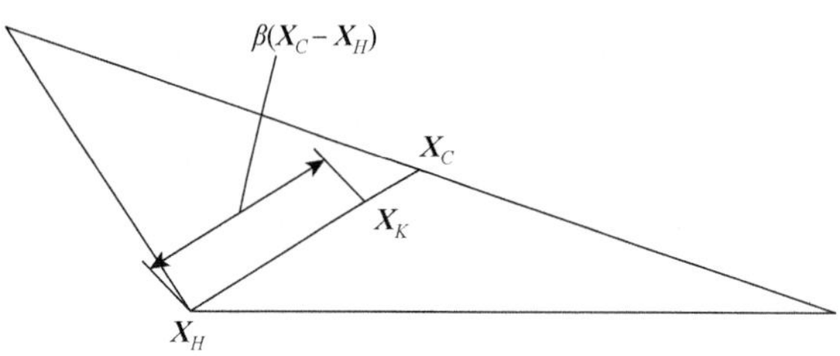

图 6.19　复合形的收缩

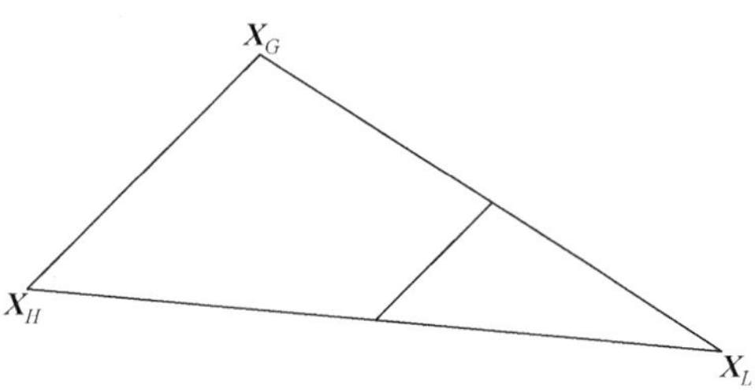

图 6.20　复合形的压缩

6.2.4　复合形法的计算步骤

基本的复合形法（只含反射）的计算步骤如下所示。

（1）选择复合形的顶点数 k，一般取 $n+1 \leqslant k \leqslant 2n$，在可行域内构成具有 k 个顶点的初始复合形。

（2）计算复合形各顶点的目标函数值，比较其大小，找出最好点 $\boldsymbol{X}_L$、最坏点 $\boldsymbol{X}_H$ 及次坏点 $\boldsymbol{X}_G$。

（3）计算除去最坏点 $\boldsymbol{X}_H$ 以外的 $k-1$ 个顶点的中心点 $\boldsymbol{X}_C$。判别 $\boldsymbol{X}_C$ 是否可行，若 $\boldsymbol{X}_C$ 为可行点，则转（4）；若 $\boldsymbol{X}_C$ 为非可行点，则重新确定设计变量的下限值和上限值，即令

$$\boldsymbol{a}=\boldsymbol{X}_L,\quad \boldsymbol{b}=\boldsymbol{X}_H \tag{6.27}$$

然后转（1），重新构造初始复合形。

（4）计算反射点 $\boldsymbol{X}_R$，必要时，改变反射系数 α 的值，直至满足反射成功条件。然后以 $\boldsymbol{X}_R$ 取代 $\boldsymbol{X}_H$，构成新的复合形。

（5）每次迭代后进行以下终止准则的检查，若下列收敛条件得到满足，计算终止，否则，转（2）。

$$\delta=\left\{\frac{1}{k-1}\sum_{j=1}^{k}[f(\boldsymbol{X}_j)-f(\boldsymbol{X}_L)]^2\right\}^{\frac{1}{2}}\leqslant\varepsilon \tag{6.28}$$

约束最优解为 $\boldsymbol{X}^*=\boldsymbol{X}_L, f(\boldsymbol{X}^*)=f(\boldsymbol{X}_L)$。

例 6.2　用复合形法求下列约束优化问题的最优解。

$$\begin{cases}\min\ f(\boldsymbol{X})=\dfrac{25}{x_1x_2^3}\\ \text{s.t.}\quad g_1(\boldsymbol{X})=\dfrac{30}{x_1x_2^3}-50\leqslant 0\\ \qquad g_2(\boldsymbol{X})=0.0004x_1x_2-0.001\leqslant 0\\ \qquad g_3(\boldsymbol{X})=2-x_1\leqslant 0\\ \qquad g_4(\boldsymbol{X})=x_1-4\leqslant 0\\ \qquad g_5(\boldsymbol{X})=0.5-x_2\leqslant 0\\ \qquad g_6(\boldsymbol{X})=x_2-1\leqslant 0\end{cases}$$

解：（1）取复合形的顶点数 $k=2n=4$，用随机法产生初始复合形的顶点。由式 $\boldsymbol{X}_j=a+r_j(b-a)(j=1,2,\cdots,4)$，取伪随机数 $r_1=0.1$，$r_2=0.2$，$r_3=0.3$，$r_4=0.4$，则初始复合形的 4 个顶点的 x_1、x_2 坐标分量为

$$\begin{aligned}&x_{11}^0=2+0.1\times(4-2)=2.2,\quad x_{21}^0=0.5+0.1\times(1-0.5)=0.55\\&x_{12}^0=2+0.2\times(4-2)=2.4,\quad x_{22}^0=0.5+0.2\times(1-0.5)=0.6\\&x_{13}^0=2+0.3\times(4-2)=2.6,\quad x_{23}^0=0.5+0.3\times(1-0.5)=0.65\\&x_{14}^0=2+0.4\times(4-2)=2.8,\quad x_{24}^0=0.5+0.4\times(1-0.5)=0.7\end{aligned}$$

则初始复合形的 4 个顶点坐标为

$$\boldsymbol{X}_1^0=\begin{bmatrix}2.2\\0.55\end{bmatrix},\ \boldsymbol{X}_2^0=\begin{bmatrix}2.4\\0.6\end{bmatrix},\ \boldsymbol{X}_3^0=\begin{bmatrix}2.6\\0.65\end{bmatrix},\ \boldsymbol{X}_4^0=\begin{bmatrix}2.8\\0.7\end{bmatrix}$$

检验各顶点是否可行，将各顶点的坐标值代入各约束条件，均满足约束条件，所以初始复合形选择可行。

（2）计算各顶点的函数值并比较它们的大小，以便确定最好点 $\boldsymbol{X}_L^0$、最坏点 $\boldsymbol{X}_H^0$ 及次坏点 $\boldsymbol{X}_G^0$。

$$f(\boldsymbol{X}_1^0)=\frac{25}{2.2\times 0.55^3}=68.3013,\quad f(\boldsymbol{X}_2^0)=\frac{25}{2.4\times 0.6^3}=48.2253$$

$$f(\boldsymbol{X}_3^0)=\frac{25}{2.6\times 0.65^3}=35.0128,\quad f(\boldsymbol{X}_4^0)=\frac{25}{2.8\times 0.7^3}=26.0308$$

最好点 $\boldsymbol{X}_L^0$ 为 $\boldsymbol{X}_4^0=\begin{bmatrix}2.8\\0.7\end{bmatrix}$，最坏点 $\boldsymbol{X}_H^0$ 为 $\boldsymbol{X}_1^0=\begin{bmatrix}2.2\\0.55\end{bmatrix}$，次坏点 $\boldsymbol{X}_G^0$ 为 $\boldsymbol{X}_2^0=\begin{bmatrix}2.4\\0.6\end{bmatrix}$。

（3）计算除去最坏点 $\boldsymbol{X}_H^0$ 以外的 $k-1$ 个顶点的中心点 $\boldsymbol{X}_C^0$：

$$\boldsymbol{X}_C^0=\frac{1}{k-1}\sum_{j=1}^{k}\boldsymbol{X}_j^0=\frac{1}{k-1}(\boldsymbol{X}_2^0+\boldsymbol{X}_3^0+\boldsymbol{X}_4^0)$$

$$=\frac{1}{4-1}\left\{\begin{bmatrix}2.4\\0.6\end{bmatrix}+\begin{bmatrix}2.6\\0.65\end{bmatrix}+\begin{bmatrix}2.8\\0.7\end{bmatrix}\right\}=\frac{1}{3}\begin{bmatrix}7.8\\1.95\end{bmatrix}=\begin{bmatrix}2.6\\0.65\end{bmatrix}$$

将此结果代入约束条件，可知 $\boldsymbol{X}_C^0$ 在可行域内。

（4）计算最坏点 $\boldsymbol{X}_H^0$ 的反射点 $\boldsymbol{X}_R^0$，按式（6.23），取 $\alpha=1.3$。

$$\boldsymbol{X}_R^0=\boldsymbol{X}_C^0+\alpha(\boldsymbol{X}_C^0-\boldsymbol{X}_H^0)=\begin{bmatrix}2.6\\0.65\end{bmatrix}+1.3\left\{\begin{bmatrix}2.6\\0.65\end{bmatrix}-\begin{bmatrix}2.2\\0.55\end{bmatrix}\right\}=\begin{bmatrix}3.12\\0.78\end{bmatrix}$$

将此结果代入约束条件，可知 $\boldsymbol{X}_R^0$ 在可行域内。

计算 $f(\boldsymbol{X}_R^0)=\dfrac{25}{3.12\times 0.78^3}=16.8850$ 和 $f(\boldsymbol{X}_H^0)=f(\boldsymbol{X}_1^0)=68.3013$，并比较。因为 $f(\boldsymbol{X}_R^0)<f(\boldsymbol{X}_H^0)$，故可用新点 $\boldsymbol{X}_R^0$ 替换 $\boldsymbol{X}_1^0$，构成新的复合形，计算各顶点的函数值，比较它们的大小，确定最好点 $\boldsymbol{X}_L^1$、最坏点 $\boldsymbol{X}_H^1$ 及次坏点 $\boldsymbol{X}_G^1$。

$$\boldsymbol{X}_1^1=\boldsymbol{X}_1^0=\begin{bmatrix}3.12\\0.78\end{bmatrix}=\boldsymbol{X}_L^1,\quad \boldsymbol{X}_2^1=\boldsymbol{X}_2^0=\begin{bmatrix}2.4\\0.6\end{bmatrix}=\boldsymbol{X}_H^1$$

$$\boldsymbol{X}_3^1=\boldsymbol{X}_3^0=\begin{bmatrix}2.6\\0.65\end{bmatrix}=\boldsymbol{X}_G^1,\quad \boldsymbol{X}_4^1=\boldsymbol{X}_4^0=\begin{bmatrix}2.8\\0.7\end{bmatrix}$$

（5）计算除去最坏点 $\boldsymbol{X}_H^1$ 以外的 $k-1$ 个顶点的中心点 $\boldsymbol{X}_C^1$：

$$\boldsymbol{X}_C^1=\frac{1}{k-1}\sum_{j=1}^{k}\boldsymbol{X}_j^1=\frac{1}{k-1}(\boldsymbol{X}_1^1+\boldsymbol{X}_3^1+\boldsymbol{X}_4^1)$$

$$=\frac{1}{4-1}\left\{\begin{bmatrix}3.12\\0.78\end{bmatrix}+\begin{bmatrix}2.6\\0.65\end{bmatrix}+\begin{bmatrix}2.8\\0.7\end{bmatrix}\right\}=\begin{bmatrix}2.84\\0.71\end{bmatrix}$$

将此结果代入约束条件，证明 $\boldsymbol{X}_C^1$ 在可行域内。

（6）计算最坏点 $\boldsymbol{X}_H^1$ 的反射点 $\boldsymbol{X}_R^1$，取 $\alpha=1.3$。

$$\boldsymbol{X}_R^1=\boldsymbol{X}_C^1+\alpha(\boldsymbol{X}_C^1-\boldsymbol{X}_H^1)=\begin{bmatrix}2.84\\0.71\end{bmatrix}+1.3\left\{\begin{bmatrix}2.84\\0.71\end{bmatrix}-\begin{bmatrix}2.4\\0.6\end{bmatrix}\right\}=\begin{bmatrix}3.412\\0.853\end{bmatrix}$$

代入约束条件检验，表明不满足第二个约束条件，故应将 α 缩小为原来的 70%，即取 $\alpha=0.91$，重新计算反射点 $\boldsymbol{X}_R^1$：

$$\boldsymbol{X}_R^1=\begin{bmatrix}2.84\\0.71\end{bmatrix}+0.91\left\{\begin{bmatrix}2.84\\0.71\end{bmatrix}-\begin{bmatrix}2.4\\0.6\end{bmatrix}\right\}=\begin{bmatrix}3.240\\0.810\end{bmatrix}$$

将此结果代入约束条件，可知 $\boldsymbol{X}_R^1$ 在可行域内。

计算 $f(\boldsymbol{X}_R^1)$ 与 $f(\boldsymbol{X}_H^1)$，即

$$f(\boldsymbol{X}_R^1)=\frac{25}{3.240\times 0.810^3}=14.5191$$

$$f(\boldsymbol{X}_H^1)=f(\boldsymbol{X}_2^1)=48.2253$$

比较 $f(\boldsymbol{X}_R^1)$ 与 $f(\boldsymbol{X}_H^1)$。因为 $f(\boldsymbol{X}_R^1)<f(\boldsymbol{X}_H^1)$，故可用新点 $\boldsymbol{X}_R^1$ 替换 $\boldsymbol{X}_2^1$，构成新的复合形，依次重复上述步骤，直至满足收敛条件式（6.28）时，取复合形各顶点中函数值最小的点作为最优解。

6.3　惩罚函数法

前面叙述的可行方向法和复合形法都属于约束优化问题的直接解法，这些方法都是在搜索过程中，使每个迭代点同时满足适用性、可行性两个条件，由此直接处理约束条件。惩罚函数法则属于求解约束优化问题的间接方法，其基本原则是通过某种办法对约束条件加以处理，将约束优化问题转化成无约束优化问题，这样就可以直接调用无约束优化方法求解约束优化问题。当然，这种转化必须满足两个前提条件：一是不破坏原约束问题的约束条件，二是转化后的无约束最优解必须归结到原约束问题的最优解上。

惩罚函数法的特点是能求解等式约束、不等式约束及两种约束兼有的优化问题，其基本思想是将约束优化问题转化为一系列的无约束优化问题来求解，逐步逼近目标函数的最优解。采用该方法求解时，是在原有目标函数基础上，构造一些与约束函数相关的项，形成一个新的目标函数，也称为惩罚函数，并以它取代原有目标函数，然后采用无约束优化方法求解构建的新目标函数的最优解。

对于一般的约束优化问题的数学模型（式（6.1）），依据惩罚函数法的思想，这个数学模型可以转化为一个如下的无约束优化问题：

$$\min\phi(\boldsymbol{X},\boldsymbol{r}^{(k)},\boldsymbol{m}^{(k)}),\quad \boldsymbol{X}\in\mathbf{R}^n \tag{6.29}$$

构造新目标函数的一般形式为

$$\phi(\boldsymbol{X},\boldsymbol{r}^{(k)},\boldsymbol{m}^{(k)})=F(\boldsymbol{X})+\boldsymbol{r}^{(k)}\sum_{u=1}^{p}G[g_u(\boldsymbol{X})]+\boldsymbol{m}^{(k)}\sum_{v=1}^{q}H[h_v(\boldsymbol{X})] \tag{6.30}$$

式中，$\phi(\boldsymbol{X},\boldsymbol{r}^{(k)},\boldsymbol{m}^{(k)})$ 称为惩罚函数；$\boldsymbol{r}^{(k)}$、$\boldsymbol{m}^{(k)}$ 称为惩罚因子，是大于零的可调参数；$G[g_u(\boldsymbol{X})]$、$H[h_v(\boldsymbol{X})]$ 为分别由 $g_u(\boldsymbol{X})$、$h_v(\boldsymbol{X})$ 构造的复合函数；$\boldsymbol{r}^{(k)}\sum_{u=1}^{p}G[g_u(\boldsymbol{X})]$ 和 $\boldsymbol{m}^{(k)}\sum_{v=1}^{q}H[h_v(\boldsymbol{X})]$ 为与不等式约束、等式约束有关的惩罚项。

在式（6.30）的惩罚函数中，既包含了原目标函数 $F(\boldsymbol{X})$，又包含了约束函数 $g_u(\boldsymbol{X})$ 和 $h_v(\boldsymbol{X})$，是一个关于设计变量的无约束优化问题，可以用无约束优化方法求解出最优解，是用惩罚函数 $\phi(\boldsymbol{X},\boldsymbol{r}^{(k)},\boldsymbol{m}^{(k)})$ 逼近原目标函数 $F(\boldsymbol{X})$ 的一种函数逼近过程。

惩罚函数法的关键是恰当地构造函数 $G[g_u(\boldsymbol{X})]$ 和 $H[h_v(\boldsymbol{X})]$，在对转化获得的无约束优化问题的求解过程中，每调整一次惩罚因子 $\boldsymbol{r}^{(k)}$、$\boldsymbol{m}^{(k)}$，要相应地对惩罚函数进行一

次无约束优化问题的求解，通过不断地调整惩罚因子，就能使目标函数的最优解逐渐趋近于原约束优化问题的最优解。可见，惩罚函数法是用一系列的无约束优化解逼近最优点，故通常称为序列无约束极小化方法（sequential unconstrained minimization technique，SUMT）。

根据惩罚项构造方法的不同，惩罚函数法有内点惩罚函数法（内点法）、外点惩罚函数法（外点法）与混合惩罚函数法（混合法）之分。内点法和外点法的区别在于构造不等式约束函数惩罚项的处理上有所不同，如式（6.31）所示。

$$\begin{cases} G[g_u(\boldsymbol{X})]=\begin{cases} -\dfrac{1}{g_u(\boldsymbol{X})}\text{或}\ln[-g_u(\boldsymbol{X})] & (\text{内点形式}) \\ \{\max[0,g_u(\boldsymbol{X})]\}^2 & (\text{外点形式}) \end{cases} \\ H[h_v(\boldsymbol{X})]=[h_v(\boldsymbol{X})]^2 \end{cases} \tag{6.31}$$

不论哪一种形式，惩罚项的函数值总是为正。因此，惩罚函数 $\phi(\boldsymbol{X},\boldsymbol{r}^{(k)},\boldsymbol{m}^{(k)})$ 的值始终大于原目标函数 $F(\boldsymbol{X})$ 的值。为了使惩罚函数最终能收敛到原目标函数的同一最优解，可通过对参数 $\boldsymbol{r}^{(k)}$、$\boldsymbol{m}^{(k)}$ 的不断调整，使其惩罚项对 $F(\boldsymbol{X})$ 的惩罚作用在搜索过程中趋于减弱并最终消失。

可以证明，当惩罚项和惩罚函数满足

$$\begin{cases} \lim\limits_{k\to\infty}\boldsymbol{r}^{(k)}\sum\limits_{u=1}^{p}G[g_u(\boldsymbol{X})]=0 \\ \lim\limits_{k\to\infty}\boldsymbol{m}^{(k)}\sum\limits_{v=1}^{q}H[h_v(\boldsymbol{X})]=0 \\ \lim\limits_{k\to\infty}\phi(\boldsymbol{X}_k^*,\boldsymbol{r}^{(k)},\boldsymbol{m}^{(k)})=F(\boldsymbol{X}_k^*) \end{cases} \tag{6.32}$$

时，式（6.29）的无约束优化问题所产生的极小值点序列 $\boldsymbol{X}_k^*$ 将逐步逼近原约束优化问题式（6.1）的最优解，即有

$$\lim_{k\to\infty}\boldsymbol{X}_k^*=\boldsymbol{X}^* \tag{6.33}$$

由此表明，惩罚函数法是用惩罚函数 $\phi(\boldsymbol{X},\boldsymbol{r}^{(k)},\boldsymbol{m}^{(k)})$ 逼近原目标函数 $F(\boldsymbol{X})$ 的一种函数逼近过程。

6.3.1 外点惩罚函数法

1. 外点惩罚函数法基本原理

外点惩罚函数法既可以求解不等式约束优化问题，又可用来求解等式约束优化问题。该方法的基本策略是将惩罚函数定义在可行域的外部，根据约束特点（等式或不等式）构造某种惩罚函数，然后把它加到目标函数中，将约束优化问题的求解转化为一系列无约束问题的求解，从可行域的外部逐渐逼近原约束优化问题的最优解。

对于目标函数 $f(\boldsymbol{X})$ 可构造一般形式的外点惩罚函数为

$$\phi(\boldsymbol{X},M_k)=f(\boldsymbol{X})+M_k\alpha(\boldsymbol{X}) \tag{6.34}$$

式中，$\alpha(\boldsymbol{X})$ 称为惩罚函数；M_k 称为惩罚因子。

惩罚函数 $\alpha(\boldsymbol{X})$ 为

$$\alpha(\boldsymbol{X})=\sum_{v=1}^{q}[h_v(\boldsymbol{X})]^2+\sum_{u=1}^{p}[g_u(\boldsymbol{X})]^2u[g_u(\boldsymbol{X})] \tag{6.35}$$

根据可行域 D 的不同，式（6.35）中惩罚函数 $\alpha(\boldsymbol{X})$ 有不同的处理。

$$\begin{cases}\alpha(\boldsymbol{X})=0, & \boldsymbol{X}\in D\\ \alpha(\boldsymbol{X})>0, & \boldsymbol{X}\notin D\end{cases},\quad u[g_u(\boldsymbol{X})]=\begin{cases}0, & g_u(\boldsymbol{X})\leqslant 0\\ 1, & g_u(\boldsymbol{X})>0\end{cases}$$

惩罚因子 $M_k>0$ 是一个逐渐增大的参数，而外点惩罚函数 $\phi(\boldsymbol{X},M_k)$ 是定义在 $\mathbf{R}^n$ 上的一个无约束函数。由外点惩罚函数的构造可知：当 $\boldsymbol{X}\in D$ 时，$\phi(\boldsymbol{X},M_k)=f(\boldsymbol{X})$，此时 $\phi(\boldsymbol{X},M_k)$ 的最优解就是所求优化问题的最优解；当 $\boldsymbol{X}\notin D$ 时，$\phi(\boldsymbol{X},M_k)$ 的最优解就不一定是所求优化问题的最优解。

当 $\boldsymbol{X}\notin D$ 时，$\phi(\boldsymbol{X},M_k)$ 在 $\boldsymbol{X}$ 点处的函数值迅速增大。也就是说，可行域外的任一点 $\boldsymbol{X}$ 处的函数值 $\phi(\boldsymbol{X},M_k)$ 都相当大。此时要求 $\phi(\boldsymbol{X},M_k)$ 在 $\mathbf{R}^n$ 中的最优解，只能让点 $\boldsymbol{X}$ 回到 D 内，然而一旦当点 $\boldsymbol{X}$ 回到可行域 D 内，即 $\boldsymbol{X}\in D$，此时 $\phi(\boldsymbol{X},M_k)$ 与所求优化问题有相同的最优解。

当点 $\boldsymbol{X}\notin D$ 时，$\phi(\boldsymbol{X},M_k)$ 迅速变大是通过惩罚因子 M_k 实现的。简言之，外点惩罚函数法的思想是，当点 $\boldsymbol{X}\notin D$ 时，设法加大不可行点处的函数值，使不可行点不能成为 $\phi(\boldsymbol{X},M_k)$ 在 $\mathbf{R}^n$ 中的最优解。

一般地，在用外点惩罚函数法求解优化问题时，首先构造外点惩罚函数 $\phi(\boldsymbol{X},M_k)$，然后按照无约束优化方法求解。如果求出 $\phi(\boldsymbol{X},M_k)$ 的最优解为 $\boldsymbol{X}_M$，则判断 $\boldsymbol{X}_M$ 是否属于 D。如果 $\boldsymbol{X}_M\in D$，则 $\boldsymbol{X}_M$ 是优化问题的最优解；如果 $\boldsymbol{X}_M\notin D$，则不是优化问题的最优解。此时说明原来的惩罚因子给小了，需加大惩罚因子，使得 $M_{k+1}>M_k$，然后再重新计算 $\phi(\boldsymbol{X},M_k)$ 的最优解。

2. 外点惩罚函数法迭代步骤

外点惩罚函数法的迭代步骤如下所示。

（1）给定初始点 $\boldsymbol{X}^0$、收敛精度 ε、初始惩罚因子 M_1（可取 $M_1=1$）和惩罚因子系数 $C\,(C>1)$，令 $k=1$。

（2）构造外点惩罚函数 $\phi(\boldsymbol{X},M_k)=f(\boldsymbol{X})+M_k\alpha(\boldsymbol{X})$，惩罚函数 $\alpha(\boldsymbol{X})$ 按式（6.35）构造。

（3）求解无约束问题 $\min\phi(\boldsymbol{X},M_k)$ 的极值点，设其极小值点为 $\boldsymbol{X}^*(M_k)$。

（4）检验迭代终止准则，若满足 $\|\boldsymbol{X}^*(M_k)-\boldsymbol{X}^*(M_{k-1})\|\leqslant\varepsilon$，则停止迭代计算，最优点 $\boldsymbol{X}^*=\boldsymbol{X}^*(M_k)$；否则，转（5）。

（5）取 $M_{k+1}=CM_k$，$k=k+1$，转（2）继续。

例 6.3　求解如下的等式约束优化问题。

$$\begin{cases}\min & f(\boldsymbol{X})=x_1^2+x_2^2\\ \text{s.t.} & h(\boldsymbol{X})=x_2-1=0\end{cases}$$

解：可以看出，本题的约束最优解为 $\boldsymbol{X}^*=[0,\ 1]^{\mathrm{T}}, f(\boldsymbol{X}^*)=1.0$，现用外点惩罚函数法解这个约束优化问题。根据式（6.34）构造外点惩罚函数 $\phi(\boldsymbol{X},M_k)=x_1^2+x_2^2+M_k(x_2-1)^2$。

由 $\dfrac{\partial\phi}{\partial x_1}=0,\quad \dfrac{\partial\phi}{\partial x_2}=0$，解得 $\boldsymbol{X}^*(M_k)=\left[0,\dfrac{M_k}{1+M_k}\right]^{\mathrm{T}}$。

给定一个惩罚因子 M_k，即可求得极小值点 $\boldsymbol{X}^*(M_k)$，可以看出 $\boldsymbol{X}^*(M_k)$ 不是可行点，且有 $\lim\limits_{M_k\to\infty}\boldsymbol{X}^*(M_k)=[0,1]^{\mathrm{T}}$，图 6.21 给出了不同 M_k 时 $\boldsymbol{X}^*(M_k)$ 的轨迹，有助于进一步理解用外点惩罚函数法求极小值点序列 $\{\boldsymbol{X}^*(M_k)\}$ 时怎样收敛于约束最优点 $\boldsymbol{X}^*$。

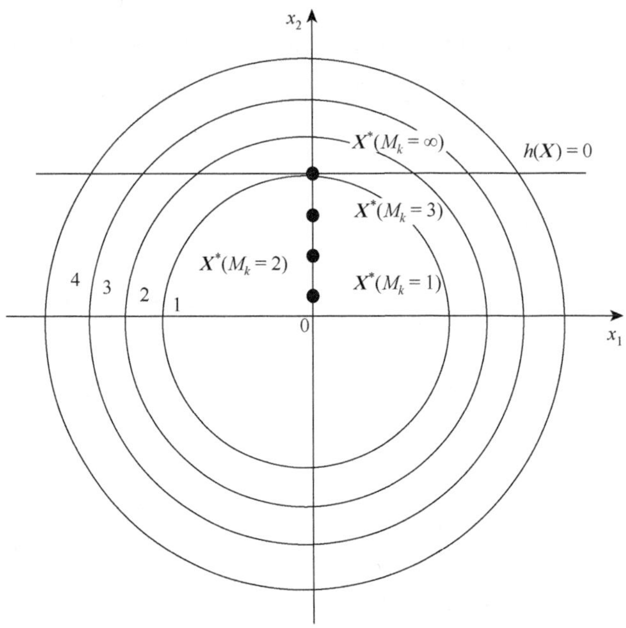

图 6.21　不同惩罚因子的影响

例 6.4　用外点惩罚函数法求解下列不等式优化问题

$$\begin{cases}\min & f(x)=(x-1)^2\\ \text{s.t.} & x-2\geqslant 0\end{cases}$$

解：构造外点惩罚函数为

$$\phi(x,M_k)=(x-1)^2+M_k(x-2)^2u(x-2)$$

按阶跃函数的定义，

$$\phi(x,M_k)=\begin{cases}(x-1)^2, & x\geqslant 2\\ (x-1)^2+M_k(x-2)^2, & x<2\end{cases}$$

图 6.22 给出了 $M_k=0,1,10$ 时，外点惩罚函数 $\phi(x,M_k)$ 的图形，由图可以看出，$\phi(x,M_k)$ 的极小值点 x_{M_k} 不属于可行域。因此只需考虑 $x<2$ 的情况。

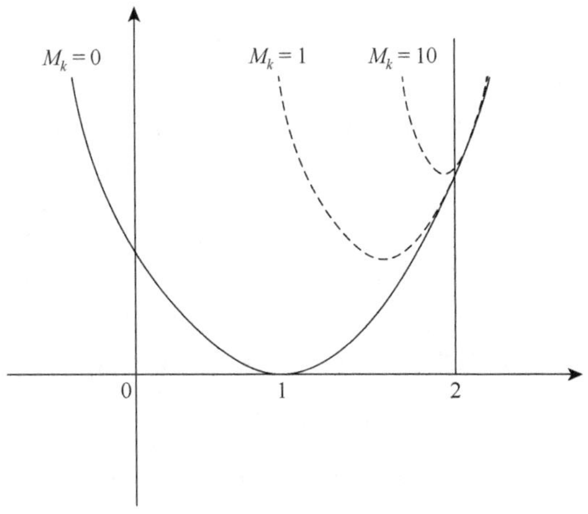

图 6.22　阶跃函数

实际上，对于固定的M_k，令$\phi_x'(x,M_k)=2(x-1)+2M_k(x-2)=0$，由此解得

$$x_{M_k}=\frac{1+2M_k}{1+M_k}$$

这就是对于固定的M_k，可以求得$\phi(x,M_k)$的极小值点。

例如，当$M_k=0$时，$x_{M_k}=1$；当$M_k=1$时，$x_{M_k}=3/2$；当$M_k=10$时，$x_{M_k}=21/11$。

若令$M_k\to\infty$时，则$x_{M_k}\to 2$。这里的$x^*=2$，就是例 6.4 的极小值点。

3. 外点惩罚函数法有关说明

在外点惩罚函数法中，通过一系列惩罚因子$\{M_k,k=0,1,\cdots\}$求解$\phi(\boldsymbol{X},M_k)$的极小值点来逼近原约束问题的最优点。这一系列的无约束极小值点$\boldsymbol{X}^*(M_k)$将从约束可行域外部向约束边界运动，实际上，随着惩罚因子的增大，迫使惩罚项的值逐渐减小，从而使$\phi(\boldsymbol{X},M_k)$的极小值点$\boldsymbol{X}^*(M_k)$沿着某一运动轨迹逐渐接近等式约束面与起作用的不等式约束面上的最优点$\boldsymbol{X}^*$。当M_k趋于无穷大时，$\phi(\boldsymbol{X},M_k)$的极小值点就是原问题的最优点$\boldsymbol{X}^*$。

既然惩罚因子越大越好，那么迭代一开始就把惩罚因子M_k取得很大，似乎求解一次无约束问题就可以求得到约束问题的最优解，可以减少几次无约束问题的求解。但是可以证明，M_k越大，给无约束问题求解增加越来越大的困难，甚至无法求解。因此，在迭代开始时又不得不把M_k取得小一些。无疑，这增加了计算量，这正是外点惩罚函数法的缺点。

6.3.2　内点惩罚函数法

1. 内点惩罚函数法的基本原理

内点惩罚函数法只可用来求解不等式约束优化问题，不能求解等式约束优化问题。其主要特点是将惩罚函数定义在可行域的内部，这样在求解内点惩罚函数的序列无约束优化问题的过程中，所求得的系列无约束优化问题的解总是可行解。内点惩罚函数法克服了外点惩罚函数法的不足之处，内点惩罚函数法的迭代过程均在可行域 D 内进行。

内点惩罚函数法基本原理为首先在可行域 D 的边界设置一道障碍，当从可行域 D 中的某点 $\boldsymbol{X}^0$ 出发进行迭代时，每当迭代点靠近 D 的边界时，便被此边界上的障碍阻挡碰回，这种阻挡碰回实质上也是一种惩罚，换句话说，阻挡碰回就是当迭代点靠近 D 的边界时，离边界越近函数值增加越大，特别当迭代点到达边界上时，函数值变为无穷大。由此可知不可能在靠近 D 的边界上取得最优解，只能在远离 D 的边界内找到最优解。

按照内点惩罚函数法的基本原理，对于不等式约束优化问题

$$\begin{cases}\min \quad f(\boldsymbol{X}),\ \boldsymbol{X}\in\mathbf{R}^n \\ \text{s.t.} \quad g_u(\boldsymbol{X})\leqslant 0,\ u=1,2,\cdots,m\end{cases} \tag{6.36}$$

构造如下惩罚函数：

$$\phi(\boldsymbol{X},\boldsymbol{r}^{(k)})=f(\boldsymbol{X})+\boldsymbol{r}^{(k)}\sum_{u=1}^{p}G[g_u(\boldsymbol{X})] \tag{6.37}$$

式中，$\boldsymbol{r}^{(k)}$ 为惩罚因子，又称为障碍因子，$\boldsymbol{r}^{(k)}>0$，是一个递减的正数序列，$\boldsymbol{r}^{(0)}>\boldsymbol{r}^{(1)}>\boldsymbol{r}^{(2)}>\cdots>0$ 且 $\lim\limits_{k\to\infty}\boldsymbol{r}^{(k)}=0$；$\boldsymbol{r}^{(k)}\sum\limits_{u=1}^{p}G[g_u(\boldsymbol{X})]$ 为惩罚项。

根据式（6.31），惩罚项可以表示为

$$\boldsymbol{r}^{(k)}\sum_{u=1}^{p}G[g_u(\boldsymbol{X})]=-\boldsymbol{r}^{(k)}\sum_{u=1}^{p}\frac{1}{g_u(\boldsymbol{X})} \text{ 或 } \boldsymbol{r}^{(k)}\sum_{u=1}^{p}G[g_u(\boldsymbol{X})]=\boldsymbol{r}^{(k)}\sum_{u=1}^{p}\ln[-g_u(\boldsymbol{X})]$$

当迭代点在可行域内部时，有 $g_u(\boldsymbol{X})\leqslant 0(u=1,2,\cdots,m)$，而 $\boldsymbol{r}^{(k)}>0$，惩罚项 $-\boldsymbol{r}^{(k)}\sum\limits_{u=1}^{p}\frac{1}{g_u(\boldsymbol{X})}$ 或 $\boldsymbol{r}^{(k)}\sum\limits_{u=1}^{p}\ln[-g_u(\boldsymbol{X})]$ 恒为正值；当迭代点在某一约束边界上时，惩罚项的值趋于 ∞，内点惩罚函数也增至无穷大。当 $\boldsymbol{r}^{(k)}$ 越取越小时，惩罚项的值也随之减小，直至 $\boldsymbol{r}^{(k)}$ 趋近于 0，无约束极小值点趋于原约束问题的最优点。

2. 内点惩罚函数法的迭代步骤

内点惩罚函数法迭代步骤如下所示。

（1）取初始惩罚因子 $\boldsymbol{r}^{(k)}>0$、迭代精度 $\varepsilon>0$、惩罚因子的缩小系数 $c>0$。

（2）在可行域内选取初始可行点 $\boldsymbol{X}^0$，$k=1$。

（3）构造内点惩罚函数 $\phi(\boldsymbol{X},\boldsymbol{r}^{(k)})$，如式（6.37）所示，用无约束优化方法求解 $\min\phi(\boldsymbol{X},\boldsymbol{r}^{(k)})$。

（4）检验迭代终止准则，如果满足

$$\|\boldsymbol{X}^*(\boldsymbol{r}^{(k)})-\boldsymbol{X}^*(\boldsymbol{r}^{(k-1)})\|\leqslant\varepsilon$$

则停止迭代计算，最优解 $\boldsymbol{X}^*=\boldsymbol{X}^*(\boldsymbol{r}^{(k)})$，否则，转到（5）。

（5）$\boldsymbol{r}^{(k+1)}=c\boldsymbol{r}^{(k)}$，$k=k+1$，转到（3）。

例 6.5　用内点惩罚函数法求

$$\begin{cases}\min & f(\boldsymbol{X}) = x_1 + x_2 \\ \text{s.t.} & g_1(\boldsymbol{X}) = 4 - x_1^2 - x_2^2 \geqslant 0\end{cases}$$

的约束最优解。

解：按照式（6.37）构造内点惩罚函数

$$\phi(\boldsymbol{X}, \boldsymbol{r}^{(k)}) = x_1 + x_2 + \frac{r_k}{4 - x_1^2 - x_2^2}$$

用极值条件解，令

$$\frac{\partial \phi}{\partial x_1} = 0, \ \frac{\partial \phi}{\partial x_2} = 0$$

联立求解上面两式，得其无约束极值点为

$$\boldsymbol{X}^*(\boldsymbol{r}^{(k)}) = \left[\frac{\boldsymbol{r}^{(k)} - \sqrt{(\boldsymbol{r}^{(k)})^2 + 8}}{2}, \frac{\boldsymbol{r}^{(k)} - \sqrt{(\boldsymbol{r}^{(k)})^2 + 8}}{2}\right]^{\mathrm{T}}$$

给定一个惩罚因子 $\boldsymbol{r}^{(k)}$，即可求得一极小值点 $\boldsymbol{X}^*(\boldsymbol{r}^{(k)})$。可看出 $\boldsymbol{X}^*(\boldsymbol{r}^{(k)})$ 在可行域内，且随着 $\boldsymbol{r}_k$ 逐渐逼近于 0，$\boldsymbol{X}^*(\boldsymbol{r}^{(k)})$ 逐渐逼近理论最优点 $\boldsymbol{X}^* = [-\sqrt{2}, -\sqrt{2}]^{\mathrm{T}}$。

3. 内点惩罚函数法有关说明

（1）内点惩罚函数法的优点在于每次迭代都是可行点，当迭代到一定次数时，尽管可能没有达到约束最优点，但可以被接受为一个较好的近似最优点。

（2）在实际应用中，按内点惩罚函数法求得的解可能比初始解有很大的改进，因而被工程技术人员接受，作为一种最优设计方案。

（3）内点惩罚函数法要求初始点位于可行域内部，即所有的约束需严格满足。这对于简单的优化问题是不难解决的，但对复杂的优化问题，由于变量和约束较多，要想得到一个可行的初始点，并不十分容易。

6.3.3　混合惩罚函数法

前面介绍了外点惩罚函数法和内点惩罚函数法。外点惩罚函数法的初始点可以任选，适用于求解具有等式约束或不等式约束的优化问题；而内点惩罚函数法要求初始点在可行域内，适用于求解不等式约束优化问题。为了综合外点惩罚函数法与内点惩罚函数法的优点，常将两种算法结合起来使用，便形成了混合惩罚函数法。

1. 混合惩罚函数法基本原理

对于同时具有不等式约束和等式约束的优化问题，混合惩罚函数法采用的惩罚函数形式又分为内点形式和外点形式两种。下面介绍内点形式的混合惩罚函数，即

$$\phi(\boldsymbol{X}, \boldsymbol{r}^{(k)}) = f(\boldsymbol{X}) - \boldsymbol{r}^{(k)} \sum_{u=1}^{p} \frac{1}{g_u(\boldsymbol{X})} + \frac{1}{\sqrt{\boldsymbol{r}^{(k)}}} \sum_{v=1}^{q} [h_v(\boldsymbol{X})]^2 \tag{6.38}$$

采用内点形式的混合惩罚函数时，混合初始点 $\boldsymbol{X}^0$ 应选为满足各个不等式约束条件的点，惩罚因子 $\boldsymbol{r}^{(k)}$ 也应按内点惩罚函数法取为递减序列，即

$$r^{(0)} > r^{(1)} > r^{(2)} > \cdots > 0 \text{且} \lim_{k\to\infty} \boldsymbol{r}^{(k)} = 0$$

在混合惩罚函数 $\phi(\boldsymbol{X},\boldsymbol{r}^{(k)})$ 中，$\sum_{u=1}^{p}\frac{1}{g_u(\boldsymbol{X})}$ 的作用是限制搜索跳出不等式约束确定的区域，相当于内点惩罚函数法。而 $\sum_{v=1}^{q}[h_v(\boldsymbol{X})]^2$ 的作用是迫使搜索点向等式约束面靠近，相当于外点惩罚函数法。

2. 混合惩罚函数法迭代步骤

混合惩罚函数法迭代步骤如下所示。

（1）取初始惩罚因子 $\boldsymbol{r}^{(k)} > 0$、迭代精度 $\varepsilon > 0$、惩罚因子的缩小系数 $c < 1$。

（2）选取初始可行点 $\boldsymbol{X}^0$，$k = 1$。

（3）构造混合惩罚函数，如式（6.38）所示，用无约束优化方法求解 $\min\phi(\boldsymbol{X},\boldsymbol{r}^{(k)})$。

（4）检验迭代终止准则，如果满足

$$\|\boldsymbol{X}^*(\boldsymbol{r}^{(k)}) - \boldsymbol{X}^*(\boldsymbol{r}^{(k-1)})\| \leqslant \varepsilon$$

则停止迭代计算，最优解 $\boldsymbol{X}^* = \boldsymbol{X}^*(\boldsymbol{r}^{(k)})$，否则，转到（5）。

（5）$\boldsymbol{r}^{(k+1)} = c\boldsymbol{r}^{(k)}$，$k = k+1$，转到（3）。

使用混合惩罚函数法时，其初始点可以任意选取。

6.4　乘　子　法

前面讨论的惩罚函数法计算较简单，对目标函数和约束函数没有特别的要求，适应范围广，但这种方法计算工作量较大，因为要求解一系列的无约束优化问题，因此，不仅整个迭代过程收敛较慢，而且惩罚函数的无穷增大或无穷减少，将导致惩罚函数的病态而使无约束优化难以进行下去。

乘子法的提出克服了惩罚函数法中病态性质等缺点。乘子法是从问题的拉格朗日函数出发，考虑它的精确惩罚，从而将约束优化问题转化为单个函数的无约束优化问题。乘子法具有较好的收敛速度和数值稳定性，是求解约束优化问题的主要而有效的算法。

6.4.1　等式约束优化问题的乘子法

对于等式约束优化问题

$$\begin{cases}\min & f(\boldsymbol{X}) \\ \text{s.t.} & h_i(\boldsymbol{X}) = 0,\ i = 1,2,\cdots,l\end{cases} \tag{6.39}$$

设 $\boldsymbol{X}^*$ 为该优化问题的最优解，其拉格朗日函数为

$$L(\boldsymbol{X},\boldsymbol{\lambda}) = f(\boldsymbol{X}) - \boldsymbol{\lambda}^{\mathrm{T}}h(\boldsymbol{X}) \tag{6.40}$$

式中，$h(\boldsymbol{X})=[h_1(\boldsymbol{X}),h_2(\boldsymbol{X}),\cdots,h_l(\boldsymbol{X})]^{\mathrm{T}},\boldsymbol{\lambda}=[\lambda_1,\lambda_2,\cdots,\lambda_l]^{\mathrm{T}}$ 是与 $\boldsymbol{X}$ 相应的拉格朗日乘子向量。

在一定条件下，存在 λ^* 使 $(\boldsymbol{X}^*,\lambda^*)$ 为式（6.40）取得极值的必要条件为

$$\nabla L(\boldsymbol{X}^*,\lambda^*)=0 \tag{6.41}$$

若能找到 λ^* 使得拉格朗日函数取得极小值点，则求解式（6.40）就转化成一个无约束极小问题。

例如，求解约束问题

$$\begin{cases}\min\ \ f(\boldsymbol{X})=x_1^2-3x_2-x_2^2\\ \text{s.t.}\ \ \ x_2=0\end{cases}$$

此问题的最优解为 $(0,0)^{\mathrm{T}}$。其拉格朗日函数为

$$L(\boldsymbol{X},\lambda)=x_1^2-3x_2-x_2^2-\lambda x_2=x_1^2-(\lambda+3)x_2-x_2^2$$

对于任何 λ，$L(\boldsymbol{X},\lambda)$ 关于 $\boldsymbol{X}$ 的极小值点不存在。

通常，$L(\boldsymbol{X},\lambda)$ 的极小值点往往是不存在的，为避免此情况的发生，对于等式约束问题，构造了如下的增广拉格朗日函数：

$$\varphi(\boldsymbol{X},\boldsymbol{\lambda},\sigma)=L(\boldsymbol{X},\boldsymbol{\lambda})+\frac{\sigma}{2}h^{\mathrm{T}}(\boldsymbol{X})h(\boldsymbol{X})=f(\boldsymbol{X})-\boldsymbol{\lambda}^{\mathrm{T}}h(\boldsymbol{X})+\frac{\sigma}{2}h^{\mathrm{T}}(\boldsymbol{X})h(\boldsymbol{X}) \tag{6.42}$$

由 $\nabla_{\boldsymbol{X}}L(\boldsymbol{X}^*,\lambda^*)=0$ 得到

$$\nabla_{\boldsymbol{X}}\varphi(\boldsymbol{X}^*,\lambda^*,\sigma)=\nabla_{\boldsymbol{X}}L(\boldsymbol{X}^*,\lambda^*)+\sigma\nabla h^{\mathrm{T}}(\boldsymbol{X}^*)h(\boldsymbol{X}^*)=0$$

即 $\boldsymbol{X}^*$ 是 $\varphi(\boldsymbol{X},\lambda^*,\sigma)$ 的一个稳定点，可见，不论 σ 取值如何，式（6.42）表示的增广拉格朗日函数的无约束极值问题与式（6.39）有相同的解，而且有相同的拉格朗日乘子 λ^*。下面说明确定 λ^* 的方法。

1）一般采用迭代的方法确定 λ^*

首先以某个参数 λ_k 代替 λ^*，求解无约束问题 $\min\varphi(\boldsymbol{X},\lambda_k,\sigma)$，得到其解为 $\boldsymbol{X}^k$；然后修正 λ_k 为 λ_{k+1}，再求解 $\min\varphi(\boldsymbol{X},\lambda_{k+1},\sigma)$，得到两个点列 $\{\boldsymbol{X}^k\},\{\lambda_k\}$，希望 $\boldsymbol{X}^k\to\boldsymbol{X}^*,\lambda_k\to\lambda^*$。

2）如何对 λ_k 进行修正？

设已有 λ_k 和 $\boldsymbol{X}^k$，由 $\varphi(\boldsymbol{X},\lambda,\sigma)$ 的定义

$$\nabla_{\boldsymbol{X}}\varphi(\boldsymbol{X}^k,\lambda_k,\sigma)=\nabla f(\boldsymbol{X}^k)-\nabla h^{\mathrm{T}}(\boldsymbol{X}^k)\lambda_k+\sigma\nabla h^{\mathrm{T}}(\boldsymbol{X}^k)h(\boldsymbol{X}^k)=0$$

即

$$\nabla f(\boldsymbol{X}^k)-\nabla h^{\mathrm{T}}(\boldsymbol{X}^k)[\lambda_k-\sigma h(\boldsymbol{X}^k)]=0$$

则当 σ 充分大时，有

$$\nabla f(\boldsymbol{X}^*)-\nabla h^{\mathrm{T}}(\boldsymbol{X}^*)[\lambda_k-\sigma h(\boldsymbol{X}^*)]\approx 0 \tag{6.43}$$

又由于乘子 λ^* 满足一阶必要条件

$$\nabla f(\boldsymbol{X}^*)-\nabla h^{\mathrm{T}}(\boldsymbol{X}^*)\lambda^*=0 \tag{6.44}$$

比较式（6.43）和式（6.44），得到

$$\lambda^*\approx\lambda_k-\sigma h(\boldsymbol{X}^*) \tag{6.45}$$

这就推导出了乘子 λ 的迭代公式

$$\lambda_{k+1}=\lambda_k-\sigma h(\boldsymbol{X}^k) \tag{6.46}$$

若 $\{\lambda_k\}$ 收敛，则有 $h(\boldsymbol{X}^{k+1})\to 0$；若 $\boldsymbol{X}^k\to\boldsymbol{X}^*$，则有 $h(\boldsymbol{X}^*)\to 0$，即 $\boldsymbol{X}^*$ 为可行解。

例 6.6 用乘子法求解下列非线性优化问题

$$\begin{cases}\min & f(\boldsymbol{X})=2x_1^2+x_2^2-2x_1x_2\\ \text{s.t.} & h_i(\boldsymbol{X})=x_1+x_2-1\end{cases}$$

解：构造增广拉格朗日函数

$$\varphi(\boldsymbol{X},\lambda,\sigma)=2x_1^2+x_2^2-2x_1x_2-\lambda(x_1+x_2-1)+\frac{\sigma}{2}(x_1+x_2-1)^2$$

则

$$\nabla_X\varphi(\boldsymbol{X},\lambda,\sigma)=\begin{bmatrix}4x_1-2x_2-\lambda+\sigma(x_1+x_2-1)\\ 2x_2-2x_1-\lambda+\sigma(x_1+x_2-1)\end{bmatrix}$$

取 $\sigma=2$，初始乘子 $\lambda_1=1$，令 $\nabla_x\varphi(\boldsymbol{X},\lambda,\sigma)=\begin{bmatrix}0\\0\end{bmatrix}$，得到 $\boldsymbol{X}^1=[1/2,3/4]^{\mathrm{T}}$。

设第 k 次迭代的乘子为 $\{\lambda_k\}$，则 $\varphi(\boldsymbol{X},\lambda_k,\sigma)$ 的极小值点为

$$\boldsymbol{X}^k=\begin{bmatrix}x_1^k\\x_2^k\end{bmatrix}=\begin{bmatrix}\frac{1}{6}(\lambda_k+2)\\ \frac{1}{4}(\lambda_k+2)\end{bmatrix}$$

由修正公式（6.46），则

$$\lambda_{k+1}=\lambda_k-\sigma h(\boldsymbol{X}^k)=\lambda_k-2\left(\frac{\lambda_k+2}{6}+\frac{\lambda_k+2}{4}-1\right)=\frac{1}{6}\lambda_k+\frac{1}{3}$$

由于序列 $\{\lambda_k\}$ 单调有界，故其收敛。令 $k\to\infty$，两边同取极限，得到最优拉格朗日乘子 $\lambda^*=\lim\limits_{k\to\infty}\lambda_k=\dfrac{2}{5}$。同时 $x_1^k\to\dfrac{2}{5},x_2^k\to\dfrac{3}{5}$，这样就得到问题的最优解 $\boldsymbol{X}^*=\begin{bmatrix}2/5\\3/5\end{bmatrix}^{\mathrm{T}}$。

6.4.2 不等式约束的非线性优化问题的乘子法

对于不等式约束优化问题

$$\begin{cases}\min & f(\boldsymbol{X})\\ \text{s.t.} & g_i(\boldsymbol{X})\geqslant 0,\quad i=1,2,\cdots,m\end{cases}\tag{6.47}$$

首先引进松弛变量 $y_i(i=1,2,\cdots,m)$，则问题（6.47）可变为等式约束问题

$$\begin{cases}\min & f(\boldsymbol{X})\\ \text{s.t.} & g_i(\boldsymbol{X})-y_i^2=0,\quad i=1,2,\cdots,m\end{cases}\tag{6.48}$$

定义其增广拉格朗日函数为

$$\varphi(\boldsymbol{X},y,\lambda,\sigma)=f(\boldsymbol{X})-\sum_{i=1}^{m}\lambda_i[g_i(\boldsymbol{X})-y_i^2]+\frac{\sigma}{2}\sum_{i=1}^{m}[g_i(\boldsymbol{X})-y_i^2]^2\tag{6.49}$$

从而将问题（6.48）转化为求解 $\min\varphi(\boldsymbol{X},y,\lambda,\sigma)$ 的无约束优化问题。

首先考虑将增广拉格朗日函数 $\varphi(\boldsymbol{X},y,\lambda,\sigma)$ 对 y 求极小值，据此解出 y，并代入式（6.49），然后将其转化为关于 $\boldsymbol{X}$ 求极小值的问题。

具体过程如下：

$$\begin{aligned}\varphi(\boldsymbol{X},y,\lambda,\sigma)&=f(\boldsymbol{X})+\sum_{i=1}^{m}\left[-\lambda_i[g_i(\boldsymbol{X})-y_i^2]+\frac{\sigma}{2}[g_i(\boldsymbol{X})-y_i^2]^2\right]\\&=f(\boldsymbol{X})+\sum_{i=1}^{m}\left\{\frac{\sigma}{2}\left[y_i^2-\frac{1}{\sigma}[\sigma g_i(\boldsymbol{X})-\lambda_i]\right]^2-\frac{\lambda_i^2}{2\sigma}\right\}\end{aligned}\tag{6.50}$$

为使 $\varphi(\boldsymbol{X},y,\lambda,\sigma)$ 关于 y 取极小值，y_i 取值如下所示。

当 $\sigma g_i(\boldsymbol{X})-\lambda_i\geqslant 0$ 时，$y_i^2=\dfrac{1}{\sigma}[\sigma g_i(\boldsymbol{X})-\lambda_i]$。

当 $\sigma g_i(\boldsymbol{X})-\lambda_i<0$ 时，$y_i=0$。

综合以上两种情况，即

$$y_i^2=\frac{1}{\sigma}\max[0,\sigma g_i(\boldsymbol{X})-\lambda_i],\quad i=1,2,\cdots,m\tag{6.51}$$

将式（6.51）代入式（6.50），得到新的增广拉格朗日函数：

$$\varphi(\boldsymbol{X},\lambda,\sigma)=f(\boldsymbol{X})+\frac{1}{2\sigma}\sum_{i=1}^{m}\{(\max[0,\lambda_i-\sigma g_i(\boldsymbol{X})])^2-\lambda_i^2\}\tag{6.52}$$

从而将问题式（6.48）的优化问题转化为求解无约束问题 $\min\varphi(\boldsymbol{X},\lambda,\sigma)$。

习　题

6.1　试用可行方向法求解下面的约束优化问题，$\boldsymbol{X}^{(0)}=[0,0]^{\mathrm{T}}$。

$$\begin{cases}\min & f(\boldsymbol{X})=2x_1^2+2x_2^2-2x_1x_2-4x_1-6x_2\\ \text{s.t.} & g_1(\boldsymbol{X})=x_1+x_2-2\leqslant 0\\ & g_2(\boldsymbol{X})=x_1+5x_2-5\leqslant 0\\ & g_3(\boldsymbol{X})=-x_1\leqslant 0\\ & g_4(\boldsymbol{X})=-x_2\leqslant 0\end{cases}$$

6.2　在复合形法中，若反射系数已缩小到预定的数仍不能满足反射点优于最坏点的条件，则可用：

（1）好点代替坏点。（2）次坏点代替坏点。

（3）反射点代替坏点。（4）形心点代替坏点。

6.3　设某个不等式约束优化问题的数学模型是

$$\begin{cases}\min & f(\boldsymbol{X})=60-10x_1-4x_2+x_1^2+x_2^2-x_1x_2\\ \text{s.t.} & g_1(\boldsymbol{X})=-x_1\leqslant 0\\ & g_2(\boldsymbol{X})=1-x_2\leqslant 0\\ & g_3(\boldsymbol{X})=x_1-6\leqslant 0\\ & g_4(\boldsymbol{X})=x_2-8\leqslant 0\\ & g_5(\boldsymbol{X})=x_1+x_2-11\leqslant 0\end{cases}$$

试用复合形法求解。

6.4 内点罚函数法的特点是（ ）。

（1）能处理等式约束优化问题 （2）初始点必须在可行域内

（3）初始点可在可行域外 （4）得到的解近似满足约束条件

6.5 用内点惩罚函数法求下列问题的最优解：

$$\begin{cases}\min & f(\boldsymbol{X})=x_1^2+x_2^2-2x_1+2\\ \text{s.t.} & g_1(\boldsymbol{X})=4-x_2\leqslant 0\end{cases}$$

6.6 用外点惩罚函数法求下列问题的最优解：

$$\begin{cases}\min & f(\boldsymbol{X})=x_1+x_2\\ \text{s.t.} & g_1(\boldsymbol{X})=x_1^2-x_2\leqslant 0\\ & g_2(\boldsymbol{X})=-x_1\leqslant 0\end{cases}$$

6.7 用混合惩罚函数法求解下列问题的最优解：

$$\begin{cases}\min & f(\boldsymbol{X})=x_2-x_1\\ \text{s.t.} & g_1(\boldsymbol{X})=-\ln x_1\leqslant 0\\ & g_2(\boldsymbol{X})=x_1+x_2-1\leqslant 0\end{cases}$$

6.8 求解有等式约束目标函数的极值问题的基本思想是什么？有几种方法？

6.9 惩罚函数法的一般形式是什么？各项代表什么意思？

6.10 如何用拉格朗日乘子法求等式约束的目标函数的极值？它的数值算法的形式是什么？

6.11 什么是内点惩罚函数法？什么是外点惩罚函数法？它们适用的优化问题是什么？

6.12 在构造惩罚函数时，内点惩罚函数法和外点惩罚函数法的惩罚因子的选取有何不同？

第 7 章　多目标函数的优化方法

前面几章讨论的都是只有一个目标函数的优化问题，在实际的工程设计问题中，衡量一个设计方案优劣的标准往往不止一个，也就是说，要用多个目标衡量工程设计方案的优劣。例如，在飞机的结构设计中，一方面要求飞机气动性能好、质量最轻，另一方面还要考虑在耗油量一定的情况下将航程最远作为另一个目标。在日常生活中也会遇到多目标优化问题。这种要求在优化设计中同时使几项指标达到最优的问题，称为多目标优化问题。

多目标优化问题的每一个目标都能表示为设计变量的函数，如 $f_1(\boldsymbol{X})$，$f_2(\boldsymbol{X})$，…，$f_t(\boldsymbol{X})$，类似于单目标优化问题，多目标优化问题的数学模型可写成如下标准形式：

$$\begin{cases} \min \ F(\boldsymbol{X}), \quad \boldsymbol{X} \in \mathbf{R}^n \\ \text{s.t.} \quad g_u(\boldsymbol{X}) \leqslant 0, \quad u = 1,2,\cdots,m \\ \qquad h_v(\boldsymbol{X}) = 0, \quad v = 1,2,\cdots,p < n \end{cases} \tag{7.1}$$

式中，$F(\boldsymbol{X}) = [f_1(\boldsymbol{X}), f_2(\boldsymbol{X}), \cdots, f_t(\boldsymbol{X})]^{\mathrm{T}}$ 为 t 维目标向量。

在单目标优化问题中，任何两个解都可以比较出其优劣，是完全有序的。而对于多目标优化问题 $F(\boldsymbol{X})$，任何两个解不一定能比较出其优劣，因而是半有序的。多目标优化问题是一个向量函数的优化，而向量函数值大小的比较要比标量值大小的比较更复杂。一般不可能存在同时使每一个目标都达到最优的完全最优解，因为这些目标函数往往是相互矛盾的。对某一目标较好的设计方案，对其他的目标并不一定好，甚至会很差。实际工程中每项评价指标的重要性可能不完全相同，就需要针对不同的设计目标进行不同的处理，以取得一个折中的方案，从而获得相对最优解。多目标优化问题的解主要包括以下几类。

完全最优解：若各个目标函数在可行域内的同一点取得极小值，则称该点为完全最优解。

劣解：使至少一个目标函数取得最大值的点称为劣解。

有效解：除了完全最优解和劣解的所有解统称为非劣解或称为有效解。

严格说，非劣解之间是不能比较优劣的。多目标优化实际上是根据重要性对各个目标进行量化，将不可比问题转化为可比问题。

多目标优化问题的求解方法有很多，主要可以归结为两大类。

（1）直接求出非劣解，然后从中选出较好解。

（2）将多目标优化问题进行适当处理。主要包括两种处理方法，一种是重新构造一个函数（评价函数）将多目标优化问题转化为单目标优化问题进行求解，这类求解方法有主要目标法、统一目标法等；另一种是将多目标优化问题转化为一系列单目标优化问题进行求解，如线性加权法、协调曲线法等。下面介绍几种多目标优化问题的求解方法。

7.1　主要目标法

在多目标优化问题中，各分目标的重要程度并不一样。根据优化设计的总体技术要求，在各分目标函数 $f_1(\boldsymbol{X}), f_2(\boldsymbol{X}), \cdots, f_t(\boldsymbol{X})$ 中选定一个最重要的目标函数，作为主要目标函数，而其余的 $t-1$ 个分目标函数则根据初步设计的考虑，分别给定适当的最优值的估计（在求得实际最优值后应以实际最优值替换），使它们转化为新的约束条件，就是主要目标法。这样抓住主要目标，同时兼顾其他目标，就将多目标约束优化问题转化为单目标约束优化问题，寻求整个设计可以接受的相对最优解。

下面以二维的具有两个分目标函数的多目标优化问题为例进行说明：

$$\begin{cases} \min\ F(\boldsymbol{X}) = [f_1(\boldsymbol{X}), f_2(\boldsymbol{X})]^{\mathrm{T}} \\ \text{s.t.}\quad g_u(\boldsymbol{X}) \leqslant 0, \quad u = 1, 2, \cdots, m \end{cases} \tag{7.2}$$

假定经分析后以 $f_1(\boldsymbol{X})$ 作为主要目标函数， $f_2(\boldsymbol{X})$ 为次要目标函数，给 $f_2(\boldsymbol{X})$ 的最优估计值为 f_2^0 ，则可把次要目标函数 $f_2(\boldsymbol{X})$ 转化为一个新的约束函数：

$$g_{m+1}(\boldsymbol{X}) = f_2(\boldsymbol{X}) - f_2^0 \leqslant 0 \tag{7.3}$$

原多目标优化问题转化为一个单目标优化问题：

$$\begin{cases} \min\ F(\boldsymbol{X}) = f_1(\boldsymbol{X}) \\ \text{s.t.}\quad g_u(\boldsymbol{X}) \leqslant 0, \quad u = 1, 2, \cdots, m \\ \qquad\ g_{m+1}(\boldsymbol{X}) = f_2(X) - f_2^0 \leqslant 0 \end{cases} \tag{7.4}$$

主要目标法转化过程的几何意义如图 7.1 所示。图 7.1 中，D 为 $g_u(\boldsymbol{X}) \leqslant 0 (u = 1, 2, 3, 4)$ 构成的多目标优化问题的可行域，$\boldsymbol{X}^{*(1)}$、$\boldsymbol{X}^{*(2)}$ 分别为 $\min f_1(\boldsymbol{X})$ 、$\min f_2(\boldsymbol{X})$ 的最优点。现将 $f_2(\boldsymbol{X})$ 转化为新约束条件 $g_5(\boldsymbol{X}) = f_2(\boldsymbol{X}) - f_2^0 \leqslant 0$ ，这样原多目标优化问题就可视为 $f_1(\boldsymbol{X})$ 在由 $g_u(\boldsymbol{X}) \leqslant 0 (u = 1, 2, 3, 4)$ 构成的新的可行域（图 7.1 中为 $\bar{D}$，阴影所示）中的单目标优化问题了。

对于一般情况，可将多目标优化问题转化为如下的单目标优化问题：

$$\begin{cases} \min\ F(\boldsymbol{X}) = f_1(\boldsymbol{X}) \\ \text{s.t.}\quad g_u(\boldsymbol{X}) \leqslant 0, \quad u = 1, 2, \cdots, m \\ \qquad\ h_v(\boldsymbol{X}) = 0, \quad v = 1, 2, \cdots, p < n \\ \qquad\ g_{m+j-1}(\boldsymbol{X}) = f_j(\boldsymbol{X}) - f_j^0 \leqslant 0, \quad j = 2, 3, \cdots, t \end{cases} \tag{7.5}$$

式中， $f_1(\boldsymbol{X})$ 为主要目标函数。

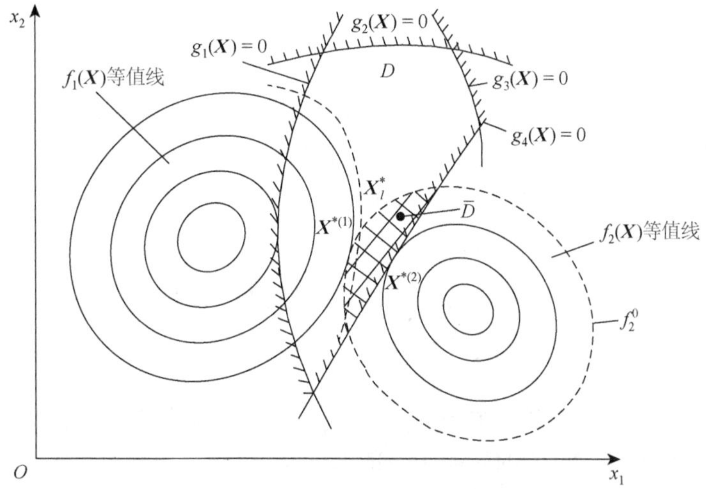

图 7.1　主要目标法转化过程的几何意义

7.2　统一目标法

统一目标法就是设法将各分目标函数 $f_1(\boldsymbol{X}), f_2(\boldsymbol{X}), \cdots, f_t(\boldsymbol{X})$ 统一到一个新构成的总目标函数 $F(\boldsymbol{X}) = f\{f_1(\boldsymbol{X}), f_2(\boldsymbol{X}), \cdots, f_t(\boldsymbol{X})\}$ 中，把原来的多目标优化问题转化为具有一个统一目标函数的单目标优化问题来求解。在统一目标极小化过程中，可以按照不同的方法来构造不同的统一目标函数，其中较常用的有线性加权组合法、极大极小法、理想点法与平方和加权法、分目标乘除法、功效系数法。

1. 线性加权组合法

线性加权组合法是处理多目标优化问题常用的较为简便的一种方法，其基本思路是在多目标优化问题中，将其各分目标函数按照其值的数量级和在整体设计中的重要程度相应地给出一组加权因子 $\omega_1, \omega_2, \cdots, \omega_t$，取 $f_j(\boldsymbol{X})$ 与 ω_j 的线性组合，可以构成一个新的统一的目标函数 $F(\boldsymbol{X})$，即

$$F(\boldsymbol{X}) = \sum_{j=1}^{t} \omega_j f_j(\boldsymbol{X}) \tag{7.6}$$

式中，加权因子 ω_j 是一组大于零的数，其值取决于各分目标函数值的数量级和重要程度。

当各分目标的重要性均等时，可取 $\omega_j = 1 (j = 1, 2, \cdots, t)$，称为均匀计权；否则，各分目标的加权因子不等时，可取 $\sum_{j=1}^{t} \omega_j = 1$ 或其他值。

加权因子的选择对计算结果的影响很大，主要有以下几种方法。

1）容限加权法

将各分目标函数线性加权组合时，为消除各分目标函数值在量级上的差别，可先将各分目标函数转化为无量纲、等量级的目标函数 $f_j^0(\boldsymbol{X}) (j = 1, 2, \cdots, t)$，然后用转换后的分目标函数 $f_j^0(\boldsymbol{X})$ 组成一个统一目标函数：

$$F(\boldsymbol{X})=\sum_{j=1}^{t}\omega_j f_j^0(\boldsymbol{X}) \tag{7.7}$$

式中，加权因子 ω_j 是根据各个相应的分目标在最优设计中所占的重要程度确定的。

分目标函数 $f_j(\boldsymbol{X})$ 可选择合适的函数使其转换为无量纲、等量级的目标函数 $f_j^0(\boldsymbol{X})$。例如，若能预计各分目标函数值的变动范围为

$$\alpha_j \leqslant f_j(\boldsymbol{X}) \leqslant \beta_j, \quad j=1,2,\cdots,t \tag{7.8}$$

则可用式（7.9）所示函数实现将各分目标函数都转换为在 0～1 取值的函数。

$$y=\frac{x}{2\pi}-\sin x, \quad 0 \leqslant x \leqslant 2\pi \tag{7.9}$$

令目标函数的下界值 α_j 和上界值 β_j 分别与正弦转换函数自变量的下界值 0 和上界值 2π 相对应，则相应于 $f_j(\boldsymbol{X})$ 值的转换函数的自变量 x_j 为

$$x_j=\frac{f_j(\boldsymbol{X})-\alpha_j}{\beta_j-\alpha_j}\cdot 2\pi, \quad j=1,2,\cdots,t \tag{7.10}$$

则转换后的目标函数为

$$f_j^0(\boldsymbol{X})=\frac{x_j}{2\pi}-\sin x_j, \quad j=1,2,\cdots,t \tag{7.11}$$

2）直接加权

为了兼顾各个分目标的重要程度及其数量级，可把加权因子分为本征权因子和修正权因子，即第 j 个分目标函数的加权因子 ω_j 均由两个因子的乘积组成，即

$$\omega_j=\omega_{1j}\cdot\omega_{2j}, \quad j=1,2,\cdots,t \tag{7.12}$$

式中，ω_{1j} 为反映第 j 个分目标相对重要性的加权因子，称为本征权因子；ω_{2j} 为第 j 个分目标的修正权因子，用于调整各分目标间在量级差别上的影响，并在迭代过程中逐步加以修正。

考虑到各分目标函数值随设计变量的变化而不同，所以可用目标函数的梯度 $\nabla f_j(\boldsymbol{X})$ 描述这种差别，其修正权因子值可取为

$$\omega_{2j}=\frac{1}{\|\nabla f_j(\boldsymbol{X})\|^2}, \quad j=1,2,\cdots,t \tag{7.13}$$

这说明一个分目标函数的梯度变化越快，即 $\|\nabla f_j(\boldsymbol{X})\|^2$ 值越大，则加权因子 ω_{2j} 越小；反之，其加权因子越大，这样可使各分目标函数能一致地趋向各自的最优值。

2. 极大极小法

对于多目标优化问题 $\min F(\boldsymbol{X})$，在对各分目标最不利的情况下求出最有利的解，即

$$U(f)=\max_{1\leqslant j\leqslant t}\{f_j(\boldsymbol{X})\} \tag{7.14}$$

为评价函数，其中 $f=[f_1,f_2,\cdots,f_t]^{\mathrm{T}}$，对式（7.14）进行优化求解，即

$$\min U(f)=\min\max_{1\leqslant j\leqslant t}\{f_j(\boldsymbol{X})\} \tag{7.15}$$

式（7.15）的优化解可作为原多目标优化问题的解。可见，该方法是对各分目标函数的极大值进行选择后，再在可行域内进行极小化，故此法称为极大极小法。

3. 理想点法与平方和加权法

先分别求出各分目标函数的最优值 $f_j^*(j=1,2,\cdots,t)$ 和相应的最优点 $\boldsymbol{X}^*$，一般情况下，所有目标难以同时达到最优解，即找不到一个绝对最优解 $\boldsymbol{X}^*$，使各分目标函数都达到各自的最优值。所以，对于向量目标函数 $F(\boldsymbol{X})=[f_1(\boldsymbol{X}),f_2(\boldsymbol{X}),\cdots,f_t(\boldsymbol{X})]^{\mathrm{T}}$ 来说，向量 $\boldsymbol{F}^*=[f_1^*,f_2^*,\cdots,f_t^*]^{\mathrm{T}}$ 这个理想点一般是得不到的。但是，若能使各分目标函数尽可能地接近各自的理想值，就可以求出较好的非劣解。按照这个思想，将多目标优化问题转化为求单目标函数（评价函数）的极值，按照平方加权构造出理想点的统一评价函数为

$$F(\boldsymbol{X})=\sum_{j=1}^{t}\left[\frac{f_j(\boldsymbol{X})-f_j^*}{f_j^*}\right]^2 \tag{7.16}$$

求此评价函数的最优解，即可求出原多目标优化问题的最优解，式（7.16）的方括号中除以 f_j^* 是为了将其无量纲化。若在理想点法的基础上引入加权因子 ω_j，构造的评价函数为

$$F(\boldsymbol{X})=\sum_{j=1}^{t}\omega_j[f_j(\boldsymbol{X})-f_j^*]^2 \tag{7.17}$$

即为平方和加权法。此评价函数既考虑到各分目标尽可能地接近各自的理想值，又反映了各分目标在整个多目标优化问题中的重要程度。加权因子的确定可参照线性加权组合法中的方法。求得此评价函数的最优解，就是原多目标优化问题的最优解：

$$\begin{cases}\min\ F(\boldsymbol{X})=\sum_{j=1}^{t}\omega_j[f_j(\boldsymbol{X})-f_j^*]^2, & \boldsymbol{X}\in\mathbf{R}^n\\ \text{s.t.}\quad g_u(\boldsymbol{X})\leqslant 0, & u=1,2,\cdots,m\\ \qquad h_v(\boldsymbol{X})=0, & v=1,2,\cdots,p<n\end{cases} \tag{7.18}$$

4. 分目标乘除法

在多目标优化问题中，如果能把各分目标函数分为两类：一类是希望函数值越小越好（如材料、成本、工时、重量等）；另一类是希望函数值越大越好（如产值、效率、利润等）。设前 q 个分目标函数属于前一类，后 $t-q$ 个分目标函数属于后一类，则可构造新的评价函数：

$$f(\boldsymbol{X})=\frac{\sum_{j=1}^{q}\omega_j f_j(\boldsymbol{X})}{\sum_{j=q+1}^{t}\omega_j f_j(\boldsymbol{X})} \tag{7.19}$$

式中，$\omega_j(j=1,2,\cdots,t)$ 为加权因子，ω_j 可参照线性加权组合法确定，量纲和量级必须统一。在利用式（7.19）求解时，一般要求各分目标函数在可行域内均取正值。

5. 功效系数法

多目标优化问题中，一般各单目标的要求不同，有的要求极小值，有的要求极大值，有的则要求有一个合适的数值。为此可引入一个反映各分目标效果好坏的函数——功效函数，它是对应于各分目标函数值 f_j 的函数：

$$c_j = F_j(f_j),\ j = 1,2,\cdots,t \tag{7.20}$$

通常 c_j 为 0～1 的某个值。当 f_j 的值最满意时，可取 $c_j = 1$；当 f_j 的值不满意时，则取 $c_j = 0$；其他情况根据 f_j 值的大小取 0～1 的某个数。当对应于各分目标函数 f_j 的 c_j 确定后，对所有的 c_j 取几何平均值得到总功效函数，把它作为评价函数：

$$c = \sqrt[t]{c_1 c_2 \cdots c_t} \tag{7.21}$$

这样就把原多目标优化问题转化为一个具有统一目标函数的单目标优化问题来求解，即

$$\min f(\boldsymbol{X}) = \sqrt[t]{c_1 c_2 \cdots c_t} \tag{7.22}$$

当 $c = 1$ 时，表示此设计方案最理想；当 $c = 0$ 时表示此设计方案不能接受。按照各分目标的不同要求，功效函数分为三种类型。

（1）当 f_j 值越大时，c_j 值越大；当 f_j 值越小时，c_j 值越小。此类功效函数适用于要求目标函数越大越好的优化问题。

（2）当 f_j 值越大时，c_j 值越小；当 f_j 值越小时，c_j 值越大。此类功效函数适用于要求目标函数越小越好的优化问题。

（3）当 f_j 的取值接近预先确定的适当值时，c_j 值就越大；否则 c_j 值就越小。

功效系数法的关键在于如何确定 f_j 的值，通常有直线法、折线法和指数法。

（1）直线法。需要确定 $c_j = 1$ 时的 f_j 值和 $c_j = 0$ 时的 f_j 值，在 f_j-c_j 坐标上将此两点连线，即可求得 f_j 与 c_j 对应的值。图 7.2 表示采用直线法确定 c_j 的情况。

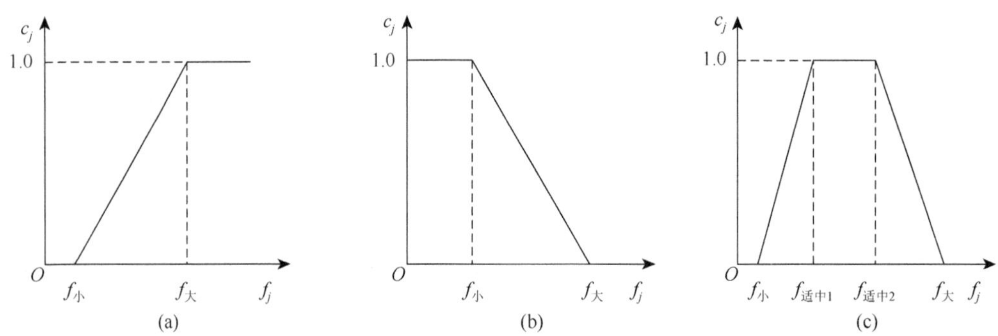

图 7.2　用直线法确定功效系数

（2）折线法。设 $f_j^{(0)}$ 为满意的分目标函数值，$f_j^{(1)}$ 为较满意的分目标函数值，$f_j^{(2)}$ 为可接受与不可接受的分目标函数值的分界值，$f_j^{(3)}$ 为不可接受的分目标函数值。折线法首先需要确定 f_j 的两个临界值 $f_j^{(1)}$ 与 $f_j^{(2)}$。当 $f_j = (0.5\sim1)f_j^{(2)}$，即为 $f_j^{(3)}$ 时，令 $c_j = 0$；当 $f_i = f_j^{(2)}$ 时，令 $c_j = 0.3$；当 $f_i = f_j^{(1)}$ 时，令 $c_j = 0.7$；当 f_j 为理想值 $f_j^{(0)}$ 时，令 $c_j = 1$。

在 f_j-c_j 坐标上将这些特殊的点用直线连接，就形成了折线形的功效系数曲线，如图 7.3 所示。当 f_j 处在 $f_j^{(0)}$ 与 $f_j^{(3)}$ 之外时，c_j 可分别取为 0 或 1。

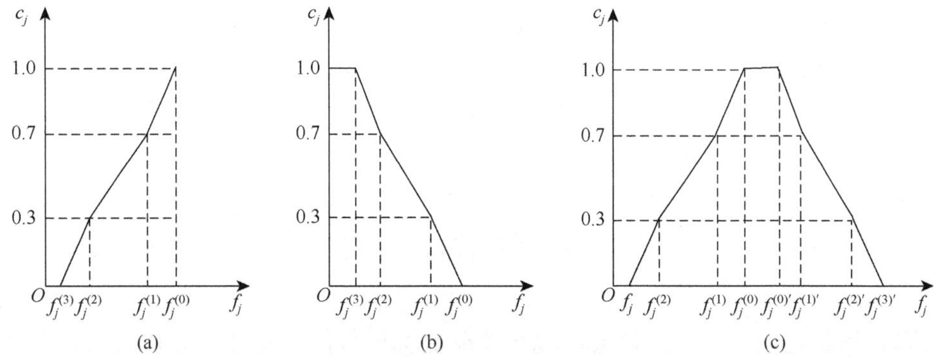

图 7.3　用折线法确定功效系数

（3）指数法。对功效函数的选取用指数形式表示为

$$c_j = \mathrm{e}^{-\left[\mathrm{e}^{-(b_0+b_1 f_j)}\right]} \tag{7.23}$$

式中，b_0、b_1 可用下面的方法确定，设取第 j 个分目标函数 f_j 的某一刚合格的值 $f_j^{(1)}$ 时，对应的功效函数值 $c_j = \mathrm{e}^{-1} \approx 0.37$；取 f_j 的某一刚不合格的值 $f_j^{(2)}$ 时，对应的功效函数值 $c_j = \mathrm{e}^{-\mathrm{e}} \approx 0.07$，将这些值代入式（7.23），可解得

$$c_j = \mathrm{e}^{-1} = \mathrm{e}^{-\left[\mathrm{e}^{-\left(b_0+b_1 f_j^{(1)}\right)}\right]} \tag{7.24}$$

$$c_j = \mathrm{e}^{-\mathrm{e}} = \mathrm{e}^{-\left[\mathrm{e}^{-\left(b_0+b_1 f_j^{(2)}\right)}\right]} \tag{7.25}$$

由式（7.24）和式（7.25）可得线性方程组：

$$\begin{cases} b_0 + b_1 f^{(1)} = 0 \\ b_0 + b_1 f^{(2)} = -1 \end{cases} \tag{7.26}$$

由式（7.26）解得

$$\begin{cases} b_0 = \dfrac{f_j^{(1)}}{f_j^{(2)} - f_j^{(1)}} \\ b_1 = -\dfrac{1}{f_j^{(2)} - f_j^{(1)}} \end{cases} \tag{7.27}$$

将式（7.27）代入式（7.23），得指数形式的功效函数为

$$c_j = \mathrm{e}^{-\left(\mathrm{e}^{\left[\left(f_j - f_j^{(1)}\right)/\left(f_j^{(2)} - f_j^{(1)}\right)\right]}\right)} \tag{7.28}$$

功效系数法的特点如下。

（1）可直接按照所要求的设计性能指标评价函数，非常直观，试算后调整方便。

（2）只要有一个性能指标达不到设计要求，即相应的功效系数 c_j 为零，从而使评价函数 c 也为零，整个设计方案被否决，这正是实际设计问题所要求的，功效系数法可避免使优化计算过程误入歧途。

（3）功效系数法还可以处理目标函数值既不希望太大，又不希望太小，而希望取某一适当范围值的情况。

（4）功效系数法要求预先确定各分目标函数值的范围，但是对某些多目标优化问题各分目标函数值的范围往往是难以确定的。

7.3　协调曲线法

在多目标优化问题中，经常会出现一个分目标函数的优化值将导致其余几个分目标函数值的恶化，即目标函数的变化相互矛盾的情况。为了使某个较差的分目标也达到合理值，需要以增加其他几个分目标函数的值为代价，即需要各分目标函数值之间进行协调，相互作出一些让步，以便得出一个较为合理的设计方案。

下面以两个目标的优化问题为例来说明这种方法的基本原理。在这两个目标中，一个目标的函数值变小，将导致另一个目标函数值的增大，这是一对相互矛盾的设计目标，如图 7.4 所示。图 7.4 为两个目标函数 $f_1(\boldsymbol{X})$、$f_2(\boldsymbol{X})$ 的等值线和两个不等式的约束面。可见，两个分目标函数 $f_1(\boldsymbol{X})$、$f_2(\boldsymbol{X})$ 各自的约束最优解分别是点 T 和点 P。设从可行域内的一个设计点 R 出发来考察，当 $f_1(\boldsymbol{X})=5$ 保持不变时，极小化目标函数 $f_2(\boldsymbol{X})$ 可得到点 S，即从 R 点出发，沿等值线 $f_1(\boldsymbol{X})=5$ 向约束面移动，$f_2(\boldsymbol{X})$ 不断改善，直到点 S。另外，当 $f_2(\boldsymbol{X})=8$ 保持不变时，极小化 $f_1(\boldsymbol{X})$ 可得到 Q 点，即从 R 点出发，沿等值线 $f_2(\boldsymbol{X})=8$ 向约束面移动，$f_1(\boldsymbol{X})$ 不断改善，直到 Q 点。

可见，在 RQS 范围内的任意一个设计点都比 R 点要好。绘出的目标函数值的协调曲线，如图 7.5 所示。显然，在曲线 TP 上的 QS 段中任意一个设计方案都比点 R 要好，因为两个目标函数的值都有所减小。TP 这条曲线包含了这两个目标全部最佳方案的调整范围，所以将 TP 曲线称为协调曲线。这条协调曲线表明：若一个目标函数值已确定，则另一个目标函数值也由此曲线确定了。例如，当 $f_1(\boldsymbol{X})=3$ 时，$f_2(\boldsymbol{X})=8$；若认为 R 点是一个满意的设计方案，则曲线中 QS 间所有设计点都满意，且比 R 点更好。若能建立一个衡量设计方案满意程度的准则，就可以利用协调曲线来选择理想的设计方案，这个准则可以根据两个目标函数的匹配关系、实验数据等来确定。按照准则可在图 7.5 中作出一组表示不同满意程度的曲线，随着满意程度的增加，目标函数 $f_1(\boldsymbol{X})$、$f_2(\boldsymbol{X})$ 的值都同时下降，直到 O 点，这一点就是由协调曲线确定的最优设计方案，相应的最优点为 $\boldsymbol{X}^*$，对应的分目标函数值分别为 f_1^*、f_2^*。

对于多于两个分目标的 n 维优化问题，则可根据各分目标函数的等值面（或超曲面）及约束面（或超曲面）在设计空间的协调关系，组成协调曲面（或超曲面），而超曲面要用图形表示是不可能的，只能解出各分目标函数的变化范围，其值可通过如下的数学模型求得：

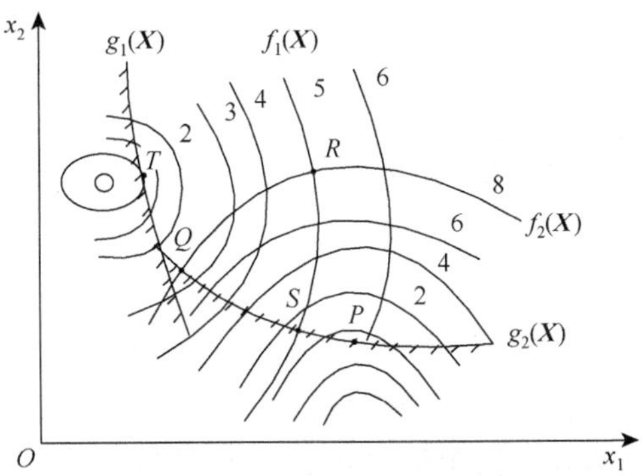

图 7.4　目标函数的等值线和约束面

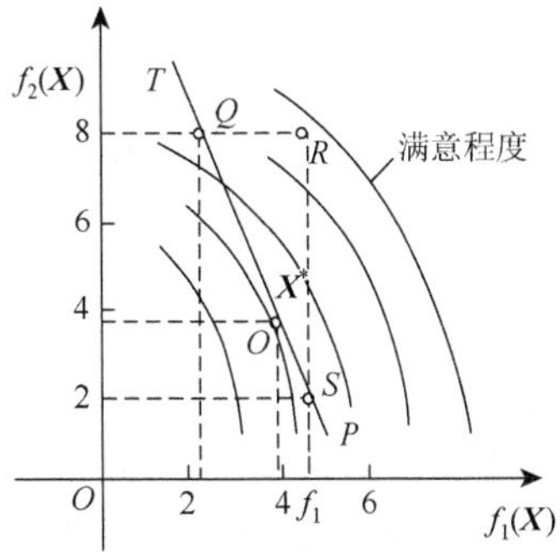

图 7.5　协调曲线

$$\begin{cases} \min \ f_j(\boldsymbol{X}), \quad j=1,2,\cdots,t \\ \text{s.t.} \ \ h_v(\boldsymbol{X}) = f_v(\boldsymbol{X}) - f_v^* = 0, \quad v=1,2,\cdots,t; v \neq j \\ \qquad g_u(\boldsymbol{X}) \leqslant 0, \quad u=1,2,\cdots,m \end{cases} \tag{7.29}$$

式中，f_v^* 是各分目标函数 $f_v(\boldsymbol{X})(v=1,2,\cdots,t)$ 的规定期望值。协调曲线法对于具有两个相互矛盾的目标函数优化设计问题很适用。

习　题

7.1　多目标函数的优化方法主要有几种？试简要说明其求解方法。

7.2　如何用统一目标法求解多目标优化问题？

7.3　协调曲线法是用来解决__________________的多目标优化问题的。

7.4　试用线性加权组合法求出下面问题的最优点：

$$\begin{cases} \min \ \Phi(\boldsymbol{X}) = [x_1 - 3x_2, 2x_1 + x_2]^{\mathrm{T}} \\ \text{s.t.} \ \ g_1(\boldsymbol{X}) = 3x_1 + 2x_2 - 6 \leqslant 0 \\ \qquad g_2(\boldsymbol{X}) = x_1 + 3x_2 - 3 \leqslant 0 \\ \qquad g_3(\boldsymbol{X}) = 2x_1 - x_2 - 2 \leqslant 0 \end{cases}$$

设 $x_1 \geqslant 0$, $x_2 \geqslant 0$, $\omega_1 = 0.6$, $\omega_2 = 0.4$。

第 8 章 优化设计新方法

前面几章主要介绍工程优化设计的一些常规的经典优化方法，随着科学技术的不断发展，工程优化方法不仅在工程技术的各个领域得到了广泛的应用，而且其理论和方法也有了一些新的发展，如借鉴生物进化思想的遗传算法、模拟退火算法、神经网络算法，下面进行简要介绍。

8.1 遗 传 算 法

遗传算法早期的工作始于 20 世纪 50 年代末 60 年代初，一些生物学家开始利用计算机对生物系统进行模拟，尽管这些工作只是纯粹地研究生物现象，但其中已经开始使用现代遗传算法的一些表示方法。1975 年，Holland 出版了第一本比较系统地论述遗传算法的专著 *Adaptation in Nature and Artificial Systems*，给出了遗传算法的概念，提出了遗传算法的基本定理，即模式定理，从而奠定了遗传算法的理论基础。1989 年，美国 Goldberg 出版了 *Genetic Algorithm in Search*，*Optimization and Machine Learning*，系统地总结了遗传算法的研究成果，完整地论述了遗传算法的基本原理及应用，为遗传算法奠定了坚实的科学基础。

8.1.1 遗传算法的基本原理与特点

遗传算法是一种模拟达尔文的遗传选择和生物进化过程搜索最优解的方法。该算法通过数学的方式，利用计算机模拟生物进化机制，将问题的求解过程转换成类似生物进化中的染色体基因的复制、交叉和变异等过程。其基本原理为通过模拟自然界优胜劣汰的进化过程，把优化问题搜索空间映射为遗传空间，把可能的解编码组成一个向量，即染色体，染色体群一代代不断进化，进化操作包括复制、交叉和变异，通过不断计算各染色体的适应值，选择最好的染色体，获得最优解。

遗传算法本质上是一种不依赖具体问题的随机搜索方法，适用于处理传统的搜索方法难以解决的复杂非线性问题，如旅行商问题（traveling salesman problem，TSP）等。由于遗传算法仅需知道目标函数的信息，而不需要其连续可微等要求，因而具有广泛的适应性。同时它又是一种采用启发性知识的智能搜索算法，往往能在搜索空间高度复杂的问题上取得比以往算法如梯度法更好的效果。遗传算法有如下特点。

（1）遗传算法的操作对象是一组可行解，而非单个可行解，搜索路径有多条，而非单条，因而具有良好的并行性。

（2）遗传算法利用简单的准则去指导搜索，无须梯度等高阶信息，因而适用于大规模、非线性的不连续多峰函数的优化及无解析表达式的目标函数优化。

（3）遗传算法的择优是一种“软”决策，目标函数可解释为编码化个体（可行解）的适应值，因而具有良好的可操作性与简单性。

（4）遗传算法使用随机搜索，但不是随机算法，而是一种启发式、自学习机制的智能算法。

8.1.2　遗传算法的常用术语及基本遗传操作

1. 常用术语

遗传算法的基本术语来自遗传学，对这些术语的理解和正确使用是非常必要的。构成生物的基本结构和功能单位是细胞，细胞中依赖的一种微小的丝状化合物称为染色体，染色体是生物遗传物质的主要载体。而遗传信息是由基因组成的，生物的各种性状由其相应的基因所控制，基因是遗传的基本单位。遗传基因在染色体中所占据的位置称作基因座，同一基因座可能有的全部基因称为等位基因。某种生物所特有的基因及其构成形式称为该生物的基因型，生物在环境中呈现出的相应的性状称为表现型。基因型由与表现型密切相关的基因组成。同一种基因型的生物个体在不同的环境条件下可以有不同的表现型，因而表现型是基因型和环境条件相互作用的结果。生物的进化是以团体形式进行的，这样的一个团体称为群体，组成群体的单个生物称为个体，每个个体对其生存环境都有不同的适应能力，这种适应能力称为个体的适应度。根据达尔文的自然选择学说，生物的基因有可能发生变异，这种变异也可能传到下一代，通过自然选择，物种将逐渐地向适应于生存环境的方向进化，从而产生出优良的物种。

在遗传算法中，染色体对应的是数据或数组，在标准的遗传算法中，通常是用一维的串结构来表现，如 $S=001011$。串上各个位置对应上述的基因座，而各位置所取的值对应上述的等位基因，如元素 0、0、1、0、1、1。遗传算法处理的是染色体，称为基因个体。一定数量的个体构成了群体，群体中个体的数目称为群体的大小，也称为群体规模，代表问题解空间的子集。

个体对环境的适应程度称为适应度，适应度也是评价个体好坏的尺度。交叉（crossover）是一对个体的基因交换，有单点交叉和多点交叉等形式，它体现染色体间的信息与基因交换的思想；变异（mutation）是染色体中某些基因的改变，反映了生物在进化中因偶然因素引起的突变。此外，执行遗传算法时包含两个必需的数据转换操作，一个是表现型到基因型的转换，另一个是基因型到表现型的转换。前者是把搜索空间的参数或解转换成遗传空间的染色体或个体，此过程称为编码（coding）操作；后者是前者的逆操作，称为译码（decoding）操作。

2. 基本遗传操作

与传统的搜索算法不同，遗传算法是一种群体型操作，该项操作以群体中的所有个体为对象。选择、交叉和变异是遗传算法的 3 个主要操作算子，它们构成了遗传算法操作。

（1）选择。根据各个个体的适应度，按照一定的规则或方法从某一代群体中选择一些优良的个体遗传到下一代中，进而形成新的群体，选择操作反映了物种进化“适者生存，优胜劣汰”的思想。

（2）交叉。交叉也称为重组，是将群体内的各个个体随机搭配成对，对每一对个体以某个概率（称为交叉概率）交换它们之间的部分染色体，进而形成新的染色体的过程，反映了个体间的信息传递和信息交换关系。

（3）变异。变异是对群体中的一些个体以一定的概率（称为变异概率）改变其中一些基因值，进而形成新的染色体的过程。

3. 简单遗传算法计算步骤

一般将遗传算法分为两大类：简单遗传算法（simple genetic algorithm，SGA）和高级遗传算法（refined genetic algorithm，RGA）。SGA 和 RGA 的区别主要有以下两点。

（1）SGA 的遗传算子只使用选择、交叉和变异，而 RGA 中包括了一些新的算子，如逆算子（inversion）等。

（2）SGA 中交叉算子和变异算子发生的概率 P_c 与 P_m 是恒定不变的，而 RGA 中概率是可变的。在 RGA 的计算开始时，通常给定 P_c 一个较大的值，给定 P_m 一个较小的值，随着计算过程的进行，逐步减小 P_c 和增大 P_m，直到 P_c、P_m 达到预定的下限和上限。

由于选择方法和各种遗传算子的实现方法多种多样，从而可构成多种不同形式的 SGA 和 RGA。目前，就 SGA 的一些理论问题（如计算机理和数学特性等），研究者已经做了不少研究，并取得了一些明确而有用的理论结果。这里只对 SGA 进行介绍。

遗传算法的一般流程图如图 8.1 所示。主要分为以下步骤。

（1）初始化：随机产生初始种群，个体数目一定，每个个体表示为染色体的基因编码。

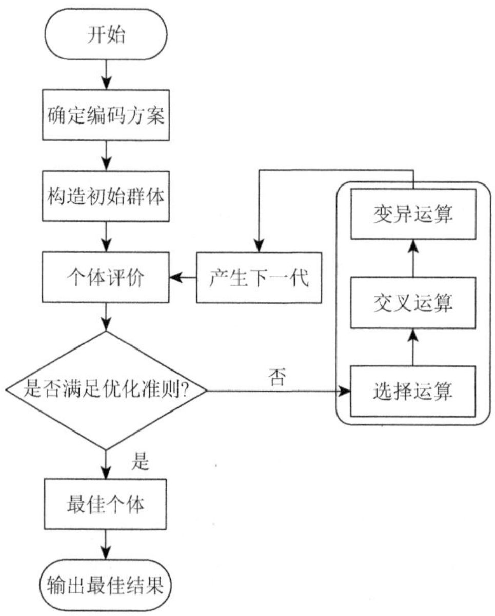

图 8.1　遗传算法的一般流程图

（2）个体评价：计算群体中每个解（代表染色体的串）相应的目标函数值，即适应值，并判断是否满足优化准则，若满足，则输出最佳个体及其代表的最优解，并结束计算，否则转向下一步。

（3）选择运算：依据适应度选择再生个体，适应度高的个体被选中的概率大，适应度低的个体可能被淘汰。

（4）交叉运算：按照一定的交叉概率和交叉方法，生成新的个体。

（5）变异运算：利用变异算子，按照一定的变异概率和变异方法，对交叉完毕的个体随机挑选变异位置，以一定的变异概率进行变异，以二进制表示的串为例，原来是 0 的位，变为 1；原来是 1 的位，变为 0。通常认为变异算子只是辅助算子，需要和交叉算子妥善配合使用，目的是挖掘群体的多样性，克服可能陷入局部最优解的弊病。

（6）经过交叉运算和变异运算后生成新的解群，返回（2），直至达到某一收敛性条件。

8.1.3　遗传算法的实现技术

在遗传算法运行过程中，遗传算法不对优化问题的实际决策变量直接进行操作，而是对表示可行解的个体编码进行选择、交叉和变异等遗传运算，通过这种遗传运算达到优化的目的。下面介绍遗传算法的实现技术。

1. 编码

问题空间向遗传算法空间的映射称作编码。编码是遗传算法的基础工作之一，到目前为止，研究者已提出了多种编码方法，归纳起来可以分为三类：二进制编码、浮点数编码和符号编码。

1）二进制编码

二进制编码可以精确地表示整数，假设某一参数的取值范围是$[a_{\min},a_{\max}]$，编码的长度l可按式（8.1）确定：

$$l > \log_2(a_{\max} - a_{\min}) \tag{8.1}$$

如果对于某整数变量$x \in [0,100]$，可用$l > \log_2(100-0) = 6.6$，取$l=7$，则下列符号串x:1010110 表示一个个体，它所对应的参数值是$x=86$。

如果是连续变量，则编码的长度与要求的精度有关，对于取值范围为$[a_{\min},a_{\max}]$的连续变量，若要求精度为10^{-n}，则至少要将区间$[a_{\min},a_{\max}]$分为$(a_{\max}-a_{\min})\times 10^n$个等区间，由此确定的编码长度$l$为

$$l > \log_2\left(\frac{a_{\max} - a_{\min}}{10^n}\right) \tag{8.2}$$

编码的精度为

$$\delta = \frac{a_{\max} - a_{\min}}{2^l - 1} \tag{8.3}$$

如某函数 $f(x)$，$x\in[-1,1]$，要求的精度为 0.0001，因 $2^{14}<[1-(-1)]\times10^4<2^{15}$，则需要用 15 位二进制编码。编码精度 $\delta=\dfrac{a_{\max}-a_{\min}}{2^l-1}=\dfrac{1-(-1)}{2^{15}-1}\approx0.00006$。

假设某一个体的二进制编码为 $X:b_lb_{l-1}b_{l-2}\cdots b_2b_1$，则对应的解码公式为

$$x=a+\sum_{i=1}^{n}(b_i\cdot2^{l-1})\cdot\frac{a_{\max}-a_{\min}}{2^l-1} \tag{8.4}$$

如果对于 $x\in[-1,1]$，若用 11 位的二进制编码来表示该参数，则符号串：$x:11010011101$ 就可以表示一个个体，它对应的参数值是 $x=0.6541$，此时的编码精度 $\delta\approx0.001$。

二进制编码有如下优点：①编码、解码简单易行；②交叉、变异等遗传操作便于实现；③符合最小字符集编码原则；④便于利用模式定理对算法进行理论分析。

2）浮点数编码

由于二进制编码存在着连续函数离散化时的映射误差，对于一些多维、高精度要求的连续函数优化问题使用浮点数编码的方法。浮点数编码是指个体的每个基因值用某一范围内的一个浮点数来表示，个体的编码长度等于其决策变量的个数，也称为真值编码方法。

如果某个优化问题有 4 个变量 $x_i(i=1,2,3,4)$，每个变量对应的数值区间为 $[a_{\min},a_{\max}]=[1,10]$，则 $x=[3.5,2.1,7.5,4.9]^{\mathrm{T}}$ 就表示一个基因。

浮点数编码要保证基因值在给定的限制范围内，遗传算法中所使用的交叉、变异等遗传操作也必须保证其运算结果所产生的新个体的基因值也在这个限制范围内。

浮点数编码有如下一些优点：①适合于表示范围较大的数；②适合于精度要求较高的遗传算法；③便于较大空间的遗传搜索；④改善了遗传算法的计算复杂性，提高了算法的运算效率；⑤便于处理复杂的决策变量约束问题等。

3）符号编码

符号编码是指个体染色体编码串中的基因值取自一个无数值意义而只有代码含义的符号集，这个符号集既可以是一个字母表，也可以是一个数字序号表或一个代码表等。

例如，对于 TSP 问题，假设有 n 个城市，分别记为 $V_1,V_2,\cdots,V_n$，将各个城市的代号按其被访问顺序连接在一起，就构成一个旅行路线的个体，如 $\boldsymbol{X}=[V_1,V_2,\cdots,V_n]^{\mathrm{T}}$ 就表示访问顺序为 $V_1\to V_2\to\cdots\to V_n$。将各个城市按其代号下标进行编号，则个体的编码也可表示为 $\boldsymbol{X}=[1,2,\cdots,n]^{\mathrm{T}}$。

符号编码的优点为：①符合有意义积木块编码原则；②便于在遗传算法中利用所求解问题的专门知识；③便于遗传算法与梯状接力赛等近似算法之间的混合使用。但符号编码也有以下缺点，如交叉、变异操作易产生非法染色体等。

2. 适应度函数

自然进化论表明，生物的幸存是因为其能适应环境，能适应环境的物种才有大量的后代生存下来，因此适应度是决定个体生存的重要条件。在遗传算法中，群体的进化过程也是以群体中各个个体和适应度为依据的，是遗传算法用来指导搜索方向的唯一准则。对于

函数优化问题，可直接将函数本身作为适应度函数，而对于复杂系统，往往要自己构造适应度函数，为了保证群体多样性和后期群体内个体的竞争，对进化初期和后期都应做适当调整。适应度的确定直接影响遗传算法的有效性。

（1）直接将求解的目标函数转化为适应度函数，对于求目标函数最大值的问题

$$F = f(x) \tag{8.5}$$

对于求目标函数最小值的问题

$$F = \begin{cases} M - f(x) \\ -f(x) \end{cases} \tag{8.6}$$

或

$$F = \frac{\alpha}{\alpha + f(x)} \tag{8.7}$$

式中，α 为控制参数。这种适应度函数的构造方法简单，与目标函数直接相关。

（2）适应度尺度变换法。有时在遗传算法运行的不同阶段，为了提高算法的收敛速度和精度，需要对个体的适应度进行适当的扩大或缩小，这种对个体适应度所做的扩大或缩小变换就称为适应度函数的尺度变换。变换的方法有三种：线性变换、σ 截断和乘幂法。

①线性变换：设原适应度函数为 f，尺度变换后的适应度函数为 F，线性变换可采用式（8.8）表示。

$$F = af + b \tag{8.8}$$

式中，系数 a 和 b 的选取应满足以下两个条件：其一是原适应度平均值 f_{avg} 要等于变换后适应度平均值；其二是变换后适应度函数的最大值 F_{max} 要等于原适应度平均值 f_{avg} 所指定的倍数，即 $F_{max} = cf_{avg}$，系数 c 是为得到所期望的最优群体个体的复制数，对于一个不太大的群体 $n = 50 \sim 100$，c 可在 $1.2 \sim 2.0$ 内选取。

②σ 截断：是使用线性变换的一个预处理方法，目的在于更有效地保证变换后的适应度值不出现负值，主要利用了群体标准方差信息来对适应度进行预处理，表达式为

$$F = f - (\bar{f} - c\sigma) \tag{8.9}$$

式中，c 为常数，要适当选择；σ 为群体标准方差；$\bar{f}$ 为时间 t 内整个群体的平均适应值。

③乘幂法：该变换方法可定义为

$$F = f^K \tag{8.10}$$

式中，K 与求解的问题有关，而且在算法过程中可按需要进行修正。

3. 选择算子

遗传算法中的选择操作就是用来确定如何从父代群体中选取哪些个体遗传到下一代群体中的一种算子。选择算子的作用是从当前群体中选择出一些比较优良的个体，并将其复制到下一代群体中，常用的方法主要有轮盘选择法、线性比例模型法等。下面主要介绍轮盘选择法。

轮盘选择法也称比例选择法，其基本思想是：各个个体被选用的概率与其适应度大小成正比，因为这种选择方式与赌博中的轮盘赌操作原理颇为相似，故而命名。轮盘选择法

是将所有个体的适应度作为一个轮盘，根据适应度的大小，将每个个体与轮盘中某些部分对应起来，然后旋转轮盘上的指针，指针所在处对应的个体就被选中，不断重复上述过程，直到选择到所需要的个体数目。

设群体大小为 M，个体 i 的适应度为 F_i，具体执行过程如下。

（1）先计算出群体中所有个体适应度的总和 $\sum_{i=1}^{M}F_i$。

（2）计算个体 i 被遗传到下一代的概率 p_i：

$$p_i = F_i\Big/\sum_{i=1}^{M}F_i \tag{8.11}$$

（3）模拟轮盘操作，即利用随机数发生器产生 0～1 的随机数，随机数所在区域对应的个体被选择。

例如，求函数 $f(x)=x^2-x$ 在 $x\in[0,25]$ 区间的最大值。利用编码长度为 5 的二进制码（因为 $l>\log_2(25-0)=4.6$），取初始种群为 4，随机产生 4 个 5 位二进制串，假设如下：01101　11000　01000　10011，取目标函数为适应度函数，采用轮盘赌方法进行选择计算，下一代的选择结果如表 8.1 所示。

表 8.1　轮盘赌方法选择结果

串号	随机生成初始种群	x 值	适应度函数 $f(x)=x^2-x$	被复制的概率 $f_i\Big/\sum_{i=1}^{4}f_i$	期望的复制数 $f_i\Big/\sum_{i=1}^{4}\left(f/n_i\right)$	实际得到的复制数
1	01101	13	156	0.141	0.563	1
2	01000	24	552	0.499	1.993	2
3	11000	8	56	0.051	0.202	0
4	10011	19	342	0.309	1.235	1
总计			1106	1.00	4.0	4
平均			277	0.25	1.00	1
最大值			552	0.499	1.993	2

4. 交叉算子

交叉运算是指对两个相互配对的染色体按某种方式相互交换其部分基因产生新的后代。交叉运算是遗传算法区别于其他算法的重要特征。交叉算子的设计包括以下两方面的内容：①如何确定交叉点的位置；②如何进行部分基因交换。交叉的方式很多，常见的有单点交叉、两点交叉、多点交叉、一致交叉、混合交叉和算术交叉。

（1）单点交叉与两点交叉。首先对群体中的个体进行两两配对，即确定交叉运算的双亲，然后对每一对相互配对的个体随机设置一个交叉点，最后根据设定的交叉概率在交叉点处互换两个个体基因，从而产生两个新的个体。单点交叉的一个示例如下：

父A：1101 ┊ 110　　　　父B：0011 ┊ 111

↓

子A：1101 ┊ 111　　　　子B：0011 ┊ 110

与传统的单点交叉类似，两点交叉是指在个体编码串中随机设置了两个交叉点，并交换两个交叉点之间的基因，然后再进行部分基因交换，示例如下：

父A：1101 ┊ 10 ┊ 10　　　　父B：0011 ┊ 11 ┊ 11

↓

子A：1101 ┊ 11 ┊ 10　　　　子B：0011 ┊ 10 ┊ 11

（2）多点交叉。多点交叉是两点交叉的推广，它以随机方式选取编码串中的多个点，并在多点之间进行交叉操作，比较适合于较大解空间的情况。一般来讲，多点交叉较少采用，因为它的求解过程增加了变量变化范围和算法的随机性，从而影响遗传算法的性能。

（3）一致交叉。一致交叉是指两个配对个体的每一个基因座上的基因都以相同的交叉概率进行交换，从而形成两个新的个体，它包含在多点交叉范围内。具体运算通过设定一屏蔽字来确定两个新个体的各个基因由哪一个父代个体提供。它的操作过程如下：随机产生一个与编码串长度等长的由字符 0～1 组成的掩码 $W=\omega_1\omega_2\cdots\omega_l$；如果掩码的 ω_i 为 0，则新个体 A' 继承父本 A 中的对应基因，新个体 B' 继承父本 B 中的对应基因；若 ω_i 为 1，则新个体 A' 继承父本 B 中对应的基因，新个体 B' 继承父本 A 中的对应基因，从而形成两个新的个体 A'、B'，示例如下：

$$\begin{matrix} xxxxxxxx & & xyxyyxyx \\ & \xrightarrow[W=01011010]{} & \\ yyyyyyyy & & yxyxxyxy \end{matrix}$$

（4）混合交叉。混合交叉即一部分采用一点交叉，另一部分采用两点交叉或多点交叉。这种综合技术可适当地减少个体成员的变化范围。此外还有循环交叉、顺序交叉、递位交叉等交叉方式。

（5）算术交叉。算术交叉的操作对象一般是由浮点数编码所表示的个体。假设在两个个体 $\boldsymbol{X}_1$、$\boldsymbol{X}_2$ 之间进行算术交叉，则交叉运算后获得的两个新个体 $\boldsymbol{X}_1'$、$\boldsymbol{X}_2'$ 是

$$\begin{aligned} \boldsymbol{X}_1' &= \boldsymbol{X}_1 + (1-\lambda)\boldsymbol{X}_2 \\ \boldsymbol{X}_2' &= \boldsymbol{X}_2 + (1-\lambda)\boldsymbol{X}_1 \end{aligned} \tag{8.12}$$

式中，$\lambda \in (0,1)$ 为一参数。

5. 变异算子

变异是将染色个体的某些基因值用该基因座的其他等位基因替换，形成一个新的个

体。变异算子作为辅助算子，概率一般很小，根据编码方式不同，分为二进制变异和实值变异。

（1）二进制变异。对二进制编码的个体而言，变异意味着变量的取反操作。对于每个个体，依据变异概率指定某一位或几位的基因变异点；对每一个指定变异点的基因做取反运算，示例如下：

$$1001[1]011 \to 1001[0]011$$

（2）实值变异。用符合某一范围内均匀分布的随机数，以较小的概率替换个体编码串中各个基因位上的原有基因值。假设有一个体为 $\boldsymbol{X} = x_1x_2\cdots x_k\cdots x_l$，若 x_k 为变异点，其取值为 $[a_{\min}^k, a_{\max}^k]$，在该点对个体 $\boldsymbol{X}$ 进行均匀变异操作后，可得到一个新的个体 $\boldsymbol{X}' = x_1x_2\cdots x_k'\cdots x_l$，其中变异点的新值为

$$x_k' = a_{\min} + \lambda(a_{\max}^k - a_{\min}^k) \tag{8.13}$$

式中，$\lambda \in [0,1]$ 为符合均匀概率分布的一个随机数。

8.1.4 遗传算法的运行参数

遗传算法中有 6 个运行参数需要提前确定，它们是编码串长度 l、群体大小 M、交叉概率 p_c、变异概率 p_m、终止代数 T 和代沟 G。

（1）编码串长度 l：使用二进制编码表示个体时，编码串长度的选取与问题所要求的求解精度有关；用浮点数编码表示个体时，编码串长度 l 与决策变量的个数 n 有关。

（2）群体大小 M：群体大小表示群体中所含个体的数量，影响遗传优化的最终结果及执行效率。M 取小值时可提高算法的运算速度，但却降低了群体的多样性，有可能会引起算法的早熟现象；当 M 取较大值时，又会使算法的运行效率降低，一般建议的取值是 100～200。

（3）交叉概率 p_c 和变异概率 p_m：交叉概率与变异概率共同决定了遗传算法的性能。交叉概率一般取较大值，以保证可以产生较多的新个体，但取值太大有可能破坏群体的优良模式，若取值过小，产生新个体的速度较慢，一般建议取值是 0.4～0.99。变异概率的取值一般较小，其范围一般为 0.0001～0.1。此外，还有一些学者提出了采用自适应思想确定交叉概率的方法。

（4）终止代数 T：终止代数 T 是表示遗传算法运行结束条件的一个参数，它表示遗传算法运行到指定的进化代数之后就停止迭代，并将当前群体中的最佳个体作为所求问题的最优解输出。一般建议取值是 100～1000 代。

（5）代沟 G：代沟 G 是表示各代群体之间个体重叠程度的一个参数，它表示每一代群体中被替换掉个体在全部个体中所占的百分比，一般取值为 0.3～1.0。如 $G=1.0$ 表示群体中的全部个体都是新产生的，而 $G=0.7$ 则表示 70%的个体是新产生的，而随机保留了上一代群体中的 30%。

8.2　模拟退火算法

模拟退火（simulated annealing，SA）算法是局部搜索算法的一种扩展，一种用于求解大规模优化问题的随机搜索算法。该算法的思想最早在 1953 年由 Metropolis 提出，但直到 1983 年 Kirkpatrick 等首先意识到固体退火过程与组合优化问题之间存在的类似性，才将退火算法引入组合优化领域并进行应用。模拟退火算法采用类似于物理退火的过程，先在一个高温状态下（相当于算法随机搜索），然后逐渐退火，在每个温度下（相当于算法的每一次状态转移）慢慢冷却（相当于算法局部搜索），最终达到物理基态（相当于算法找到最优解）。因此，模拟退火算法的核心思想是以优化问题求解过程与物理系统退火过程之间的相似性为基础，利用 Metropolis 准则并适当地控制温度的下降过程实现模拟退火，从而达到在多项式时间内求解全局优化问题的目标。作为求解复杂组合优化问题的一种有效算法，该算法已经在许多工程和科学领域得到广泛应用。

8.2.1　Metropolis 准则

固体在恒定温度下达到热平衡的过程可以用 Monte Carlo（蒙特卡罗）方法进行模拟。但必须大量采样才能得到比较精确的结果，因而计算量很大。为了简化计算，1953 年 Metropolis 从物理系统倾向于能量较低的状态，而热运动又妨碍它准确落入最低态的情况出发，提出了重要性采样法，从而可以使整个过程快速达到比较理想的结果，其方法描述如下：先给定以粒子相对位置表征的初始状态 i 作为固体的当前状态，该状态的能量是 E_i，系统受到某种扰动可能使粒子的位移随机地产生一个微小变化，得到一个新状态 j，则新状态的能量是 E_j。系统由状态 i 变为状态 j 的接受概率由 Metropolis 准则确定

$$p(i,j)=\begin{cases}1, & E_j\leqslant E_i\\ \exp\left[\dfrac{-(E_j-E_i)}{kT}\right], & E_j>E_i\end{cases}\tag{8.14}$$

式中，T 是热力学温度；k 是玻尔兹曼（Boltzmann）常量。

式（8.14）可以描述为，当新状态的能量减少时，系统以概率 1 接受这个新状态；而当新状态使系统能量增加时，系统以某一概率接受这个新状态，其过程如下：用随机数发生器产生一个在[0, 1]区间均匀分布的随机数 r，若 $p_i>r$，则认为新状态是可接受状态，否则舍去。若新状态 j 被接受，就以 j 取代 i 成为当前状态，否则仍以 i 为当前状态。重复以上新状态参数的产生过程。在大量迁移（固体状态的变换自然数为迁移）后，系统趋近于能量较低的平衡状态。

由于 $\mathrm{e}^{-x}(x\geqslant 0)$ 是 x 的减函数，由以上可知，高温下 kT 越大 p_i 值越大，当前状态被接受的可能性越大。随着温度的降低，kT 值变得越来越小，p_i 值也越来越小，只能接受与当前状态能差较小的新状态为重要状态。这与不同温度下热运动的影响完全一致，在温度趋于零时，就不能接受任一 $E_j>E_i$ 的新状态 j 了。

上述接受新状态的准则称为 Metropolis 准则，相应的算法称为 Metropolis 算法，这种算法的计算量将显著减少。

8.2.2 模拟退火算法的基本思想和步骤

用固体退火过程模拟组合优化问题，将固体的一个微观状态 i 及其能量 E_i 模拟为组合优化问题的一个解 i 及其目标函数 $f(i)$，温度 T 演化成控制参数 t，即得到解组合优化问题的模拟退火算法。

设有定义在有限集 S 上的组合优化问题，$i\in S$ 是该问题的一个解，$f(i)$ 是解 i 的目标函数。一个模拟退火算法由初始解 i 和控制参数初值 t 开始，对当前解进行“产生新解→计算目标函数差→接受或舍弃”的迭代（这一过程即对应着固体在某一恒定温度下趋于热平衡的过程），也就是执行了一次 Metropolis 算法。然后逐步减小 t 值，重复执行 Metropolis 算法，就可以在控制参数 t 趋于零时，最终求得组合优化问题的最优解。由于固体退火过程必须慢慢降温，才能使固体在每一温度下都达到热平衡，最终趋于能量最小的基态，控制参数的值也必须缓慢减小，才能确保模拟退火算法最终趋于组合最优化问题的整体最优解集。

在给定温度 $t(t\in \mathbf{R}^+)$ 和初始解 i 下，随机产生一个问题的新解 $j(j\in N(i))$，其中 $N(i)$ 是 i 的邻域，模拟退火算法用 Metropolis 算法产生组合优化问题解的序列，并由 Metropolis 准则根据函数的转移概率 p 来确定是否接受从当前解 i 到新解 j 的转移。转换概率 p 由式（8.15）计算

$$p(i,j)=\begin{cases}1, & f(i)\leqslant f(j)\\ \exp\left[\dfrac{f(i)-f(j)}{t}\right], & \text{其他}\end{cases} \tag{8.15}$$

如果新解 j 被接受，则以解 j 代替 i，否则继续保持解 i。如此重复，直至满足某个停止准则时算法终止。开始时 t 取较大的值（相当于给定一个较高的温度 T），在进行足够多的转移后，缓慢减小 t 的值，重复以上过程，直至控制参数 t 降低到足够小。模拟退火算法的一般步骤如下所示。

（1）任意产生一个初始状态：$\boldsymbol{X}_0$；$\boldsymbol{X}_i=\boldsymbol{X}_0$；$K=0$；$t_0=t_{\max}$（初始温度，充分大）。

（2）若在该温度达到内循环停止循环条件，则转（3）；否则，从邻域 $N(\boldsymbol{X}_i)$ 中随机选择一点 $\boldsymbol{X}_j$，计算 $\Delta f_{i,j}=f(\boldsymbol{X}_j)-f(\boldsymbol{X}_i)$，若 $\Delta f_{i,j}\leqslant 0$，则 $\boldsymbol{X}_i=\boldsymbol{X}_j$，否则若 $\mathrm{e}^{(\Delta f_{i,j}/t_k)}>r_k$（$r_k$ 为利用随机数产生的接受概率），则 $\boldsymbol{X}_i=\boldsymbol{X}_j$，转（2）；若 $\mathrm{e}^{(\Delta f_{i,j}/t_k)}\leqslant r_k$，$\boldsymbol{X}_i$ 不变，丢弃 $\boldsymbol{X}_j$，转（2）。

（3）$t_{k+1}=d(t_k)$，$K=K+1$；若满足停止条件，终止计算；否则转（2）。

从算法结构可知，状态产生函数、新状态接受函数、降温函数、抽样稳定性准则和退火结束条件及初始温度是直接影响算法优化结果的主要环节。因此，为搜索到最优解，算法通常要求较高的初始温度、较慢的降温速率、较低的终止温度及在某一温度下足够多次的抽样次数。但结果是使优化过程时间加长，这也是模拟退火算法的缺点所在，所以怎样权衡优化质量与优化效率的关系是对模拟退火算法进行改进的主要内容。

8.2.3　模拟退火算法收敛的条件

在模拟退火过程中，给定温度下状态或解的转移可以视为一个马尔可夫链。对于任意两个状态 i 和 j，用 $p_t(i,j)$ 表示温度 t 下从状态 i 到状态 j 的概率，则有

$$p_t(i,j)=\begin{cases}G_t(i,j)A_t(i,j), & i\neq j\\ 1-G_t(i,j)A_t(i,j), & i=j\end{cases} \tag{8.16}$$

式中，$G_t(i,j)$ 为产生概率，表示从状态 i 产生状态 j 的一步转移概率，如果在邻域内等概率选取，则有

$$G_t(i,j)=\begin{cases}0, & j\notin N(i)\\ 1/|N(i)|, & j\in N(i)\end{cases} \tag{8.17}$$

$A_t(i,j)$ 为接受概率，表示在状态 i 产生状态 j 后，接受状态 j 的概率，如果按照 Metropolis 准则的接受概率，则有

$$A_t(i,j)=\begin{cases}1, & f(j)\leqslant f(i)\\ \exp\left[\dfrac{f(i)-f(j)}{t}\right], & 其他\end{cases} \tag{8.18}$$

在定义的邻域满足一定的条件下得到的马尔可夫链满足不可约和非周期性条件，其平稳分布唯一存在。在给定的 t 下，经过足够多的转移之后，得到解 i 的概率为

$$p_t(i)=\mathrm{e}^{-\frac{f(i)}{t}}\Big/\sum_{j\in S}\mathrm{e}^{-\frac{f(j)}{t}} \tag{8.19}$$

根据 $p_t(i)$ 的意义，可得

$$\lim[p_t(i)]=\lim\left[\mathrm{e}^{\frac{-f(i)}{t}}\Big/\sum_{j\in S}\mathrm{e}^{-\frac{f(j)}{t}}\right]=\begin{cases}1/s, & i\in N(i)\\ 0, & i\notin N(i)\end{cases} \tag{8.20}$$

式中，s 为邻域 $N(i)$中所有可能解的集合，则有

$$\lim(p_t[i\in N(i)])=\sum_{i\in N(i)}1/s=1 \tag{8.21}$$

式（8.21）说明，只要在每个 t 下进行足够多次的状态转移，使其达到式（8.19）所示的平衡分布，则模拟退火算法将以概率 1 得到问题的全局最优解。

8.2.4　模拟退火算法关键参数和操作设计

从上面的算法步骤来看，模拟退火算法包含三个函数（状态产生函数、状态接受函数和温度更新函数）和两个准则（内循环准则和外循环准则），这些环节的设计将决定模拟退火算法的优化性能。

1. 初始温度t_0的确定

初始温度t_0的设置是影响模拟退火算法全局搜索性能的重要因素之一。初始温度高，则搜索到全局最优解的可能性大，但因此要花费大量的计算时间，反之，则可节约计算时间，但全局搜索性能可能受到影响。实际应用过程中，初始温度一般需要依据实验结果进行若干次调整。常用的方法有以下几种。

（1）均匀抽样一组状态，以各状态目标值的方差为初始温度。

（2）随机产生一组满足约束条件的初始解，并计算相应的目标函数值，设最大值为$f_{\max}$，最小值为$f_{\min}$，最大目标差值$\varDelta_{\max}=f_{\max}-f_{\min}$。然后依据差值，利用一定的函数确定初始温度，如初始温度$t_0=-\varDelta_{\max}/\ln p_{t_0}$，其中$p_{t_0}$为初始接受概率，若$p_{t_0}$接近 1，且初始随机产生的状态能够一定程度上表征整个状态空间，算法将以等同的概率接受任意状态，完全不受极小解的限制。

（3）利用经验公式确定。Kirkpatrick 等在 1983 年提出确定t_0的经验法则是：选定一个大值作为初始温度t_0的当前值并进行若干次变换，若接受概率小于预定的初始接受概率p_0（取 0.8），则将当前初始温度t_0加倍，以新的初始温度t_0值重复上述过程，直至得到使$p>p_0$的初始温度t_0值。这个经验法则已被许多研究者进行深入研究，如初始温度还用$t_0=K\delta$估计，其中K为充分大的数，$\delta=\max\{f(j),j\in S\}-\min\{f(j),j\in S\}$，实际计算时可取$K=10,20,30,\cdots,100$，此时对应的$\exp[\Delta f/t_0)]=0.9048$，0.9512，0.9900，…，已达到充分大的要求。当δ值可以简单估计出来时，采用这种方法可以更容易获得初始温度t_0的值。

2. 降温策略

降温策略即温度下降方式，用于在外循环中修改温度值。退火过程要求温度下降足够缓慢，常用的方法有以下三种。

（1）等比例下降法。这是最常用的温度更新函数方法，设置一个衰减系数，使得温度每次以相同的比例下降，即

$$t_{k+1}=\alpha t_k,\quad k=0,1,\cdots,n \tag{8.22}$$

式中，t_k为当前温度；$0<\alpha<1$是一个常数，α值越大，衰减速度越慢，一般取 0.8～0.9，且其大小可以变化。

（2）等值下降法。该方法每次温度下降幅度是一个固定值，即

$$t_{k+1}=t_k-\Delta t \tag{8.23}$$

设K是希望温度下降的总次数，则有

$$\Delta t=t_0/K \tag{8.24}$$

式中，t_0是初始温度。该方法的优点是可以控制总的温度下降次数，但由于每次温度下降是一个固定值，如果设置过小，则在高温时温度下降太慢；如果设置太大，在低温下温度下降又过快。

（3）对数降温法。当邻域搜索过程中，解的质量变差的概率呈 Boltzmann 分布时，Geman 等从理论上证明对数降温法可使模拟退火法收敛于全局最优解，即

$$t_k = \frac{\alpha}{\lg(1+k)} \tag{8.25}$$

式中，α 为正的常数，α 值越大则温度下降得速度越慢；k 为降温的次数。

3. 每一温度下的停止准则

在每一温度下，模拟退火算法都要求产生足够的交换状态，如果用 L_k 表示在温度 t_k 下的迭代次数，则 L_k 应使得这一温度下的马尔可夫链基本达到平稳状态，通常有以下几种常用的停止准则。

（1）固定长度方法是一种最简单的方法，在每一温度下，都使用相同的 L_k，L_k 的选取与具体的问题相关，一般与邻域的大小直接关联，通常选择为问题规模 n 的一个多项式函数，如在 n 城市的 TSP 中，若采用交换两个城市的方法产生邻域，邻域的大小为 $n(n-1)/2$，则 L_k 可以选取为 $C \times n$ 等（C 为常数）。

（2）基于接受概率的停止准则在比较高的温度时，系统处于每一个状态的概率基本相同，而且每一个状态的接受概率也接近于 1。因此，在高温时，即使比较小的迭代数，也可以基本达到平稳状态，而随着温度的下降，被拒绝的状态数增加，因此在低温下迭代数应增加，以免由于迭代次数太少，而过早地陷入局部最优状态。因此一个直观的想法是随着温度的下降适当地增加迭代次数。实现的一种方法是规定一个接受次数 R，在某一温度下，只有被接受的次数达到 R 时，在该温度下的迭代才停止，转入下一个温度。随着温度的下降，状态被接受的概率下降，则应适当地增加迭代次数。为了防止在温度较低时接受概率太低而使迭代次数过多，一般设置一个迭代次数上限 U，当达到迭代次数上限 U 时，即使不满足接受次数 R 也停止这一温度的迭代。

4. Metropolis 迭代的终止条件

（1）零度法。模拟退火算法的零度法的最终温度降为零，因而最简单的原则是给定一个比较小的正数 ε，当温度 $t_k < \varepsilon$ 时，算法停止。

（2）循环总数控制法。当迭代次数达到一定值时，停止运算，这一原则可分为两类：一类是以算法的总迭代步数为依据，它表示各温度时马尔可夫链迭代数（内循环）的总和为一个给定的数；另一类是内循环的次数达到一定值时，就转入外循环。

5. 步长因子问题

（1）固定长度法在每一温度，迭代相同的步数，步数的选取与问题的规模有关，通常采用与邻域大小相关的原则。

（2）变长度法是由接受和拒绝的比率控制迭代次数的方法。当温度很高时，每一状态被接受的频率基本相同，而且几乎所有的状态都被接受，此时，在同一温度下使迭代的次数尽量少。当温度渐渐变低时，越来越多的状态被拒绝，如果在此温度下的迭代次数太少，则可能造成过早地陷入局部最优状态。比较直观和有效的方法是随着温度的下降，将同一

温度的迭代次数增加，实现的一种方法是给定一个充分大的次数上限U和一个接受次数R，当接受次数等于R时，在此温度下不再迭代而使温度下降，否则，一直迭代到次数上限U。实现的第二种方法是给定一个接受比率R'、迭代次数上限U和迭代次数下限L，每一温度至少迭代L次且记录同一温度迭代的总次数和被接受的次数，当迭代次数超过L次时，若接受比率不小于R'，则在这一温度不再迭代而开始下降温度，否则，一直迭代到次数上限U。

8.2.5 模拟退火算法应用

模拟退火算法主要用于解决组合优化问题，从算法的结构看，要应用其解决实际问题，必须先确定待解问题的数学模型、解空间、目标函数和解的邻域等，至于完整的算法和编程，参考模拟退火算法，加上编程技巧，不难完成，而且在相关的网站上也可以找到解决相关问题的完整代码，只要稍做修改就可适用于不同的问题。下面给出组合优化中最典型问题——旅行商问题的数学描述及求解策略和模拟退火算法描述。

1. 数学描述及求解策略

数学描述：假设有一个旅行商人要拜访n个城市，他必须选择所要走的路径，路径的限制是每个城市只能拜访一次，而且最后要回到原来出发的城市，路径的选择目标是要求所选路径路程为所有路径之中的最小值。为使问题简便，仅讨论 Euclid 平面上的旅行商问题，假设距离矩阵$\boldsymbol{D}=(d_{ji})$满足对称性要求，即$d_{ji}=d_{ij}$，且满足三角不等式$d_{ij}+d_{jk}\geqslant d_{ik}$，$d_{ii}=0(i,j=1,2,\cdots,n)$。求解策略如下所示。

（1）解空间及初始解的产生：解空间S表示n个城市循环排列的集合，即$S=\{(s_1,s_2,\cdots,s_n)\}$，表示$V_1\rightarrow V_2\rightarrow\cdots\rightarrow V_n$的一条路径，$V_i(1\leqslant i\leqslant n)$是该路径中第 i 个已经过的城市。解空间为$\{1,2,\cdots,n\}$的循环排列，其中每一个循环排列表示遍访n个城市的一条路径，并约定$s_{n+1}=s_1$，初解定为$\{1,2,\cdots,n\}$。

（2）目标函数：目标函数为访问所有城市的路径总长度，即

$$f(S)=\min\sum_{i=1}^{n}d_{ij} \tag{8.26}$$

式中，$\sum_{i=1}^{n}d_{ij}$为访问所有城市的路径长度。

（3）邻域结构和新解产生机制：邻域结构选择二变换邻域结构。即当前解对应的路径直接去掉 2 条边，然后用另外 2 条边放入所得路径的全体，构成当前解的邻域结构。新解产生机制为：任选访问的序号u和v，逆转u和v及其之间的访问顺序，也可以看作城市u与v之间路径的反向接入，此时新路径为$V_1,\cdots,V_{u-1},V_{v-1},\cdots,V_{u+1},V_{v+1},\cdots,V_n(u<v)$。这样可以保证当前状态的每一个相邻状态只能被实现一次。

（4）随机移动准则采用 Metropolis 准则，根据式（8.15）确定是否接受新状态。控制参数t开始时取较大值，在进行足够多的转移后，缓慢减小t的值，如此重复，直至满足某个停止准则时计算终止。程序中实际参数和选取需根据具体问题来确定。

2. 模拟退火算法描述

采用随机数发生器来交换两个城市访问次序的方法来产生新解，冷却进度表的衰减系数设为α，Mapkob 链的长度取为城市数 n 的 100 倍。

（1）采用二变换法更改初始路径，并得到一条新路径，计算更改后总路径与初始路径的长度差Δf。

（2）如果满足 Metropolis 准则，则更换路径的行走方式；否则返回（1）。

（3）温度衰减 $t_k = \alpha t_{k-1} (k = 1,2,\cdots,n)$ 后转向（1）。

（4）当采用某一个 t 值时，接受新解次数以小于10^n为停止准则；当接受新解次数大于 10^n 时，则执行降温过程，重新执行退火过程。

8.3　人工神经网络与神经网络优化算法

8.3.1　概述

人工神经网络是根据生物学中人体的神经网络的结构和运行原理而建立起来的一种计算模型，是一种具有大量连接的并行分布式处理系统。通过模拟人脑的学习、记忆、处理问题等方式，神经网络可以通过学习获取相关知识，把知识存储在连接权中，通过不断学习对知识进行调整，并且根据已经获得的知识处理相应的问题。

8.3.2　人工神经网络模型

生物学中，神经元细胞体周围有很多树突和一个轴突。树突和细胞体与其他神经元的轴突相接触，轴突连接到其他神经元的树突或细胞体上面。神经元传递信息靠的是脉冲传递，当一个脉冲传递到一个神经元的轴突末梢后，向突触间隙释放化学物质，形成电位。当下一个神经元细胞体的周围电位差累积到一个特定的电位，也就是阈值电位时，又会产生新的脉冲传递到轴突中，如图 8.2 所示。

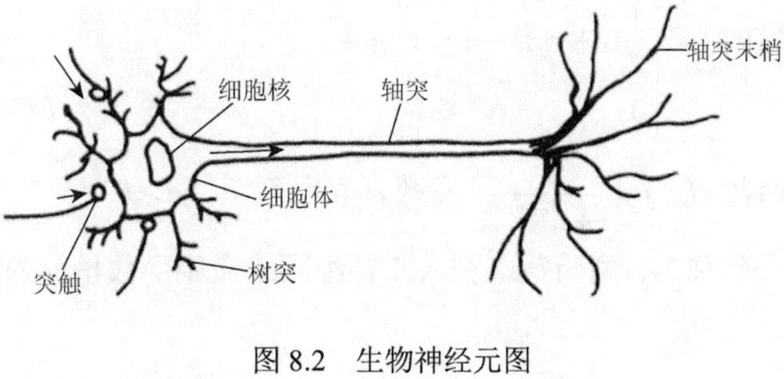

图 8.2　生物神经元图

人工神经元是神经网络的处理单元，模型类似于生物学神经元。人工神经元由三个基本要素构成：连接权、求和单元、激活函数，如图 8.3 所示。

（1）连接权：每组输入信号输入到神经元模型后所对应的权值。当权值为正数时，表示神经元被激活；反之，表示神经元被抑制。

（2）求和单元：输入信号与连接权相乘后，进行求和，也就是线性组合。

（3）激活函数：当输入信号的加权和超过阈值 b_k 时，激活函数被激活，并将神经元的输出控制在一定范围内。

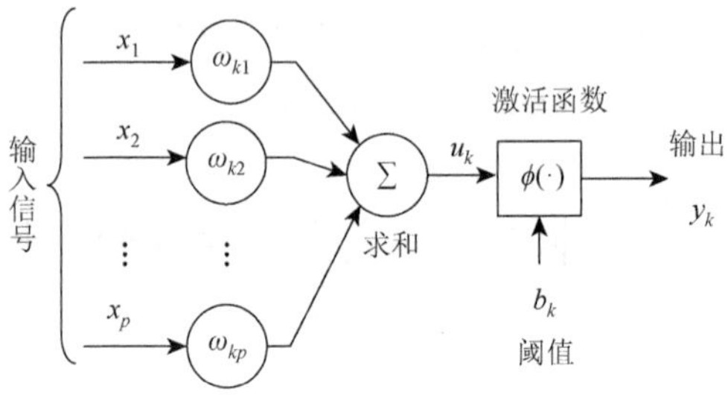

图 8.3　基本神经元模型图

图 8.3 表示一个多输入单输出的基本神经元模型，其中 $\boldsymbol{X}=(x_1,x_2,\cdots,x_p)^{\mathrm{T}}$ 为输入信号，$\boldsymbol{W}=(\omega_{k1},\omega_{k2},\cdots,\omega_{kp})^{\mathrm{T}}$ 为神经元的连接权值，u_k 为输入信号的加权和，b_k 为阈值，$\phi(\cdot)$ 为激活函数，y_k 为输出信号。其中

$$u_k=\sum_{i=1}^{p}\omega_{ki}x_i \tag{8.27}$$

$$y_k=\phi(u_k-b_k) \tag{8.28}$$

将输入信号的加权和阈值 b_k 的差值非线性映射为激活函数，映射结果 y_k 作为输出信号，一般限制在一定范围内（如（0, 1）或者（−1, 1））。激活函数一般有以下几种形式。

（1）阈值函数 $\phi(v_k)=\begin{cases}1, & v_k\geqslant 0\\ 0, & v_k<0\end{cases}$，其中，$v_k=u_k-b_k$，输出信号 $y_k=\begin{cases}1, & v_k\geqslant 0\\ 0, & v_k<0\end{cases}$。

（2）分段函数 $\phi(v_k)=\begin{cases}1, & v_k\geqslant 1\\ \dfrac{1}{2}(1+v_k), & -1<v_k<1\\ 0, & v_k\leqslant -1\end{cases}$。

（3）Sigmoid 函数 $\phi(v_k)=\dfrac{1}{1+\mathrm{e}^{-\alpha v_k}}$，参数 α 表示斜率（$\alpha>0$）。

Sigmoid 函数一般称为 S 型函数，在人工神经网络激励函数里最为常见，输出值控制在[0, 1]。

（4）双曲正切函数 $\phi(v_k)=\dfrac{1-\mathrm{e}^{-v_k}}{1+\mathrm{e}^{-v_k}}$。

有时在实际应用中，输出值会有正有负，这时通常使用双曲正切函数代替 S 型函数，双曲正切函数输出值控制在 $[-1,1]$ 。

8.3.3　人工神经网络结构

人工神经网络的拓扑结构是神经网络的一个重要特性，从连接方式上来看，神经网络的结构主要分为两种。

（1）前馈型神经网络。前馈型神经网络中的每个神经元接收到前一层的输入信号，并且把输出值输出到下一层，整个过程单向传输，没有反馈。前馈型神经网络的节点分为两类：输入单元和计算单元。输入单元与计算单元直接相连，每一个计算单元可以有很多个输入，但是只有一个输出。每一个计算单元的输出可以耦合到其他节点作为输入。通常情况下，前馈型神经网络有 N 层，其中第 $i(1 < i \leqslant N)$ 层的输入只能与第 $i-1$ 层的输出相连接，最后一层的节点又称为输出节点（输出单元）。在人工神经网络里，输入节点与输出节点负责接收外界信号和向外界发送信号，中间的称为隐层。

（2）反馈型神经网络。反馈型神经网络中，每一个节点都可以作为计算单元，虽然也是多输入单输出，但是输出不但可以连接到下一层作为下一层节点的输入，还可以连接到同层或者前一层作为其他节点的输入。这样的话，在反馈型神经网络中，神经元节点互相连通，成为一个互相连通型神经网络，信号既能够正向传播，也能够反向传播。

从作用上看，前馈型神经网络信号传递过程主要是函数映射，因此可以用作模式识别或者函数逼近。而反馈型神经网络信号传递过程主要是利用能量函数的极小值点，如果是利用全部能量极小值点，则主要用于联想存储器；如果是利用局部能量极小值点，则主要用作求解最优值问题。

8.3.4　人工神经网络学习方式

人工神经网络的一个重要特点就是能够从外界获取信息，并且按照提前预定好的范围不断地调节自身的参数（如权值、阈值），使得神经网络不断地改善自身性能，这种过程又称为训练。这种从外界获取知识并且在学习中改进自身的性能对于神经网络来说具有重要的意义。

人工神经网络的学习方式主要分为两种。

（1）监督学习（有教师学习）。监督学习又称为有教师学习，指的是外界给神经网络提供若干组输入数据和期望输出数据。神经网络根据输入数据计算出相应的实际输出数据，然后再和期望输出数据比较差值，根据差值调节相应的系统参数，最终使得实际输出数据满足相应的要求。监督学习框架图如图 8.4 所示。

（2）非监督学习（无教师学习）。非监督学习又称为无教师学习，它只有外界提供的输入数据，没有相应的期望输出数据，因此不能够通过计算差值来调节系统参数，而是按照外界提供的输入数据的一些统计规律自发地调节系统参数，以表示外界输入的某些固有特性。非监督学习框架图如图 8.5 所示。

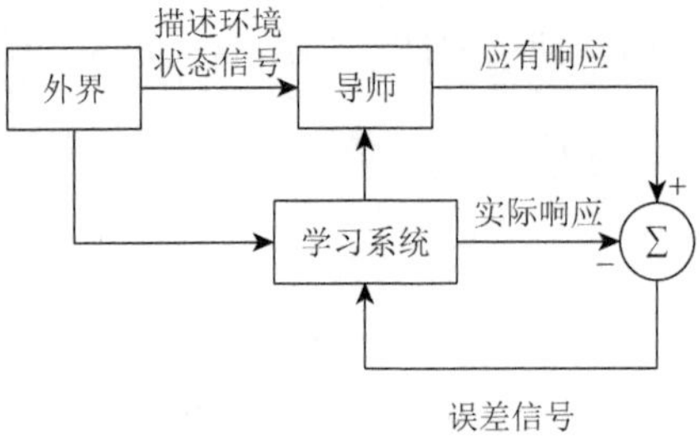

图 8.4　监督学习框架图

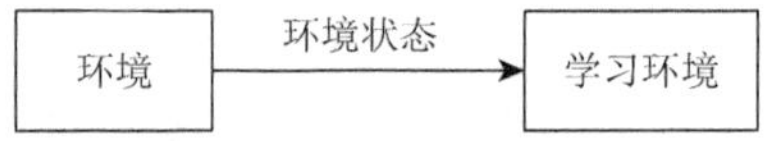

图 8.5　非监督学习框架图

8.3.5　人工神经网络学习算法

人工神经网络的学习归根究底就是对网络自身的参数进行调整的过程，主要学习算法有根据外界给出的输入输出数据，通过计算误差的方法不停地对自身系统参数进行调整，还有就是根据外界的具体要求直接计算自身的系统参数。因为神经网络的结构和功能多样化，因此神经网络的学习算法也多种多样，本节主要介绍几种常见的学习算法。

1. 误差纠正学习

设在 n 时刻，第 k 个神经元的输入为 $x_k(n)$，期望输出为 $d_k(n)$，实际输出为 $y_k(n)$，那么输出的误差信号为 $e_k(n)=d_k(n)-y_k(n)$。为了使实际输出值在特定概率下最接近期望输出值，需要设定一个以误差信号 $e_k(n)$ 为自变量的函数，称为目标函数，并且使目标函数值达到最小值。这样，误差纠正学习就转化成为一个求解最优值的问题。其中常见的目标函数为

$$J=E\left[\frac{1}{2}\sum_k e_k^2(n)\right] \tag{8.29}$$

式中，J 是目标函数的期望算子，通常情况下，用 J 在 n 时刻的瞬时值 $\varepsilon(n)$ 来代替 J

$$\varepsilon(n)=\frac{1}{2}\sum_k e_k^2(n) \tag{8.30}$$

要使得实际输出值能够在特定概率下最接近期望输出值，就需要使目标函数 $\varepsilon(n)$ 达到最小值，问题就转化成 $\varepsilon(n)$ 对权值 ω 求极值的问题。方法包括最陡梯度下降法，即

$$\Delta\omega_{kj}(n)=\eta e_k(n)x_j(n) \tag{8.31}$$

式中，η 为学习步长。

2. Hebb 学习

Hebb 学习是 Hebb 提出的一种学习规则，当神经网络的节点两端的神经元同时处于激活状态或者同时处于抑制状态时，连接权的连接强度增加。反之，当节点两端的神经元一个处于激活状态，另一个处于抑制状态时，连接权的连接强度减弱，用数学公式表示为

$$\Delta\omega_{kj}(n)=F[y_k(n),x_j(n)] \tag{8.32}$$

式中，$x_j(n)$、$y_k(n)$ 分别表示连接权 ω_{kj} 两端神经元的输入输出值。在 Hebb 学习中，比较常见的算法为相关学习规则，用数学公式表示为

$$\Delta\omega_{kj}(n)=\eta y_k(n)x_j(n) \tag{8.33}$$

3. 竞争学习

竞争学习指的是神经网络在学习过程中，每个神经元的输出互相竞争，通过比较后输出值最大或最小的那个获胜，并且被激活，而其他的神经元输出被抑制。这种最强者被激活，弱者被抑制的学习规则称为竞争学习，数学公式表示为

$$\Delta\omega_{kj}(n)=\begin{cases}\eta(x_j-\omega_{ji}), & j\text{ 激活}\\ 0, & j\text{ 抑制}\end{cases} \tag{8.34}$$

8.3.6　前馈神经网络

1. 线性阈值单元

神经网络模型可以分解成很多组小单元，每一组小单元包括一个神经元及与其相连接的可调权值，这样的小单元称为线性阈值单元，用 M-N 模型表示。

设在一个线性阈值单元里，输入为 n 维变量，输出为 1 维变量，激活函数采用阈值函数，如图 8.6 所示。

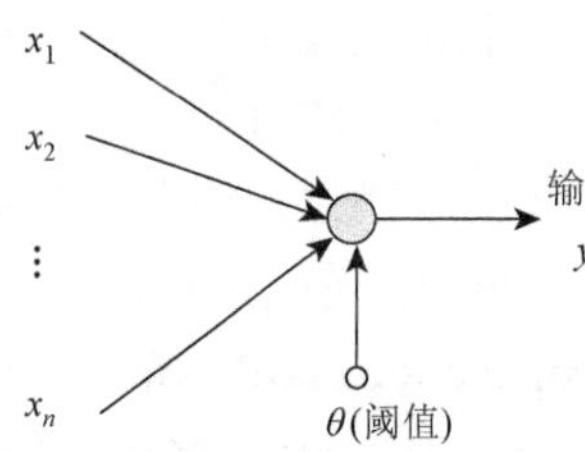

图 8.6　线性阈值单元图

用数学公式表示为

$$\boldsymbol{x}=(x_1,x_2,\cdots,x_n)^{\mathrm{T}},\ x_j\in\mathbf{R} \tag{8.35}$$

$$\boldsymbol{\omega}=(\omega_1,\omega_2,\cdots,\omega_n)^{\mathrm{T}},\ \omega_j\in\mathbf{R} \tag{8.36}$$

令 $v=\sum_{i=1}^{p}\omega_i x_i-\theta=\boldsymbol{\omega}^{\mathrm{T}}\boldsymbol{x}-\theta\ (\theta\in\mathbf{R})$ 为阈值，则 $y=\mathrm{sgn}(v)$，其中，

$$\mathrm{sgn}(v)=\begin{cases}+1, & v\geqslant 0\\ -1, & v<0\end{cases} \tag{8.37}$$

经研究发现，线性阈值单元可以实现任何布尔乘积或者任何布尔求和项，由线性阈值单元组成的前馈网络可以实现任何布尔函数。

感知器是由 Rosenblatt（1958）提出的一种可以模仿生物识别的神经网络，由中间层和输出层构成。其中输入层到中间层的权值是固定值，而中间层到输出层的权值是可以调节的。因为感知器只有输出层这一层计算单元，所以只能处理线性可分问题，而不能处理更复杂的非线性可分问题。要想进一步处理非线性可分问题，需要建立多层前馈网络。

2. 多层前馈网络

多层前馈网络由输入层、隐层、输出层构成，隐层可以是一层，也可以是多层。由于单层前馈网络只能处理线性可分问题，加上一层隐层后，多层前馈网络就可以解决非线性可分问题。图 8.7 表示一个简单的三层前馈神经网络图。

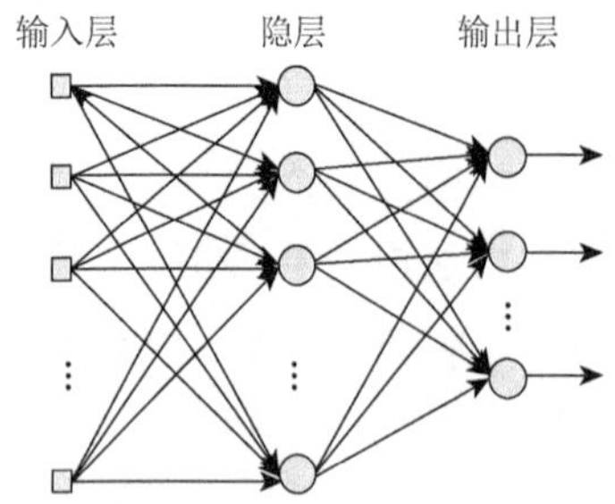

图 8.7　一个简单的三层前馈神经网络图

在前馈神经网络中，如果计算层的激活函数使用连续函数（如 Sigmoid 函数），那么输出层最后的输出结果可以逼近一个连续函数。具体来说，设前馈神经网络有 P 个输入，Q 个输出，那么这个神经网络可以看成由一个 P 维空间到一个 Q 维空间的非线性映射。研究证明，只要隐层中的神经元个数够多，那么这种非线性映射可以逼近任何连续函数。

3. BP 算法

在一定的条件下，前馈神经网络可以逼近任何连续函数，那么我们可以使用监督学习，利用误差最小原则训练前馈神经网络，最终使其具有自适应求解能力。另外，我们还需要考虑如何调整权值、确定网络自身参数等问题。隐层的加入使得神经网络复杂化，增加了学习难度，而反向传播（back propagation，BP）算法，即 BP 算法的出现，克服了这一困难。BP 网络中的信号流图如图 8.8 所示。

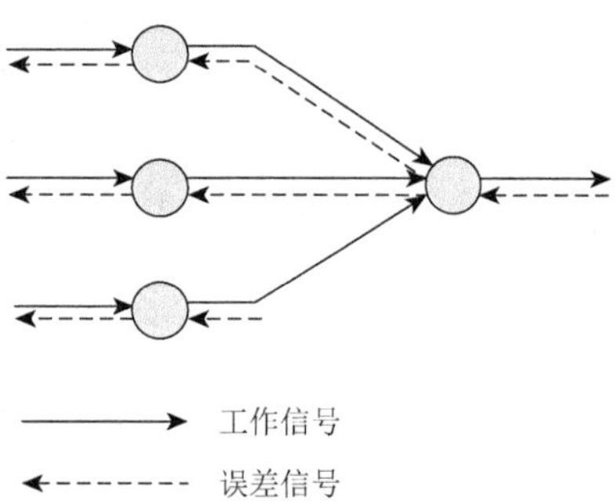

图 8.8　BP 网络中的信号流图

在 BP 网络中，一共有两种信号流通，一个是工作信号，另一个是误差信号。工作信号指的是输入信号从输入端进入 BP 网络后向前传播，经过计算单元层层计算，最后在输出端输出实际输出信号。误差信号指的是网络实际输出信号与期望输出信号进行比较，产生的误差信号从输出端向后传播并进行计算，最后对网络参数进行修改。设在第 n 次迭代中，输出层的第 j 个神经元输出信号为 $y_j(n)$，则该单元误差信号为

$$e_j(n) = d_j(n) - y_j(n) \tag{8.38}$$

设该神经元的平均误差为 $\frac{1}{2}e_j^2(n)$，则总的平方误差瞬时值为

$$\varepsilon(n) = \frac{1}{2}\sum_{j\in m} e_j^2(n) \tag{8.39}$$

式中，m 表示输出层神经元的个数。

设一共有 N 组训练样本，那么平均误差的均值为

$$\varepsilon_{av} = \frac{1}{N}\sum_{n=1}^{N}\varepsilon(n) = \frac{1}{2}\sum_{n=1}^{N}\sum e_j^2(n) \tag{8.40}$$

式中，ε_{av} 为 BP 网络学习的目标函数，学习的目的是使 ε_{av} 达到最小值。BP 算法就是通过不断地计算实际输出信号与期望输出的误差值，再根据误差值不断地调整权值，最后使得目标函数 ε_{av} 达到最小值的过程。在学习过程中，权值的调整可以采取梯度信息调整法，设 w_{ji} 为神经元 i 到神经元 j 的连接权，则可按如下公式进行调整：

$$\Delta\omega_{ji} = -\eta\delta_j(n)y_i(n) \tag{8.41}$$

式中，η 为学习步长因子；$y_i(n)$ 为神经元 i 到神经元 j 的输入信号；$\delta_j(n)$ 为局部梯度；负号表示权值修正沿梯度下降方向进行。

综上所述，BP 算法为前馈神经网络的学习和训练提供了合理有效的学习方法，但如果采用梯度信息调整连接权值的学习规则，会产生计算复杂、学习速度慢、易于陷入局部极值等缺陷。

8.3.7　神经网络泛化能力

人工神经网络通过学习，最终将权值等参数固定了，就可以进入实际应用阶段。这时就需要考虑神经网络的泛化能力。泛化能力是指在同一样本集中，那些非训练样本的输入值输入训练后的神经网络中，神经网络可以输出正确结果的能力。

网络的泛化能力影响因素主要有以下三点。

（1）训练样本的质量和数量。

（2）网络结构的复杂度。

（3）需要解决的问题自身的复杂度。

研究发现，当训练样本趋近于无穷大时，经过训练的网络权值在概率上收敛于真正需要的权值。但是训练样本的数量是有限的，如果训练样本数量过大，会出现过拟合现象。过拟合现象是指在网络训练过程中，如果输入过多的特殊样本，那么网络就会记住这些个例和噪声，并不能掌握训练样本的真正规律，最后导致对非训练样本的输入不能给出正确的结果，泛化能力变差。因此，在选择训练样本数量时，既要选择足够的数量，可以从中找到样本的规律，又要防止过拟合现象的发生。一般情况下，在已知网络结构的情况下，可选择比权值数量大几倍的训练样本，从而使学习结果可靠。

8.3.8　神经网络结构设计

对于神经网络来说，拓扑结构设计是一个重要内容。结构设计太复杂，不但学习过程复杂，而且会出现过拟合现象，导致神经网络实际可用性降低。另外，神经网络结构固定后，可调节权值等网络参数值是有限的，所以解的可搜索空间也是有限的。当缺乏必要的经验，对神经网络结构进行设计时，参数解的搜索空间非常大，而且不同的结构又会造成参数的很多种排列组合，因此神经网络的结构设计是一个很重要也很复杂的问题。

当对神经网络的结构设计没有必要的经验时，可以选择符合样本输入变量的最简单的网络。具体设计方法有：①逐步增长法，也就是先设计一个最简单的网络，再根据要求和具体情况逐步增加隐层神经元；②逐步修剪法，也就是先设计一个较复杂的神经网络结构，然后逐步删减隐层神经元，直到达到要求；③正规化约束法，也就是利用目标函数对神经网络进行约束。

综上所述，要在实际项目中设计一个人工神经网络，可以归结为网络自身权值参数的学习和合理地设计网络拓扑结构这两类优化问题。由于训练人工神经网络是一个非常复杂的问题，传统的学习算法要经过很长的时间，BP 算法还会用到梯度，才能在一定范围内找到合适的参数值和结构，因此，为了能够提高神经网络的泛化能力，合理设计网络拓扑结构，各种关于神经网络的优化算法应运而生。

8.4 混合优化算法

8.4.1 概述

近年来，随着优化算法在工程领域中应用范围的拓宽，以及待求解的问题越来越复杂，采用单一的优化算法，在收敛速度和全局搜索最优解之间存在矛盾；同时现代优化算法理论研究的不完善导致了对单一算法性能的改进受到了较大的局限，而基于自然机理提出新的优化策略和算法，又是一件十分困难的事。所以，如何合理地结合两种单一算法的优点、克服各自缺点来构造另一种新的算法以解决工程中的优化设计问题，受到了专家与学者的青睐。基于这一点，对单一算法进行改进，形成优化性能和计算效率更好的混合优化算法，成为优化算法研究的热点。

在开发与设计一种有效的混合优化算法时，需要全面考虑以下关键问题。

1）邻域函数的设计

在欧氏空间 $\mathbf{R}^n$ 中，通常的邻域定义是以某一点为中心和以 r 为半径的一个圆，其作用是如何由一个（组）解来产生一个（组）新的解。在传统的优化方法中，通过附加的扰动来构造邻域函数，其最常用的方式是

$$\boldsymbol{X}^{(k+1)} = \boldsymbol{X}^{(k)} + \alpha \boldsymbol{S}^{(k)}, \quad k = 0,1,2,\cdots \tag{8.42}$$

采用不同的摄动方向，如随机方向、梯度方向、下降方向等，便可以实现不同方向的转移。利用这类邻域函数进行搜索的算法就是传统的局部搜索算法。虽然这类算法具有通用易实现的特点，但搜索性能完全依赖于邻域函数的设计和初始解 $\boldsymbol{X}^{(0)}$的选择；同时贪婪（爬山）思想无疑将使算法丧失全局优化的能力，无法避免陷入局部最优点。若不在搜索策略上进行改进，则要实现全局优化（即求全局最优解）是很困难的。因此，必须改进邻域函数的设计，保证算法能从一组解来产生另一组新解，而模拟退火优化算法、遗传优化算法、神经网络优化算法正是从不同的搜索机制和策略对局部搜索算法进行改进，并取得了较好的全局优化性能。

2）优化结构与搜索机制的选择

优化结构一般是指每迭代一次有多少解参与优化，基于这一思想优化结构可分为两类，

即串行优化结构（如传统的优化方法、SA 方法等）和并行优化结构（如 GA 采用群体并行搜索和神经网络优化算法等）。前者在优化进行中始终只有一个当前状态，处理较为简单，计算效率一般较差。

搜索机制是实现优化计算的关键，是决定算法搜索行为的基点。基于爬山思想的搜索机制可用于构造局部优化算法（如一般优化方法）；基于概率分布的搜索机制可用于设计概率意义下的全局搜索（如 GA、SA 和随机搜索方法等）；基于系统动态演化的搜索机制可用于设计具有遍历性和自学习能力的优化算法（如网络优化算法、混沌优化搜索算法等）。

3）状态转移方式和控制参数修改方式的设计

状态转移是指由当前的状态如何产生新的状态。基于确定性的状态转移方式一般很难穿越大的能量障碍，容易陷入局部极小值点；随机性的状态转移方式往往能够取得较好的全局优化性能。

控制参数有助于提高算法的优化能力和效率，同时必须加以修改以适应算法性能的动态变化。当算法的优化计算难以取得较大进展时，应考虑修改控制参数，但修改的幅度又要以保证算法稳定为原则。

4）算法终止准则的设计

终止准则是判断算法是否收敛的标准，它决定了优化的精度。算法收敛准则当然应以算法的收敛理论为基础，然而这在实际应用中往往是非常苛刻的，甚至难以实现。在实际设计中，一般是根据算法计算精度要求和优化搜索效率的性能来考虑，采用近似的收敛准则，如给定最大迭代步数、最终解的凝滞步数、目标函数的变化率大小、设计点的变化率大小等。算法稳健性主要是指算法参数和计算环境对优化算法性能的影响，影响小即算法的稳健性好。

8.4.2　遗传模拟退火优化算法

遗传算法和模拟退火算法均属于启发式随机搜索算法，在模拟退火算法中，每两个温度之间的状态点是无关的，即具有突跳性，从而可以有效地避免陷入局部极小值点并最终趋于全局优化，因此模拟退火算法具有较强的局部搜索能力，并能使搜索过程避免陷入局部最优解。遗传算法则通过概率意义下的基于优胜劣汰思想的两代之间的进化关系，但在交配中有可能使最好解遗失，遗传算法的局部搜索能力较差，但把握搜索过程总体的能力较强。如果将遗传算法与模拟退火算法相结合形成遗传模拟退火优化算法，互相取长补短，则有可能开发出性能优良的新的全局搜索算法，从而可以提高全局和局部意义下的搜索能力和效率。

遗传模拟退火优化算法步骤如下所示。

（1）给定群体规模 N，初始退火温度 $t_k = t_0$，群体 pop(k)，令 $k = 0$。

（2）若算法满足终止准则，则输出优化结果，否则执行下一步。

（3）在群体 pop(k)每一个染色体 $i\in$pop(k)的邻域中随机选一状态 $j\in N(i)$，按模拟退火中的接受概率进行如下计算：

$$A_{ij}(t_k)=\min\left\{1,\exp\left[\frac{f(i)-f(j)}{t_k}\right]\right\} \tag{8.43}$$

接受或拒绝 j，其中 $f(i)$为状态 i 的目标函数值，这一步共 N 次迭代，选出新群体 newpop1$(k+1)$。

（4）对新群体 newpop1$(k+1)$计算加速适应函数：

$$f_i(t_k)=\exp\left[\frac{f_{\min}-f(j)}{t_k}\right] \tag{8.44}$$

式中，$f_{\min}$是 newpop1$(k+1)$中的最小值。

（5）由加速适应函数决定的概率分布，从 newpop1$(k+1)$中随机选出 N 个染色体构成种群 newpop2$(k+1)$。

（6）按遗传算法的常规方法对 newpop2$(k+1)$进行交配操作得到 crosspop$(k+1)$，再进行变异操作得到 mutpop$(k+1)$。

（7）令 $t_{k+1}=\text{update}(t_k)$，$k=k+1$，pop$(k)$ = mutpop(k)，返回（2）。

在上述算法中，步骤（3）的群体选择较遗传算法的选择范围要大，用 $\sum\limits_{i\in \text{pop}(k)} N(i)$ 取代遗传算法中的 pop(k)，而且它不是简单地随机选取，而是按照式（8.43）进行计算。另外，本节采用式（8.44）的加速适应函数，可以看出，当温度较高时加速性不明显，当温度较低时加速性非常明显，这正是我们需要的，其他计算步骤同遗传算法。

8.4.3 模拟退火单纯形优化算法

单纯形优化算法（simplex method，SM）是一种基于可变多面体的确定性下降算法，算法基于欧氏空间，从多面体出发，首先要计算出各个多面体顶点的适应值函数，从这些顶点中找出最优值和最差值，接着采用对该多面体顶点上的解进行反射、收缩、扩张的办法，搜索出当前顶点中局部最优解，进而改进现在的解，从而在下一步算法过程中，再以这个新的解为中心构造新的多面体，可以比较快地得到局部最优解，且计算量较小；而模拟退火算法具有概率突跳性，从而有效地避免陷入局部极小值点而最终趋向于全局最优解，考虑到模拟退火算法和单纯形算法各自的优势与特性，可以看出这两种算法在搜索行为上可以互补，混合起来可以获得一种全局意义上的优化算法，进而提高优化效果。

模拟退火单纯形优化算法（simulated annealing and simplex method，SASM）的步骤如下所示。

（1）给定单纯形顶点 $n+1$ 个，初始退火温度 $t_k=t_0$，群体 SM(k)，令 $k=0$。

（2）计算单纯形各顶点的目标函数值，确定最大值、次大值和最小值的点。

（3）若算法满足终止条件，则输出优化结果；否则执行下一步。

（4）用单纯形的搜索方法求出局部极小值点。从单纯形的每一个顶点 $i\in$SM(k)中随机选择一个状态 $j\in N(i)$，按模拟退火中的接受概率来决定接受或拒绝 j。这一步共进行 $n+1$ 次，选出新的单纯形 SM1$(k+1)$。

（5）对新群体 SM1($k+1$)计算加速适应函数，由适应函数决定的概率分布从 SM1($k+1$)中随机选出 $n+1$ 个顶点，构成新的单纯形 SM2($k+1$)。

（6）令 $t_{k+1}=\text{update}(t_k)$，$k=k+1$，SM($k$) = SM2($k$)，返回（2）。

上述算法通过计算实验表明，由于该算法包括随机搜索和确定性搜索，既有 SA 退火历程对搜索行为的控制，又有 SM 的导向，对多维复杂函数的优化计算，表现出很好的优化性能和计算的稳定性，是一种很有潜力的算法。

8.4.4　模拟退火神经网络优化算法

在神经网络优化算法中，由于其平衡状态只是能量函数的局部极小值点，因此采用 BP 算法学习缓慢的原因是优化问题存在局部极小值点和平坦区，有可能得不到理想的解。由于 SA 算法具有概率突跳性，能够避免局部极小值点，因此采用以 BP 算法为主框架，并在学习过程中引入 SA 优化策略，构成 BPSA（back propagation neural network and simulated annealing）学习算法，既利用了基于梯度下降法的有指导学习来提高局部搜索性能，又利用了 SA 算法实现全局收敛性的性能，从而可以提高学习速度和获得解的精度。

BPSA 学习算法的步骤如下所示。

（1）随机产生初始权值 $\omega(0)$，确定初始温度 $t_k=t_0$，令 $k=1$。

（2）利用 BP 算法计算 $\omega(k)$，$\omega(k)=\omega(k-1)-\alpha\dfrac{\partial E}{2\omega}$。

（3）利用 SA 算法进行搜索，先利用 SA 算法状态产生函数产生新权值 $\omega'(k)=\omega(k)+\eta$，$\eta\in[-1,1]$为随机扰动。

（4）计算 $\omega'(k)$ 的目标函数值与 $\omega(k)$的目标函数值之差 Δf。

（5）若 $\min\left\{1,\exp\left(-\dfrac{\Delta f}{t_k}\right)\right\}>\text{random}[0,1]$，则取 $\omega'(k)=\omega(k)$，否则 $\omega(k)$保持不变。

（6）利用退温函数 $t_{k+1}=\alpha t_k$ 进行退温，其中 $\alpha\in(0,1)$。

（7）若 $\omega(k)$对应的目标函数值满足精度要求 ε，则终止算法。否则，令 $k=k+1$，转（2）。

上述算法的优化过程是串行的，而且需要大量烦琐的梯度计算。因此，也可以选用以遗传算法并行搜索为主的框架，再加模拟退火的概率搜索，以此混合的学习算法来解决 BP 算法中对导数依赖性强的问题。

习　题

8.1　遗传算法的基本思想和主要操作步骤是什么？

8.2　选择、交叉和变异的目的是什么？具体如何计算？

8.3　模拟退火算法要实现全局收敛，必须满足哪些条件？

8.4　试画出模拟退火算法的计算流程图。

8.5　试考虑将遗传算法和模拟退火算法结合起来，构造成一种混合算法，请说明你的思路与构造方案。

第9章　结构优化设计

9.1　结构优化设计的概念

结构优化设计是在给定的约束条件下，按某种目标求出最好的设计方案，又称为结构最佳设计或结构最优设计，相对于结构分析而言，又称为结构综合。结构优化的目标包括结构重量最轻、结构研制成本最低、结构刚度最大等，例如，以结构重量最轻为目标，则称为最小重量设计。

传统的结构优化，实际上指的是结构分析，结构分析的过程大致是由假设、分析、校核和重新设计四个阶段组成，也就是设计者通过设计要求与实践经验，参考类似工程实例，通过判断给出设计方案，设置条件假设、输入结构的参数，进行分析，然后输出结构的性能，校核不满足则重新进行结构设计，重复上述四个阶段直到获得优化的结构。而在上述四个阶段中重新设计的目的是要选择一个合理的方案，但它属于结构分析的范畴，且只能凭设计者的经验做很少几次重复以通过校核，每次的结构分析过程具有唯一性，即对应一种结构形式，经过分析输出唯一的结构性能，如图9.1所示，即结构分析的正过程。

但通常情况是给定需要的结构性能，设计相应的满足结构性能的结构模型，这个过程求解获得结构模型参数不唯一，即结构分析的逆过程，如图9.2所示，这就需要用到结构优化设计。结构优化设计指的是结构综合，大致包括建模、分析、搜索和最优设计四个阶段。其过程是首先通过实际的结构设计问题建立相应的数学模型，根据数学模型的特点分析并选择优化算法，依据选择的优化算法进行搜索，获得优化结构模型，判断设计的结构方案是否达到最优（包括满足各种给定的条件），如果不满足，则按某种规则进行设计方案修改，以通过搜索逐步达到预定的最优指标，并依据优化结果，进行结构的最优设计。这个过程通常采用选取或自行编写计算机程序，由计算机完成结构优化。

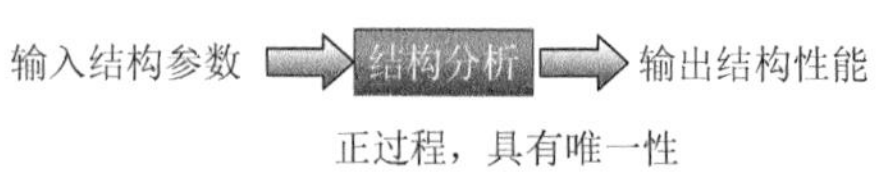

图9.1　结构分析的正过程

图9.2　结构分析的逆过程

9.2　结构优化的意义

人类通过工程实践，很早就产生了结构优化设计的思想，如早期的等强度梁、桁架理论等。麦克斯韦于1854年和米歇尔于1905年就曾研究过在不加任何形状约束条件下桁架式结构的最优布局问题，他们的工作在理论上有一定意义，但所得结果往往在工艺上无法实现。到 20 世纪 40 年代，在航空结构的构件设计中研究者提出了同步极限准则，即认为一个构件的最优设计，应使它在受力后各部分都同时达到极限状态。其求解方法一般采用经典的等式约束的函数极小化理论，但是这种方法只能处理一些简单的问题，例如，处理形状简单的薄壁结构部件的优化问题。此外，研究者还曾提出满应力设计准则，即认为最优结构的每一部件的应力应在至少一种工况下达到它的容许限值。对于静定结构，这个满应力准则是不难实现的，但是对于静不定结构，满应力设计需要经过多次的反复分析和修改才能完成，在还没有电子计算机的时代，这是很难实现的。20 世纪 60 年代初，有限元法的发展解决了复杂结构的分析问题，为结构优化设计提供了前提，而运筹学中数学规划方法的发展，为结构优化设计提供了许多有效的数学方法，计算机的快速发展为结构优化提供了高效能的计算工具，许多商业化的结构分析计算软件，如 ANSYS、ABAQUS、Nastran 等，都配有独立的优化设计模块。上述 3 个因素促进了结构优化的快速发展，使得结构优化成为工程领域中一个强大的设计方法。

结构优化的发展和应用使结构设计达到新的阶段，采用优化方法和计算工具，可以迅速地求出给定条件下的最优设计方案，使得设计人员可以避免烦琐的重复设计，大大加快了设计速度和设计质量。但必须注意，结构优化所给出的解答，从数学上是在给定条件下的最优解，而在实际设计中，由于数学模型通常都是经过了一些简化、忽略了次要因素建立的，这些次要因素对结构设计也有一定影响，其影响又难以用数学模型表示，因此，不能把结构优化设计提供的最优解理解为绝对的最优。

集计算力学、数学规划、计算机科学及其他工程学科于一体的结构优化设计是现代结构设计领域的重要研究方向，其目的在于寻求既安全又经济的结构形式，而结构形式包括了尺寸、形状和拓扑等信息，为人们长期所追求最优的工程结构设计尤其是试图产生超出设计者经验的新型结构设计提供了先进工具，成为近代设计方法的重要内容之一。结构优化设计也使得计算力学的任务由被动的分析校核上升为主动的设计与优化，由此结构优化也具有更大的难度和复杂性。结构优化不仅要以有限元等数值方法作为分析手段，而且还要进一步计算结构力学性态的导数值，要面向工程设计中的各种实际问题建立优化设计模型，根据结构与力学的特点对数学规划方法进行必要的改进。因此，结构优化设计是综合性、实用性很强的理论和技术。

目前，结构优化设计的应用领域已从航空航天扩展到船舶、桥梁、汽车、机械、水利、建筑、电子、材料、生物等更广泛的工程领域，解决的问题从减轻结构重量扩展到降低应力水平、改进结构性能和提高安全寿命等多个方面。

9.3 结构优化的数学模型

结构优化设计的两大核心技术是结构分析的计算方法和优化设计理论及方法，此外在结构优化设计过程中还需要几何建模技术、计算机硬件、软件工程等辅助技术。结构优化设计是基于结构分析，在给定的设计空间实现满足使用要求且具有最佳性能或最低成本的工程结构设计的技术。对于一个工程结构优化设计问题，为应用结构优化设计技术，首先需要将工程实际问题用数学表达式描述，即用与结构的性能密切相关的基本设计参数，对结构建立数学模型，然后采用合适的优化方法求解问题。其中，有一些参数根据设计要求是可以调整改变的，需要在优化求解过程中被确定。在这些参数中，只有线性独立的设计参数才称为设计变量。

结构优化的目的是要在满足预先指定的限制条件中，寻找出获得最优目标设计变量的最佳组合。这些特定的设计变量可以是各个构件的截面尺寸、面积、惯性矩等设计截面的几何参数，也可以是柱的高度、梁的间距、拱的矢高和节点坐标等结构总体的几何参数，一定设计区域内材料分布的情况，以及附加构件的位置等。因此，在结构优化设计中，设计变量是指在设计过程中所要选择的描述结构特性的量，它的数值是可变的。一般情况下，设计变量既可以是连续变量，也可以是离散变量。由于工程实际的限制，很难有真正意义上的连续变量。这两种设计变量类型的区别如下所示。

（1）连续变量。这类变量在优化过程中是连续变化的，如拱的矢高和节点坐标等。

（2）离散变量。这类变量在优化中是跳跃式变化的，如可供选用的型钢的截面面积和钢筋的直径都是不连续的。

结构优化设计中常用的设计变量包括：结构尺寸、结构的边界形状参数、桁架和框架结构的节点位置、梁截面形状参数、结构拓扑设计、材料设计参数（复合材料层合板与夹层板结构的铺层角度和层厚）、材料的选择、边界条件（载荷、热源、热流、支撑、集中质量位置）。

设计变量、目标函数和约束条件是结构优化设计的三个基本要素，在优化问题中，至少应包含一个能衡量设计效果优劣的指标，即优化设计的目标函数。同时优化问题中，还可能有一个或多个对结构性能和设计变量进行限制的约束函数。例如，强度准则是结构优化设计最基本的设计限制。根据第 1 章的介绍可以知道，目标函数和约束函数可以是设计变量的线性或非线性函数，在实际的结构优化设计中，目标函数和约束函数大都是设计变量的非线性函数，即非线性优化问题。

目标函数是用来衡量设计好坏的指标。采用何种指标来反映设计好坏与结构本身的技术经济特性有关。通常采用的目标函数有结构重量、结构体积、结构造价三种。这些目标既可以是多目标也可以是单目标。在设计空间中，目标函数值相等的各点构成的超曲面称为目标函数等值面，对于二维问题形成等值线（等高线），三维问题为等值面，N 维问题为等值超曲面。在许多最优化问题中，最优点周围往往是一簇近似的同心椭圆簇，而每一个近似椭圆就是一条目标函数的等值线。这时求最优点即求目标函数的极值问题，可归结为求其等值线同心椭圆簇的中心。

结构优化的约束条件一般有尺寸约束条件和性态约束条件两种，如图 9.3 所示。

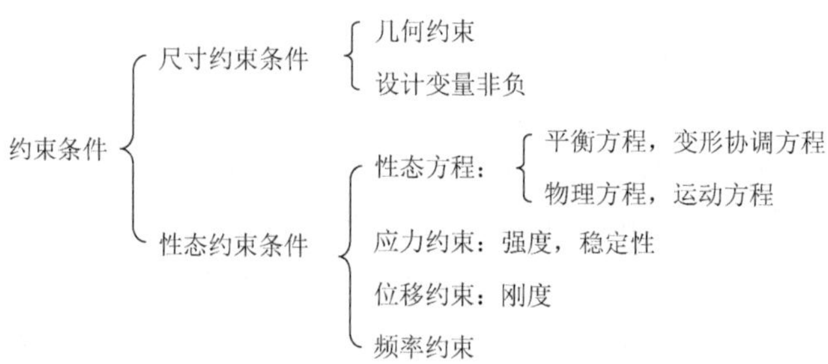

图 9.3　结构优化的约束条件

（1）尺寸约束条件。即在几何尺寸方面对设计变量加以限制。如工字形截面的腹板和翼缘的最小厚度限制。

（2）性态约束条件。即对结构的工作性态所施加的一些限制。如构件的强度、稳定约束及结构整体的刚度和自振频率等方面的限制。

另外，在一些情况下，当结构承受一个移动载荷时，结构应力不仅与设计变量有关，还与载荷移动的距离有关，此时的约束函数中还包括载荷移动距离参数，移动距离参数也存在一个变化范围，这种约束条件可称为带参变数的约束条件。在实际结构优化过程中，处理带参变数的约束条件的一个方法是让参数取有限个离散值。

在结构优化设计中，各种约束条件的数值可能相差很大，如应力约束要求应力在 2000Pa 以内，而位移约束要求位移在 0.001m 之内，这时两个约束条件的数值相差很大，位移约束函数本身的数值可能与应力计算的误差具有相同的数量级，相比而言，在优化过程中，位移约束条件可能实际上不起控制作用。因此，为了保证各个约束条件都能起到控制作用，必须使它们的数值大体保持相同的数量级，为此，可对约束条件进行规格化处理以解决此问题。

全部约束的约束面联合起来把设计空间分成两个区域，即可行域和不可行域。可行域内任何一个设计点都满足所有约束条件，而不可行域则相反。结构优化设计的过程，就是在可行域内寻找最优设计点的过程。在结构优化设计中，称每种载荷情况为一种工况，在建立性态约束方程时必须考虑所有工况。

结构优化设计中常用的目标函数和约束条件有结构的重量、结构的强度（应力）、结构的刚度/强度（位移最小或最大）、结构的固有振动频率或振型（避免共振，振型节点位置）、结构的振动响应、结构的屈曲载荷、传热/散热性能（温度均匀分布）、可靠度。结构优化设计定义为对于已知的给定结构参数，求出满足全部约束条件并使目标函数取最小值的设计变量的解，根据第 1 章关于优化问题数学模型的介绍，结构优化设计的数学模型同样可以采用式（1.15）的形式进行表示。

9.4　结构优化设计分类

结构优化主要依赖于目标函数、约束函数和设计变量的类型，不同类型的设计变量需要用不同的数学方法进行处理。结构优化设计可以根据设计变量的性质分为不同的层次：在给定结构的类型、材料、布局拓扑和外形几何的情况下，优化各个组成构件的截面尺寸，使结构最轻或最经济，通常称为尺寸优化，它是结构优化设计中的最低层次；如果让结构的几何形状也可以变化，例如，把桁架和刚架的节点位置或连续体边界形状的几何参数作为设计变量，优化又进入了一个较高的层次，即结构的形状优化；进一步再允许对桁架节点连接关系或连续体结构的布局进行优化，则优化达到更高的层次，即结构的拓扑优化。显然，随着结构优化层次的提高，其难度也越来越大。也就是说拓扑优化设计比形状优化和尺寸优化更具难度。按照设计变量性质划分的尺寸优化（尺寸变量）、形状优化（形状变量）和拓扑优化（拓扑变量）三个层次，分别对应于三个不同的产品设计阶段，即详细设计、基本设计及概念设计三个阶段，如图 9.4 所示。

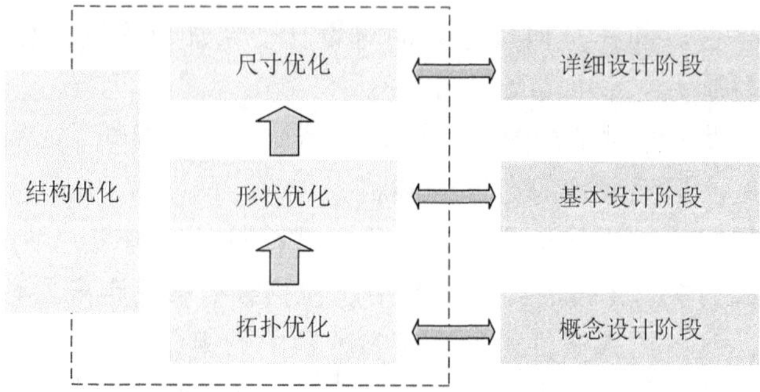

图 9.4　结构优化问题的分类

9.4.1　尺寸优化

尺寸优化是最先开展的结构优化问题，尺寸优化中的设计变量可能是杆的横截面积、惯性矩、板的厚度或是复合材料的分层厚度和铺层角度，通过调整杆件的尺寸，从而达到优化设计的目的。与拓扑优化或形状优化相比，尺寸优化相对简单，尺寸优化在用有限元计算结构位移和应力时，不需要对有限元网格重新进行划分，而且设计变量与刚度矩阵一般呈线性或简单的非线性关系，直接利用合适的数学规划方法就能完成尺寸优化。对于一定的几何状态，如固定节点位置和单元连接的桁架结构，有限元分析只是在杆件的横截面特性发生变化时需要重复进行。对于具有连续性结构的板或壳，也只是把各单元厚度作为设计变量，优化结果是阶梯形分布的板厚度或壳厚度。因此，尺寸优化的研究重点主要集中在优化算法和灵敏度分析上。这一层次的研究经历了 20 多年，虽然是结构优化中的最低层次，但它却加深了对结构优化问题的认识，为使用各种不同类型的算法提供了宝贵经验。图 9.5 为桁架结构尺寸优化设计示意图。在尺寸优化设计中，设计变量既可以是连续的，也可以是离散的，在实际结构设计中，尺寸参数一般在某个离散集合之内选取。在通常情况下，应将结构的形状和尺寸同时进行优化设计。

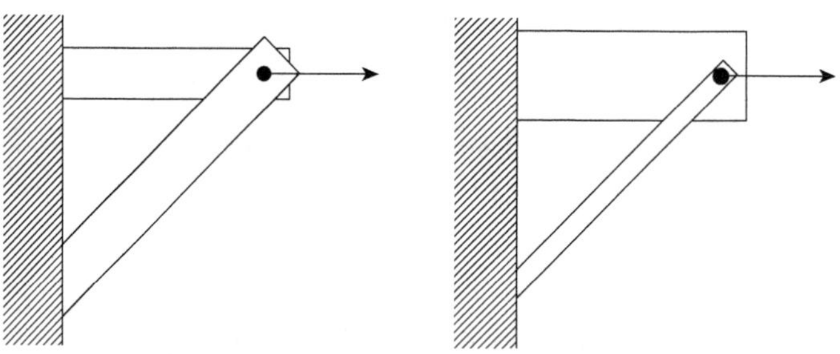

(a) 原始桁架结构　　(b) 尺寸优化后的最优桁架结构

图 9.5　桁架结构尺寸优化设计示意图

9.4.2　形状优化

形状优化设计可以用来确定连续体结构的内部或外部的结合边界形状或是两种材料之间的界面形状。形状优化的主要特征是待求的设计变量是所研究问题的控制微分方程的定义区域，所以是可动边界问题，研究如何确定结构的边界形状或者内部几何形状，以改善结构特性、降低应力或应力集中、提高结构的强度和增加结构的刚度。

结构边界形状的优化如在水工建筑中双曲拱坝的体形设计就是确定结构的边界形状，其目的为在满足工程要求的前提下寻求用材最省的形状；确定内部几何形状如结构内部开孔尺寸和形状的选择，其目的是降低应力集中、改善应力分布状况。许多重要结构或部件往往因为局部的应力集中而造成疲劳、断裂破坏。实践表明，结构的形状优化设计是解决这类问题的有效途径之一。

形状优化不改变结构原来的拓扑结构设计，既不增加新的孔洞或节点，也不允许有孔洞或节点重合而进行单元删除。形状优化设计相对尺寸优化设计，研究起步较晚，已经取得的研究成果较少。主要有两方面的原因：其一，由于在形状优化过程中分析模型不断变化，因此必须不断地重新生成有限元网格并进行自适应分析，有一定的难度。其二，形状优化过程中，单元刚度矩阵、结构性态与设计变量之间的非线性关系，使得形状优化的灵敏度分析计算量比尺寸优化要大得多，也困难得多。形状优化设计也因此引起了工程界、数学界和力学界的极大关注。

图 9.6（b）为图 9.6（a）的平面桁架结构形状优化设计结果。图 9.7 为四边简支薄板中间一个等面积开孔形状优化设计结果。

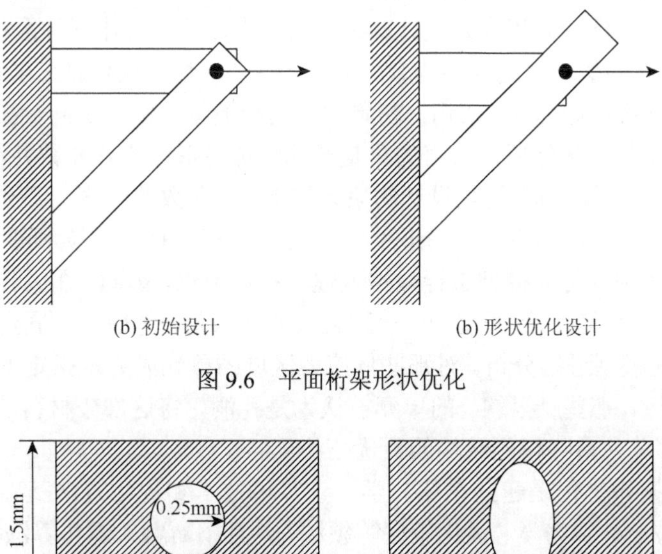

(b) 初始设计　　(b) 形状优化设计

图 9.6　平面桁架形状优化

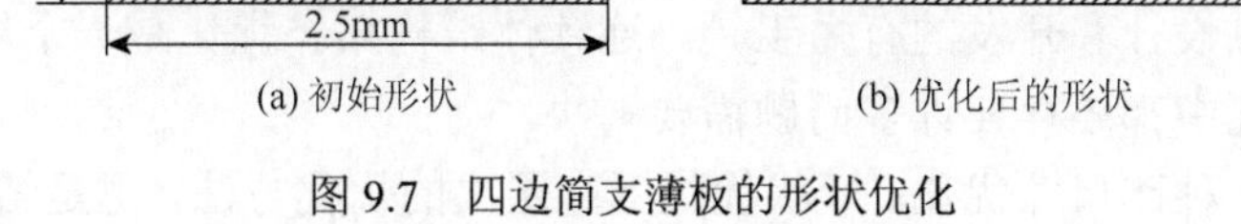

(a) 初始形状　　(b) 优化后的形状

图 9.7　四边简支薄板的形状优化

9.4.3　拓扑优化

拓扑优化的思想古已有之，其实拓扑优化从本质上来说是一种非常朴素和优秀的方法，是在一定的外力和约束作用下，寻求具有最佳传力路径的结构布置形式。我国古代赵州桥的设计中就包含非常原始的拓扑优化理论，古人在考虑桥体承受一定载荷的作用下，设计出最简洁、结构整体刚性最好的桥体结构。

拓扑优化（topology optimization）有时又称为布局优化（layout optimization）。在结构的初步设计阶段，如方案设计阶段进行拓扑优化，特别是对于复杂结构的初始设计阶段，对于给定的设计目标和约束条件，拓扑优化可以定性地描述在设定的区域中最优化的结构构形、材料分布等，从而可以用最少的材料满足特定的结构性能，为结构后续进一步详细设计提供科学依据。拓扑优化按研究的结构对象可分为两类：离散体结构拓扑优化和连续体结构拓扑优化。离散体结构拓扑优化，如桁架、刚架、加强筋板等骨架结构及它们的组合，进行拓扑优化时，需要确定结构的构形，即节点的数量、位置，以及节点之间构件在空间的连接状况，使其具有最少的构件数量及正确的连接形式，从而获得最优的传力路径；连续体结构拓扑优化，如二维板壳、三维实体，在拓扑优化时，要在设定的设计区域内，对一定数量的材料进行合理配置和分布，从而明确结构的内外边界。

离散体结构拓扑优化的历史可以追溯到米歇尔提出的桁架理论，其后陆续提出了一些优化方法，其中最有代表性的是基结构方法（ground structure approach）。基结构方法克服了米歇尔桁架理论的不适应性，将数值方法引入结构优化领域，建立由结构节点、载荷作用点和支撑点组成的节点集合，集合中的所有节点之间用杆件连接，形成基结构，以基结构作为初始设计，以杆件面积作为设计变量，采用优化算法优化杆件面积。20 世纪 60 年代初，Schmidt 将结构优化问题表述为数学规划，并采用数学规划算法求解结构优化问题。在前面的形状优化中，如图 9.7 所示，初始的结构和最终的结构是同一拓扑结构，如原来有 1 个开孔的板经形状优化后，改变的只是开孔的边界形状，开孔数并没有增加或减少。而实际上可能存在，即在同样满足设计约束条件下，开孔数的改变比开孔形状的改变对降低板的重量更有效，这就是拓扑优化研究的意义。尽管利用有限元技术可以自动划分网格，但对于一个拓扑结构变化的模型进行数据处理却存在困难，因此，在设计区域要自动产生开孔是很困难的。为了突破这一局限，一种直接的做法是，考虑一个固定的设计区域进行离散，构成有限元模型进行分析。对那些低应力区域的单元人为地指定为“很软”的单元。在优化过程结束后，那些“很软”的单元被认为是孔洞，将这部分材料从设计区域中“移走”，保留剩余部分，最终得到结构的最优拓扑。

连续体结构拓扑优化是建立在拓扑学、计算机技术和优化方法基础上的结构优化理论，涉及应用数学、计算力学、优化策略等领域，并且不断融入遗传算法、图像处理技术、科学计算可视化等新兴学科和技术。随着拓扑优化理论和工程研究的逐步进展，拓扑优化将可能成为新产品设计和开发的有力工具。连续体结构拓扑优化是一个新兴的研究领域，其理论和应用研究中都还存在许多问题需要解决。

拓扑优化是一种比尺寸优化、形状优化更高层次的优化方法，也是结构优化中最为复杂的一类问题。拓扑优化处于结构的概念设计阶段，其优化结果是一切后续设计的基础。当结构的初始拓扑不是最优拓扑时，尺寸和形状优化可能导致次优结构的产生，因此在初始概念设计阶段需要确定结构的最佳拓扑形式。

另外，还存在一种结构布局优化，布局优化包含了前三种优化的主要内容，综合考虑结构构件的尺寸、形状和拓扑的优化，同时也考虑外力的最佳作用位置及分布形式，结构的支承条件等，还包括结构单元类型的优化。布局优化的数学模型描述更为复杂，求解更困难。到目前为止，对于布局优化还没有行之有效的解决方法。对布局优化这一高度非线性的优化问题进行综合求解，设计空间的维数很高，常常会遇到收敛困难的问题。常见的处理方法是将布局优化分解成若干步分步优化过程，求解离散变量的布局优化问题。目前，利用全局随机搜索类算法能够克服传统优化算法在求解拓扑布局优化时的困难，是极具活力的研究方向。

9.5　结构优化问题的求解方法

结构优化设计的主要求解方法为优化准则（optimality criteria）法和数学规划（mathematical programming）法，目前在实际研究和应用中，都是基于优化准则法和数学规划法解决实际结构优化问题的。在实际结构优化中，大多数情况下无法得到理论解，因而只能采用数值解法，通过反复修改模型，进行结构性能分析与收敛性检验，获得一组新的设计变量值，从而逐步逼近最优设计。数值迭代的次数取决于结构优化问题的复杂程度。

9.5.1　优化准则法

优化准则法是从结构设计的基本原理出发，提出结构达到优化设计时应满足的某些优化准则（如同步失效准则、满应力准则、等强度准则、能量准则等），然后用迭代的方法求出满足这些准则的解，即以满足某种准则来代替目标函数在约束条件下取极值的方法。许多优化准则法都是基于 Kuhn-Tucker 优化设计条件进行相应改进而得到的，但也有些优化准则是基于结构力学的基本概念和工程经验建立起来的。优化准则法的主要特点是收敛快，要求结构分析的次数一般与设计变量数目无直接关系，计算量不大，但其适用范围有局限性，主要适用于结构布局及几何形状已经确定的情况。尽管优化准则法有它的缺点，但从工程应用的角度来看，优化准则法比较方便。最简单的优化准则法有同步失效准则法和满应力准则法。

同步失效准则法的基本思想可概括为：在载荷作用下，能使所有可能发生的破坏模式同时实现情况下的结构是最优的结构。同步失效准则结构优化设计由于要用解析表达式进行代数运算，因此，只能处理非常简单的杆件结构的优化。

满应力准则法认为可以充分地发挥材料强度的潜力，因此，该方法以杆件满应力作为优化设计的准则进行结构优化设计，这一方法在杆件系统如桁架的优化设计中用得较多。满应力准则和结构最小重量之间没有必然的联系，但是一般的满应力设计相当接近于最轻设计。满应力准则设计方法是最简单的一个优化准则方法。

优化准则法自 20 世纪 60 年代末被用于航空结构的优化设计中。该方法算法简单、收敛快、不受变量多少的影响，一般经过十次左右的迭代，就可满足设计要求。迭代次数的多少，在实际的结构优化设计中极为重要，因为迭代一次，就需要将结构重新分析一次，而重新进行一次结构分析的代价往往很大。

9.5.2 数学规划法

数学规划法以运筹学的规划理论为基础，将结构优化问题归结为一个数学规划问题，然后用数学规划法在由设计变量构成的 n 维空间内求解，确定一个函数的极值。数学规划法有严格的数学推导过程，对优化设计数学模型的形式没有特别限制，因而具有广泛的适应性。但相比准则法而言，数学规划法的计算量较大，收敛较慢。结构优化中常用的数学规划方法是非线性规划，有时也用线性规划，特殊情况可能用到动态规划、几何规划、整数规划或随机规划等，这些方法都需要计算目标函数和约束函数的一阶导数信息，有些还需要计算二阶导数值。

（1）线性规划。当目标函数和约束方程都是设计变量的线性函数时，称为线性规划问题。该类问题的解法比较成熟，其中常用的解法是单纯形法。

（2）非线性规划。当目标函数或约束方程为设计变量的非线性函数时，称为非线性规划。结构优化设计多为有约束的非线性规划问题。这类问题较线性规划问题复杂得多，难度较大，目前采用的方法大致有以下几种类型：不作转换但需求导数的分析方法，如梯度投影法、可行方向法等；不作转换也不需求导数的直接搜索方法，如复形法；采用线性规划来逐次逼近，如序列线性规划法；转换为无约束极值问题求解，如惩罚函数法、乘子法等。

采用数学规划进行结构优化设计时，设计变量代表可以变化的各种结构参数，如杆件截面积或厚度、节点位置、材料性质等，约束条件代表结构优化设计必须满足的各种限制，如结构各部位的静应力、动应力或变形不超过规定的容许值等，而目标函数则代表结构优化所追求的指标，如结构重量最小和成本最低等可以定量的指标，也可将重量、造价作为约束条件，而把某种结构性能，如刚度作为目标函数，这个可以根据实际情况进行选择。

近些年发展起来了一些启发式算法用于结构优化设计。这些算法有遗传算法、神经网络算法、模拟退火算法等，因为这些算法不需要计算目标函数和约束函数的导数信息，可以使优化设计问题得到一定程度上的简化，这些方法在结构优化设计领域也得到了一些应用。

9.6 结构优化的有限元法及其求解步骤

结构优化设计离不开结构的力学分析与计算，在一定的载荷作用下，根据结构的受力特点和规律，确定最优设计结构的性能和响应必须满足的规范要求。由于结构优化问题的多样性和复杂性，理论分析方法只能处理边界条件、受力状况及结构形式比较简单的问题，计算机技术的飞速发展和结构分析软件的广泛开发与应用，对结构优化设计起到了极大的推动作用。有限元技术是目前工程结构设计中非常强大的分析与计算工具，其基本思想就是将一个复杂的物体分解成许多易于处理的小片来处理。这种思路在日常生活和工程实际中经常被使用。

有限元分析前必须对分析对象进行建模，选择合适的单元类型是合理建模的前提条件，之后进行有限单元分析。结构有限元分析涉及的单元类型很多，按照维度主要分为一维单元，如杆单元、梁单元、壳单元、板单元，形式为一条直线或一条曲线，或者具有确定形状的线形单元；二维单元，如壳单元、板单元、平面单元、轴对称实体单元、复合材料壳单元等，形式为一个平面或者曲面；三维单元，如实体单元、厚壳单元等，形式为四面体、五面体或六面体等。

目前借助成熟的有限元分析软件进行结构优化设计是通常的方法，采用有限元分析进行结构优化问题求解的步骤如下：①建立优化模型，给定初始设计方案；②采用有限元软件进行结构分析；③优化（收敛性）检验，满足则结束有限元分析，否则继续进行灵敏度分析；④求解优化问题，并修改设计方案中的结构模型，返回②继续进行结构分析。

下面以有限元分析软件 ANSYS Workbench 中控制臂结构的优化为例，介绍有限元方法求解结构优化问题的基本过程，从而进一步理解结构优化问题的基本理论和有限元的求解方法。

9.7　结构优化设计实例

9.7.1　结构优化设计问题描述

根据给出的一个控制臂初始模型，如图 9.8 所示，要求对其进行结构优化，设计出一个具有最大刚度而其体积在原有基础上缩减 30%的控制臂结构。

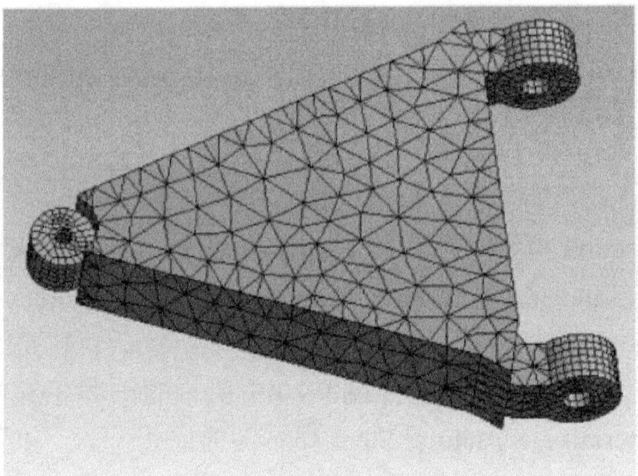

图 9.8　控制臂初始模型

9.7.2　ANSYS Workbench 中的结构优化步骤

1. 选择 Shape Optimization 模块

打开 ANSYS Workbench，进入 ANSYS Workbench 界面，在 Toolbox 菜单栏中选择

Shape Optimization 模块，如图 9.9 所示。如果开始界面没有 Shape Optimization 模块，在菜单 View 下，单击 Tool Customization，选择 Shape Optimization 模块。

双击 Shape Optimization 或者单击 Shape Optimization 拖动到 Project Schematic 下，会出现如图 9.9 所示的 Shape Optimization 模块。

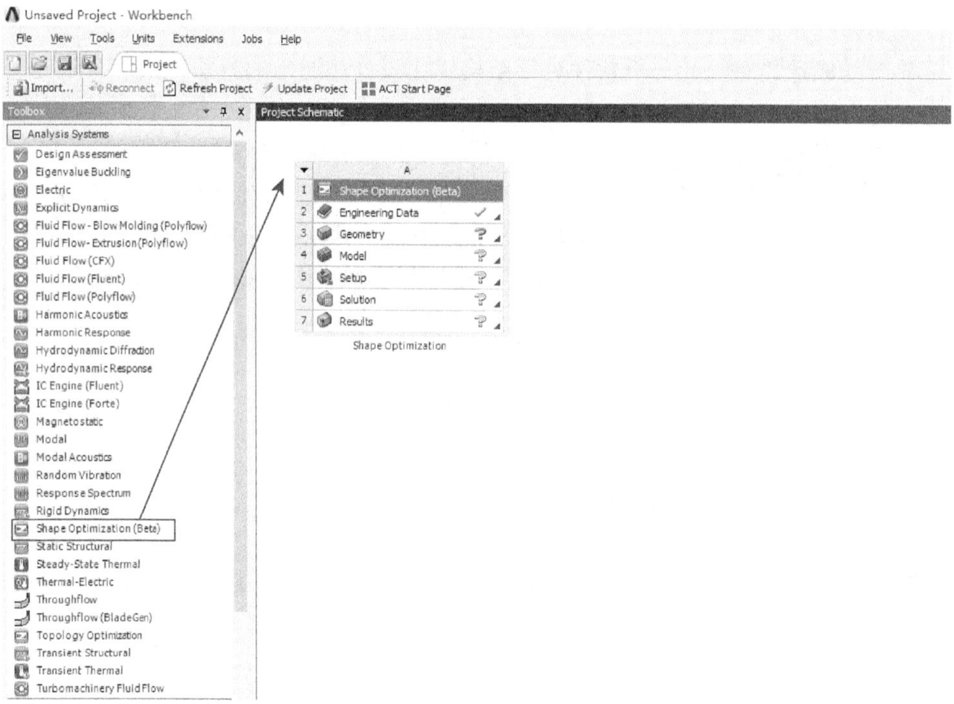

图 9.9　ANSYS Workbench 界面和 Shape Optimization 模块

2. 添加材料

在 Shape Optimization 模块下，双击 Engineering Data，在出现材料属性界面后，单击 Engineering Data Sources，在出现的 Engineering Data Sources 界面中选择 General Materials，这里选择 Structural Steel 材料，由于系统开始默认材料是 Structural Steel 材料，所以不必添加。在弹出窗口中，依次按照图 9.10 中所示的①②③④单击 Engineering Data Sources、General Materials、Structural Steel 和右侧的‘+’号，编辑完成后退出该界面。

3. 导入几何体

在 Shape Optimization 模块下，双击 Geometry，在上方菜单栏中选择 File，在下拉菜单中选择 Import External Geometry File，导入模型后，单击 Generate，重复以上步骤，导入 design.stp 与 nondesign.stp 两个模型后，右击选中零件树下的四个零件，在弹出的菜单中选择 Form New Part，如图 9.11 所示。

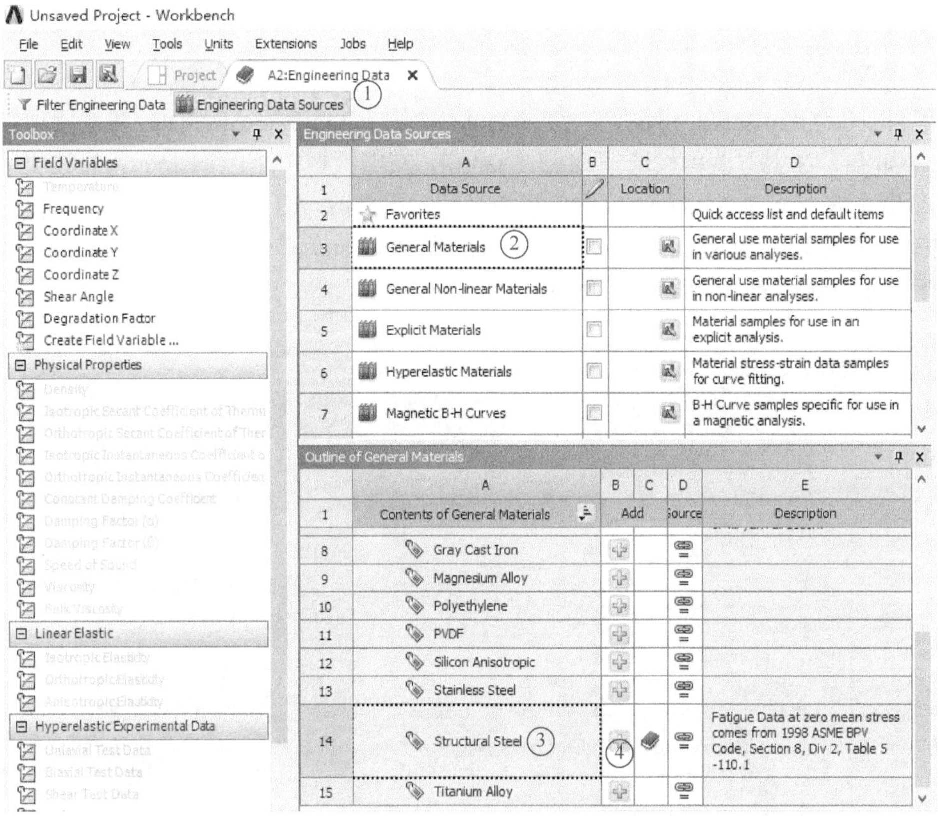

图 9.10　添加材料属性界面

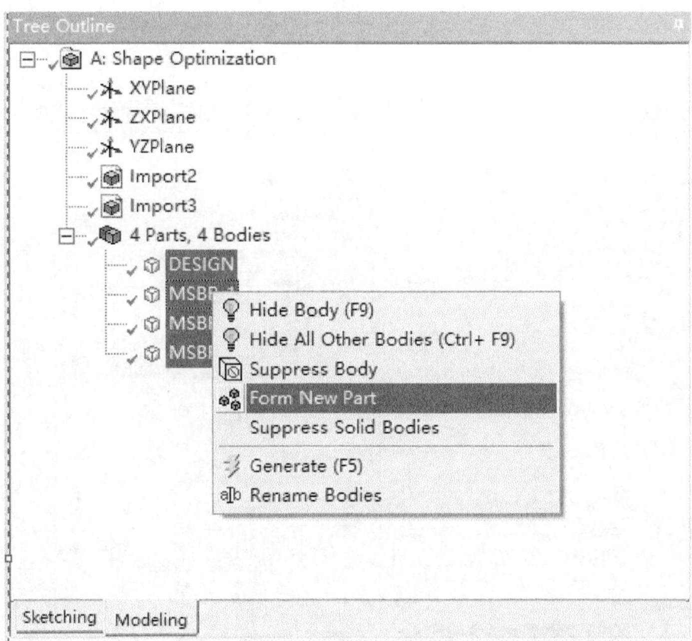

图 9.11　导入几何体

4. 划分网格

在 Shape Optimization 模块下，双击 Model，进入 Mechanical 界面，在左侧项目栏中选中 Mesh 后，在上方菜单栏选择 Mesh Control，在下拉栏中选择 Method，此时项目栏中 Mesh 下出现 Automatic Method，在右侧模型界面选择 Select All 后，单击下方的 Apply 按钮。重新在项目栏中选中 Mesh，展开下方的 Sizing，在 Relevance Center 中选择 Medium，随后右击选择 Generate Mesh，如图 9.12 所示。

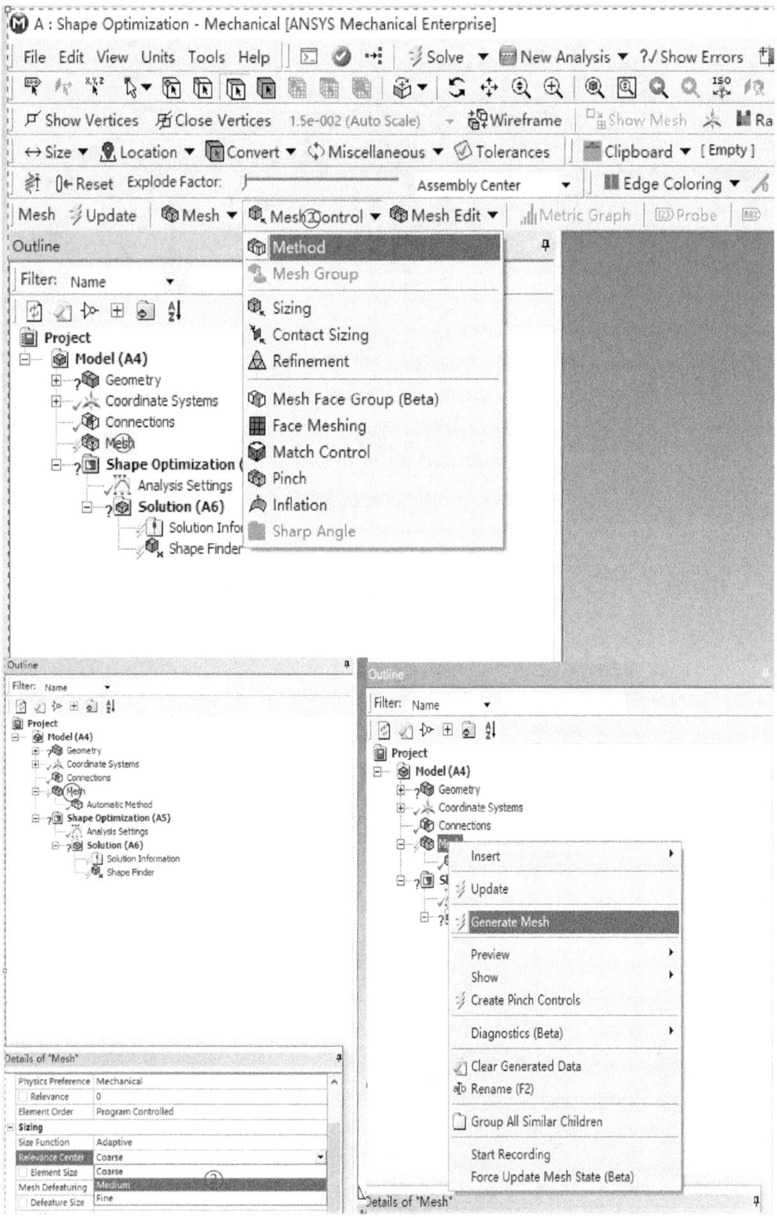

图 9.12　划分网格

5. 设置约束和载荷

设置约束：在左侧项目栏中选中 Analysis Settings，在上方菜单栏找到 Supports，选择下拉菜单中的 Fixed Support，在右侧模型视图中选中底端内侧圆柱面（模型中共 4 个面），单击左侧的 Apply 按钮，如图 9.13 所示。

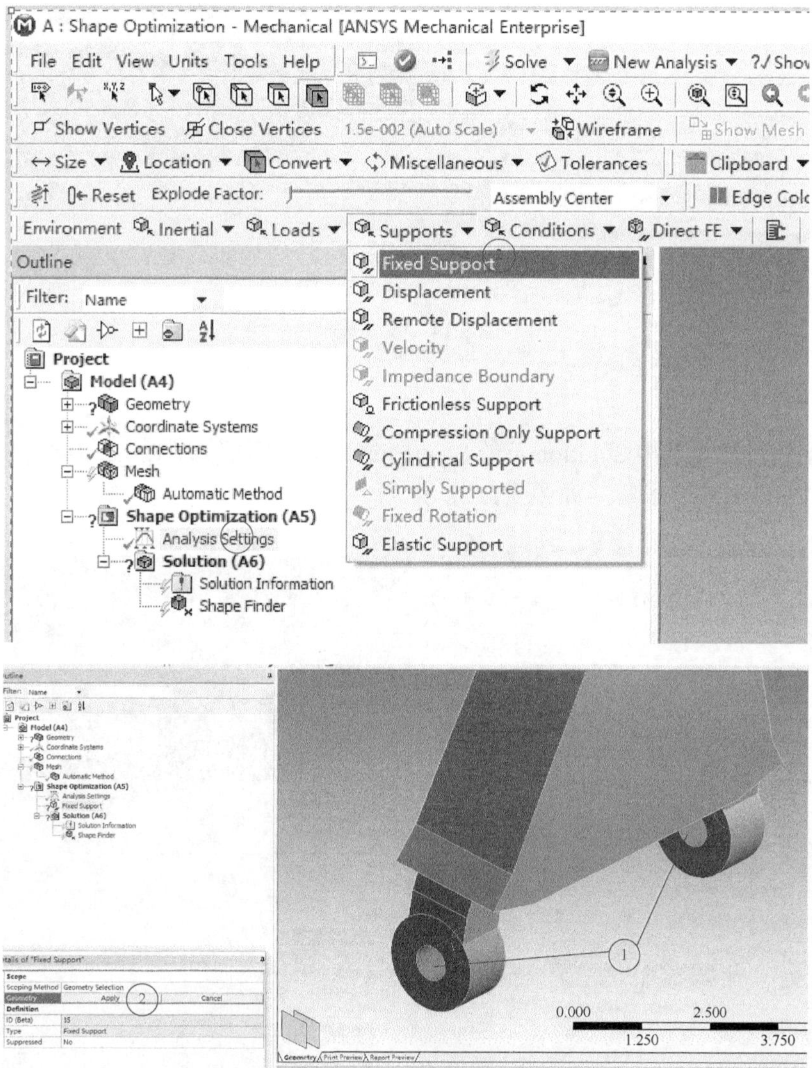

图 9.13　设置约束

设置载荷：和设置约束的操作类似，在左侧项目栏中选中 Analysis Settings，在上方菜单栏找到 Loads，选择下拉菜单中的 Force，在右侧模型视图中选中顶端内侧圆柱面（模型中共 2 个面），在左侧菜单下，将 Define By 改为 Components，随后在 Z Component 下施加 1000N 的力（此处 X、Y、Z 方向选择因模型坐标系而异，设置完成后的载荷方向见图 9.14 中右侧箭头），完成后单击 Apply 按钮。

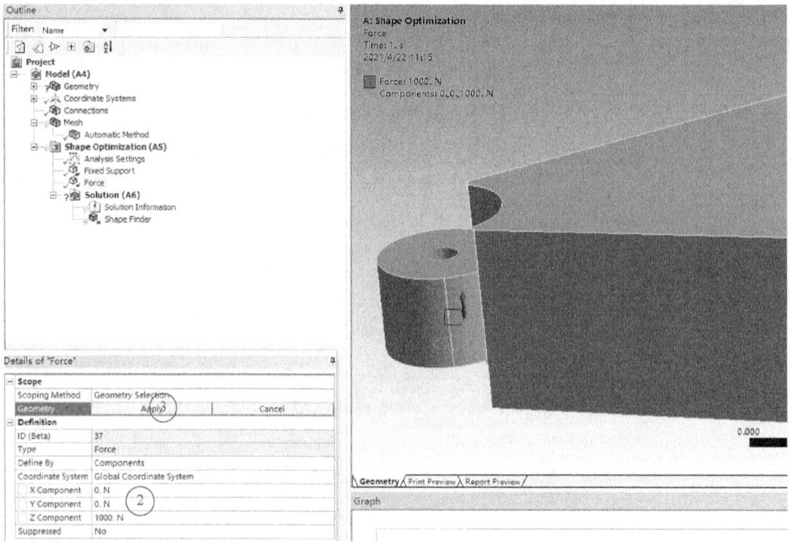

图 9.14　设置载荷

6. 求解

在左侧项目栏中选中 Solution 下的 Shape Finder，在下侧修改 Target Reduction 为 50%，单击上方的 Solve 进行求解，如图 9.15 所示。

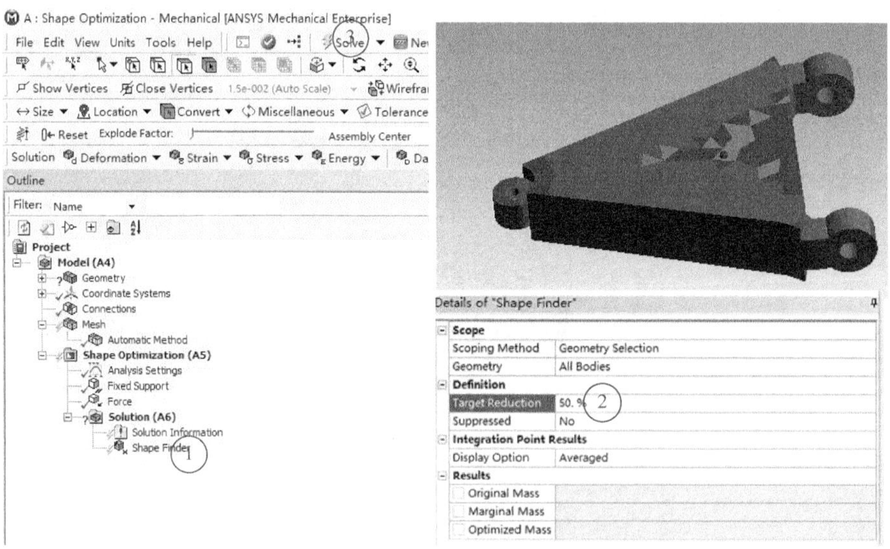

图 9.15　求解及结果

7. 修改设计

根据优化结果，在计算机辅助设计软件中进行修改设计，移除掉多余部分，如图 9.16 所示。

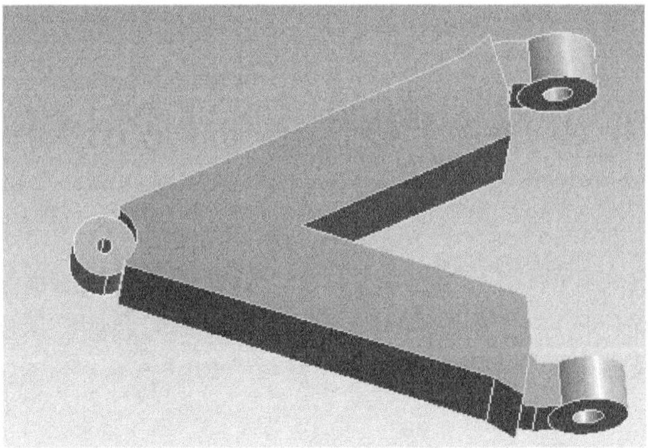

图 9.16　控制臂优化结果

习　　题

9.1　简要说明尺寸优化、形状优化和拓扑优化之间的异同。

9.2　说明数学规划法求解结构优化问题的过程。

9.3　如何在结构优化中应用优化准则法，其优缺点有哪些？

第 10 章　工程优化设计应用实例

为了将前面几章介绍的优化设计的基本理论和方法应用于工程设计领域，本章将结合工程设计领域中优化问题数学模型的构建和优化设计问题的应用实例，说明实际工程设计领域建立和求解优化数学模型的问题。

10.1　平面铰链四杆机构的优化设计

平面连杆机构是由若干个构件通过低副（转动副、移动副）连接而成的机构，又称低副机构。平面连杆机构的形式有很多，其最基本的形式为铰链四杆机构，如图 10.1 所示。该机构的固定构件 4 称为机架；与机架用转动副直接相连的构件 1 和 3 称为连架杆，连架杆中能绕机架做整周转动的构件称为曲柄（如构件 1），只能绕机架做小于 360°摆动的构件称为摇杆（如构件 3）；与机架不直接相连，连接两连架杆的构件称为连杆（如构件 2）。在铰链四杆机构中，若两连架杆中的一个连架杆是曲柄，另一个连架杆是摇杆，则称该机构为曲柄摇杆机构（图 10.1）。在曲柄摇杆机构中，通常曲柄为主动件且做等速运动，而摇杆为从动件做变速往返摆动，连杆做平面复合运动。如果改变各构件的相对长度，便可使从动件得到不同的运动规律和连杆曲线。但是，利用连杆结构满足特定运动规律和运动轨迹的设计，通常只能得到近似结果。因此，平面铰链四杆机构的优化设计主要是根据运动学的要求，确定其几何尺寸，以实现给定的运动规律，下面以具体实例加以说明。

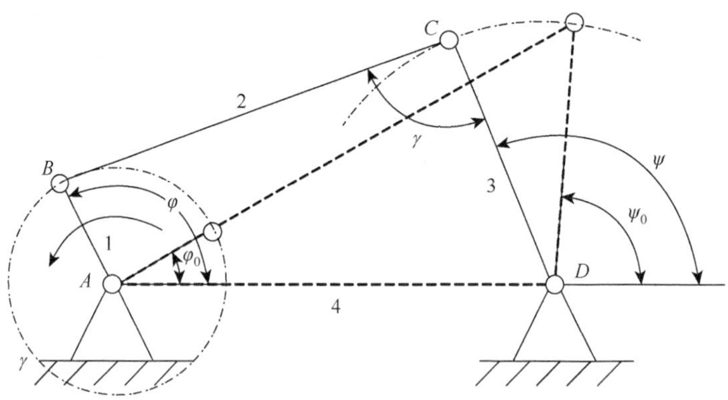

图 10.1　铰链四杆机构-曲柄摇杆机构

1. 问题描述

如图 10.1 所示，设计一个曲柄摇杆机构，当曲柄构件 1 由右极限角 φ_0 转至 $\varphi_0+\dfrac{\pi}{2}$ 时，摇杆的输出角 ψ 与曲柄输入角 φ 之间满足下面的函数关系：

$$\psi = \psi_0 + \frac{2}{3\pi}(\varphi - \varphi_0)^2 \tag{10.1}$$

式中，ψ_0 为摇杆在右极限位置时的初始输出角。

另外，要求机构传动角 γ（连杆 2 和连架杆 3 之间的夹角）的最小值和最大值应分别小于和不大于其许用值，即

$$\gamma_{\min} \geqslant [\gamma_{\min}] = 45°,\quad \gamma_{\max} \leqslant [\gamma_{\max}] = 135° \tag{10.2}$$

2. 确定设计变量

由于铰链四杆机构中两连架杆的运动规律与杆件的长度有关，因此当主动件 1 的运动确定后，从动摇杆的运动规律将随机构尺寸的变化而变化。如图 10.1 所示，设 AB、BC、CD、AD 的长度分别为 l_1、l_2、l_3、l_4，则摇杆 3 的运动规律是各杆长 l_1、l_2、l_3、l_4 及初始角 φ_0 和 ψ_0 的函数。但是，如果按照相同的比例同时改变各杆的长度，即各构件的角位移之间的关系不变，那么只需确定各杆件的相对长度即可。令 $l_1 = 1$，设为基准，l_2、l_3、l_4 作为相对杆长，即为设计变量。当规定初始角 φ_0 和 ψ_0 后，该问题的设计变量为

$$\boldsymbol{X} = [l_2, l_3, l_4]^{\mathrm{T}} = [x_1, x_2, x_3]^{\mathrm{T}} \tag{10.3}$$

3. 建立目标函数

曲柄摇杆机构在不同位置时的几何关系如图 10.2 所示。将曲柄在 $\left(\varphi_0, \varphi_0 + \dfrac{\pi}{2}\right)$ 角度范围内等分成 n 份。根据曲柄位置的不同（图 10.2），摇杆在位置 i 处实际输出角 ψ_{oi} 可以表示为下面的分段函数：

$$\psi_{oi} = \begin{cases} \pi - \alpha_i - \beta_i, & 0 \leqslant \varphi_i \leqslant \pi \\ \pi - \alpha_i + \beta_i, & \pi < \varphi_i \leqslant 2\pi \end{cases} \tag{10.4}$$

由图 10.2 可知，式（10.4）中 φ_i、α_i、β_i 可分别表示为

$$\varphi_i = \varphi_0 + \frac{i \cdot \pi}{2n} \tag{10.5}$$

$$\alpha_i = \arccos\left(\frac{r_i^2 + l_3^2 - l_2^2}{2 r_i l_3}\right) \tag{10.6}$$

$$\beta_i = \arccos\left(\frac{r_i^2 + l_4^2 - l_1^2}{2 r_i l_3}\right) \tag{10.7}$$

式中

$$r_i = \sqrt{l_1^2 + l_4^2 - 2 l_1^2 l_4^2 \cos\varphi_i} \tag{10.8}$$

由于曲柄摇杆机构的特定参数较少，因此一般不能准确地实现期望函数，但要尽量使 ψ_o 逼近 ψ，所以取一系列的实际输出值 ψ_{oi} 与对应位置的期望函数 ψ_o 进行比较，取其平方偏差之和，则目标函数为

$$\min f(\boldsymbol{X}) = \sum_{i=1}^{n} (\varphi_i - \varphi_{oi})^2 \tag{10.9}$$

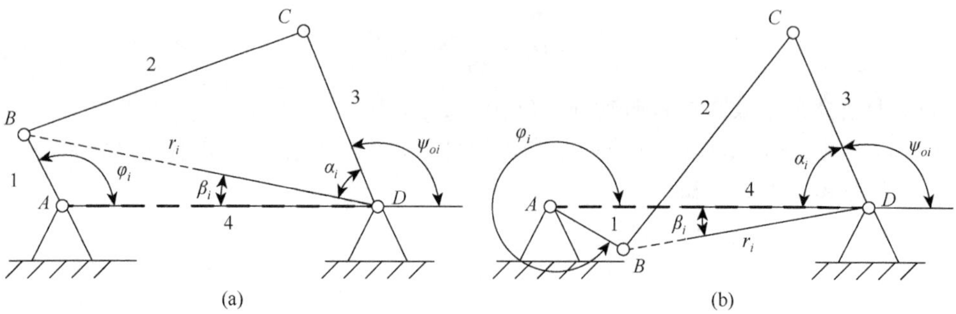

图 10.2　曲柄摇杆机构在不同位置时的几何关系

4. 确定约束条件与数学模型

（1）曲柄存在的条件：

$$\begin{cases} l_1 \leqslant l_2 \\ l_1 \leqslant l_3 \\ l_1 + l_4 \leqslant l_2 + l_3 \\ l_2 \leqslant l_4 - l_1 + l_3 \\ l_3 \leqslant l_4 - l_1 + l_2 \end{cases} \tag{10.10}$$

（2）传动角约束条件。由问题可知，传动角要满足式（10.2），传动角的极值出现在曲柄 1 与机架 4 共线的位置，此时 $\gamma_{\min}$ 与 $\gamma_{\max}$ 可表示为

$$\begin{cases} \gamma_{\min} = \arccos\left[\dfrac{l_2^2 + l_3^2 - (l_4 - l_1)^2}{2l_2 l_3}\right] \geqslant 45° \\ \gamma_{\max} = \arccos\left[\dfrac{l_2^2 + l_3^2 - (l_4 + l_1)^2}{2l_2 l_3}\right] \leqslant 135° \end{cases} \tag{10.11}$$

5. 建立优化数学模型

综上所述，可得该优化问题的数学模型：

$$\begin{cases} \boldsymbol{X} = [l_2, l_3, l_4]^{\mathrm{T}} = [x_1, x_2, x_3]^{\mathrm{T}} \\ \min \quad f(\boldsymbol{X}) = \sum_{i=1}^{n} (\varphi_i - \varphi_{oi})^2 \\ \text{s.t.} \quad g_1(\boldsymbol{X}) = 1 - x_1 \leqslant 0 \\ \qquad g_2(\boldsymbol{X}) = 1 - x_2 \leqslant 0 \\ \qquad g_3(\boldsymbol{X}) = 1 - x_1 - x_2 + x_3 \leqslant 0 \\ \qquad g_4(\boldsymbol{X}) = 1 + x_1 - x_2 - x_3 \leqslant 0 \\ \qquad g_5(\boldsymbol{X}) = 1 + x_2 - x_1 - x_3 \leqslant 0 \\ \qquad g_6(\boldsymbol{X}) = x_1^2 + x_2^2 - 1.414 x_1 x_2 - (x_3 - 1)^2 \leqslant 0 \\ \qquad g_7(\boldsymbol{X}) = (x_3 + 1)^2 - x_1^2 - x_2^2 - 1.414 x_1 x_2 \leqslant 0 \end{cases} \tag{10.12}$$

该优化问题是一个具有 3 个设计变量、7 个不等式约束条件的约束优化问题。

6. 优化方法选择与优化求解

因为该优化问题有 3 个设计变量，分析该优化问题，采用约束坐标轮换法求解，取初始点 $\boldsymbol{X}^0=[1,2,3]^{\mathrm{T}}$，优化结果为 $\boldsymbol{X}=[7.2980,2.2131,8.0000]^{\mathrm{T}}$，即当 $l_1=1$ 时，l_2、l_3、l_4 的值分别为 7.2980、2.2131、8.0000。

10.2　双支撑对称阶梯轴的优化设计

1. 问题描述

要求设计一个中部装有单圆盘的对称阶梯轴，如图 10.3 所示，轴的工作转速 ω 已知，为使轴工作稳定，要求所设计的轴的固有频率高于工作转速，在此条件下要求轴的质量最轻。

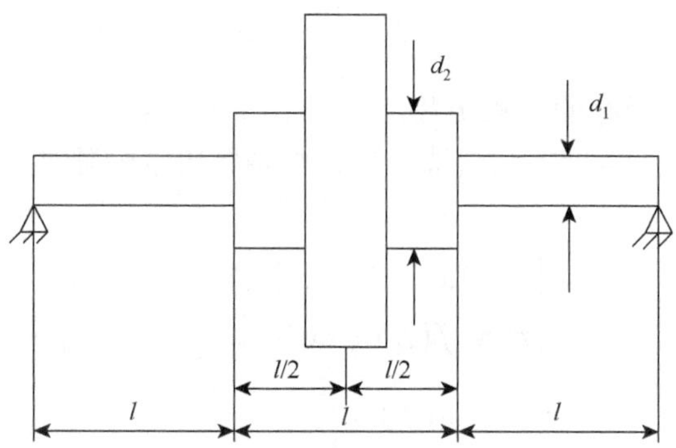

图 10.3　单圆盘的对称阶梯轴

2. 确定设计变量

当轴的材料选定后，在轴各段长度给定的情况下，影响轴质量的独立变量是轴的直径 d_1 和 d_2。所以，设计变量为

$$\boldsymbol{X}=[d_1,d_2]^{\mathrm{T}}=[x_1,x_2]^{\mathrm{T}} \tag{10.13}$$

3. 确定目标函数

按照设计要求，轴的质量应最轻，因此以轴质量的数学表达式为目标函数，即

$$\min f(\boldsymbol{X})=\frac{\pi\rho l}{4}(2d_1^2+d_2^2) \tag{10.14}$$

式中，ρ 为轴材料的密度。

4. 确定约束条件和数学模型

根据实际要求，转轴在其固有频率以下工作（稳定工作条件），即

$$\omega_k = k\omega \tag{10.15}$$

式中，ω_k是轴的固有频率；k为大于 1 的系数。对于单元盘转轴，在工作状态下可以视为一个单自由度的振动系统，其临界转速等于横向振动的固有频率 ω_k，根据振动原理有

$$\omega_k = \sqrt{\frac{g}{\delta}} \tag{10.16}$$

式中，g 为重力加速度；δ 为轴的挠度。由于圆盘质量 M 远大于轴本身的质量，故可忽略轴本身质量对轴的振动和挠度的影响，于是有

$$\delta = \frac{4Ml^3}{3\pi E}\left(\frac{8}{d_1^4} + \frac{19}{d_2^4}\right) \tag{10.17}$$

式中，E 为轴材料的弹性模量。

将式（10.16）、式（10.17）代入稳定工作条件式（10.15），整理后得

$$\frac{8}{d_1^4} + \frac{19}{d_2^4} - C = 0 \tag{10.18}$$

式中

$$C = \frac{3\pi Eg}{4Ml^3\omega^2 k^2} \tag{10.19}$$

式（10.18）就是该设计问题的约束函数，是一个等式约束。

由目标函数式可知，当轴的材料选定后，影响轴质量的独立变量是 d_1 和 d_2。所以该设计问题的数学模型为

$$\begin{cases} \boldsymbol{X} = [d_1, d_2]^{\mathrm{T}} = [x_1, x_2]^{\mathrm{T}} \\ \min \quad f(\boldsymbol{X}) = 2x_1^2 + x_2^2 \\ \text{s.t.} \quad g(\boldsymbol{X}) = \dfrac{8}{x_1^4} + \dfrac{19}{x_2^4} - C = 0 \end{cases} \tag{10.20}$$

5. 优化方法选择与优化求解

该优化问题为一个具有等式约束的二维约束优化问题。选用拉格朗日乘子法求其优化解。为此，首先建立新目标函数：

$$\phi(x_1, x_2, \lambda) = 2x_1^2 + x_2^2 - \lambda\left(\frac{8}{x_1^4} + \frac{19}{x_2^4} - C\right) \tag{10.21}$$

现根据优化点的极值条件分别求解，对式（10.21）求偏导得

$$\begin{cases} \dfrac{\partial\phi}{\partial x_1} = 4x_1 + \dfrac{32\lambda}{x_1^5} = 0 \\ \dfrac{\partial\phi}{\partial x_2} = 2x_2 + \dfrac{76\lambda}{x_2^5} = 0 \\ \dfrac{\partial\phi}{\partial\lambda} = \dfrac{8}{x_1^4} + \dfrac{19}{x_2^4} - C = 0 \end{cases} \tag{10.22}$$

解方程组得最优解为

$$\begin{cases} x_1^* = d_1 = \sqrt[4]{\dfrac{14.724}{C}} \\ x_2^* = d_2 = \sqrt[4]{\dfrac{41.606}{C}} \end{cases} \tag{10.23}$$

10.3　键结构优化设计

1. 问题描述

铸铁直齿圆柱齿轮与钢轴用键构成静连接，若给定连接中较弱的材料为铸铁，取键材料为 45 号钢，载荷类型为静载荷，则许用挤压应力$[\sigma] = 80$MPa，许用剪切应力$[\tau] = 120$MPa。该静连接轴径 d 为 60mm，键长 l 为 80mm，键宽为 b，键的高度为 h，连接传递的转矩 T 为 900N·m。以键的体积最小为目标，设计键的尺寸。

图 10.4 为普通平键的受力简图。

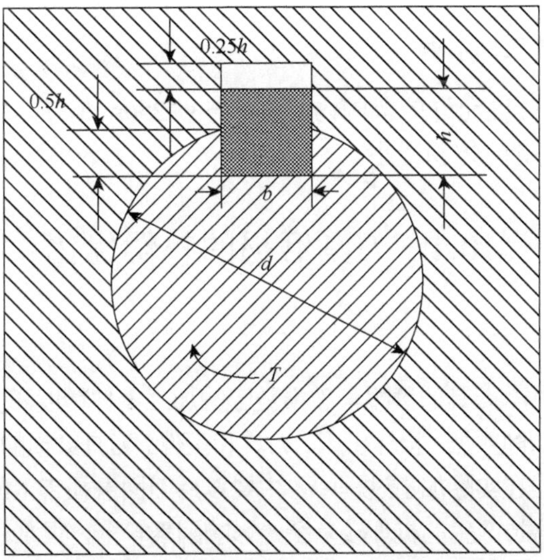

图 10.4　普通平键的受力简图

2. 确定设计变量和目标函数

将键的尺寸分别定义为设计变量 x_1 和 x_2，则 $\boldsymbol{X} = [x_1, x_2]^{\mathrm{T}}$，若以键的体积最小为目标建立目标函数，则目标函数为

$$\min f(\boldsymbol{X}) = lbh \tag{10.24}$$

3. 确定约束条件和数学模型

根据键的失效形式，它应该满足的条件为挤压强度和剪切强度约束。因此，挤压强度约束条件的函数表达式为

$$\sigma = \frac{F}{0.5hl} \leqslant [\sigma] \tag{10.25}$$

式中

$$F = \frac{T}{0.5d - 0.25h} \tag{10.26}$$

剪切强度约束条件的函数表达式为

$$\tau = \frac{T}{0.5dbl} \leqslant [\tau] \tag{10.27}$$

因此，该优化问题的数学模型为

$$\begin{cases} \boldsymbol{X} = [b, h]^{\mathrm{T}} = [x_1, x_2]^{\mathrm{T}} \\ \min \quad f(\boldsymbol{X}) = 80x_1x_2 \\ \text{s.t.} \quad g_1(\boldsymbol{X}) = \dfrac{2T}{x_2 l(0.5d - 0.25x_2)} - [\sigma] \leqslant 0 \\ \qquad\ \ g_2(\boldsymbol{X}) = \dfrac{2T}{dlx_1} - [\tau] \leqslant 0 \end{cases} \tag{10.28}$$

4. 优化方法选择与优化求解

优化结果显示，在强度允许的范围内，取 $b = 3.1250\text{mm}$，$h = 9.3750\text{mm}$，即可满足键结构优化设计要求，且键的体积最小。

10.4　刀具磨损的补偿优化

1. 问题描述

金属切削加工过程中，刀具的磨损与破损是影响加工零件精度和质量的重要因素之一，严重的刀具磨损还会引起切削颤振，损坏机床、刀具和工件。刀具磨损的形式主要有前刀面磨损、后刀面磨损和边界磨损，在实际加工过程中，主要以后刀面磨损带上的磨损量 VB 值衡量刀具的磨损程度。切削刀具磨损产生的机理较复杂，影响因素较多，很难建立一个准确适用的分析模型。由生产实践及切削资料可知，刀具的磨损过程大体分为三个阶段，如图 10.5 所示。

（1）初期磨损阶段（*OA* 段）。图 10.5 中 *OA* 段曲线为刀具初期磨损阶段，曲线的斜率较大，刀具磨损较快。原因是新刃磨的刀具刀刃和刀面都还不够平整，具有一定的粗糙度，与加工表面实际接触面积很小，使切削刃上的应力集中，所以在后刀面上迅速磨出一条窄面，使切削刃和加工表面的接触压力减少，刀具的磨损速度逐渐减少并趋于稳定，直到初期磨损阶段结束。

（2）正常磨损阶段（*AB* 段）。图 10.5 中 *AB* 段曲线为刀具正常磨损阶段，曲线的斜率较小，刀具磨损较慢。经过初期磨损后的切削刃和工件接触面积增加，接触压力降低了，磨损量的增加也趋于缓慢，磨损宽度随时间增长而均匀增加。正常磨损阶段的曲线 *AB* 基本上是一条向上倾斜的直线。在这一阶段中，刀具磨损的速度相对减慢，切削过程比较稳定，切削力和切削温度均随磨损值的增大而增大。

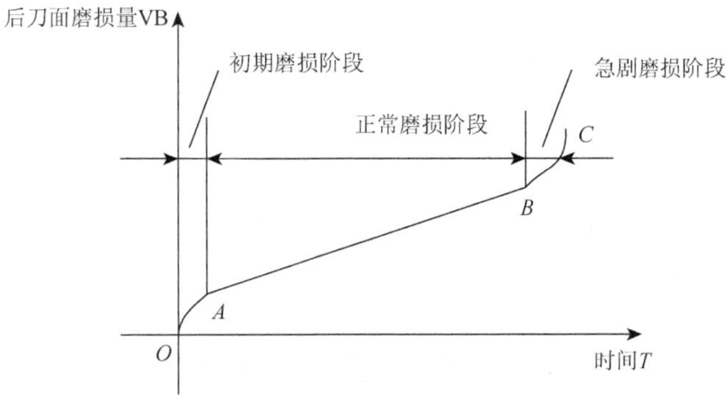

图 10.5　刀具磨损过程

（3）急剧磨损阶段（*BC* 段）。图 10.5 中 *BC* 段曲线为刀具急剧磨损阶段，曲线的斜率较大，刀具磨损很快。在切削加工过程中，如果刀具的磨损值达到一定的数值后（超过了正常磨损阶段），摩擦加大，切削热显著增多，切削力和切削温度急剧上升，刀具材料的切削性能急剧下降，导致大幅度磨损或烧损，刀具将发生剧烈磨损直至刀具完全丧失切削能力。

刀具磨损量随加工时间的发展而变化，在不同的切削条件下，增长的速度不同。研究发现，在同一切削条件下，磨损量的变化率近乎是定值。为了研究正常磨损阶段刀具磨损产生的加工误差并对其进行补偿，每间隔 1h，测量一次刀具的厚度，测试数据如表 10.1 所示，基于测试数据求出刀具厚度随时间变化的拟合曲线。

表 10.1　刀具厚度测试数据

测量数据编号 i	0	1	2	3	4	5	6	7
刀具使用时间 t_i/h	0	1	2	3	4	5	6	7
刀具厚度 y_i/mm	27	26.8	26.5	26.3	26.1	25.7	25.3	24.8

2. 确定设计变量

基于表 10.1 中的测试数据，绘制的刀具厚度随时间变化的趋势线如图 10.6 所示。从变化趋势线上可以看出，刀具厚度随时间近似呈线性关系，因此刀具厚度和使用时间的关系可用线性方程表示：

$$y = f(t) = at + b \tag{10.29}$$

在理想情况下，两个数据点就可以求解线性方程组，求得 a 和 b。实际上，数据点本来就有误差和离散性，加上本来就是近似线性关系，所以这些点可能不在直线上。因此，需要优化求解 a 和 b，使所有数据点到需要求解的直线距离最小。因此，该问题的设计变量为 a 和 b，可以表示为

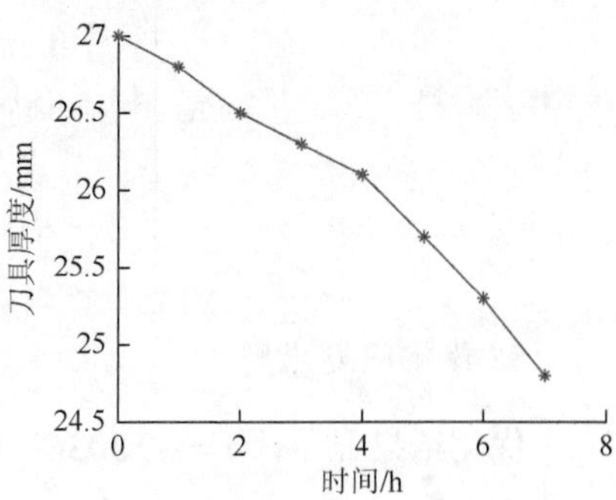

图 10.6　刀具厚度随时间变化的趋势线

$$X = [a, b]^{\mathrm{T}} \tag{10.30}$$

3. 确定目标函数

考虑距离的正负，一般采用距离的平方和最小来求变量 x_1 与 x_2，这就可以应用最小二乘法来求解该问题。根据最小二乘法，拟合直线与数据相应点偏差的平方和为最小，因此，目标函数为

$$\min \varphi(\boldsymbol{X}) = \sum_{i=1}^{n} (y_i - a - bt_i)^2 \tag{10.31}$$

式中，n 为数据组数。

4. 确定约束条件与数学模型

根据高等数学知识，式（10.31）取得最小值的条件为分别对变量 a 和 b 求偏导使其值为 0，可以得到如下式子：

$$\begin{cases} \dfrac{\partial \varphi}{\partial a} = 2\sum_{i=1}^{n} (y_i - a - bt_i) = 0 \\ \dfrac{\partial \varphi}{\partial b} = 2\sum_{i=1}^{n} (y_i - a - bt_i)t_i = 0 \end{cases} \tag{10.32}$$

整理得

$$\begin{cases} \sum_{i=1}^{n} y_i - na - b\sum_{i=1}^{n} t_i = 0 \\ \sum_{i=1}^{n} t_i y_i - a\sum_{i=1}^{n} t_i - b\sum_{i=1}^{n} t_i^2 = 0 \end{cases} \tag{10.33}$$

所以该问题的数学模型为

$$\begin{cases} \boldsymbol{X} = [a, b]^{\mathrm{T}} \\ \min \ \varphi(\boldsymbol{X}) = \sum_{i=1}^{n} (y_i - a - bt_i)^2 \\ \text{s.t.} \quad g_1(\boldsymbol{X}) = \sum_{i=1}^{n} y_i - na - b\sum_{i=1}^{n} t_i = 0 \\ \qquad\ \ g_2(\boldsymbol{X}) = \sum_{i=1}^{n} t_i y_i - a\sum_{i=1}^{n} t_i - b\sum_{i=1}^{n} t_i^2 = 0 \end{cases} \tag{10.34}$$

5. 优化问题求解

优化结果显示，$a = -0.3036$；$b = 27.1250$。所以，拟合的线性方程为

$$y = -0.3036t + 27.1250 \tag{10.35}$$

10.5　数控加工参数优化

1. 加工参数优化问题描述

对于复杂零件的铣削加工，切削条件（主要指切削深度和切削宽度）在加工过程中可能变化较大，为了取得尽可能好的优化效果，需要根据各时刻的切削条件选择不同的加工参数。然而在数控机床的实际控制过程中，不可能每时每刻地调整加工参数；并且切削条件虽然在整个过程中变化较大，但它在某个时段内可能变化并不大，可以用其中某一时刻的切削条件来代表该时段内其他各时刻的切削条件，从而可将连续问题转化成离散问题，将变参数优化问题转化成多参数优化问题，有效地控制优化问题的复杂度。

2. 设计变量

在数控铣削加工过程中，存在数个时间段，在这些时段内，切削深度和切削宽度都能大致地用相同数值表示（设切削深度为 a_{pi}，切削宽度为 a_{ei}），所以可以在这些时段内取相同的加工参数（本实例主要对切削速度和每齿进给量进行优化，设此时相应的切削速度为 v_i，每齿进给量为 f_{zi}），刀具在这些时段内走过的距离为 l_i，将这样的数个时间段合在一起称为一个时段组合。整个零件的加工过程由 n 个这样的时段组合构成，于是设计变量为 $\boldsymbol{X}=[v_1,f_{z1},\cdots,v_i,f_{zi},\cdots,v_n,f_{zn}]^{\mathrm{T}}$ 。

3. 优化目标函数

文献给出了许多不同的加工优化目标，其中对铣削加工重要的有以下几种（Imani et al.，1997；Armarego et al.，1994；Sonmez et al.，1999）。

（1）加工时间，单一刀具铣削操作中生产一个零件的单位时间可用以下公式定义：

$$T_{\mathrm{ALL}}=t_s+t_m+t_c\times\frac{t_m}{t_t} \tag{10.36}$$

式中，t_s 为设备准备时间；t_m 为加工时间；t_c 为一次换刀的时间；t_t 为刀具的平均寿命，可采用 $t_t=\left(\dfrac{C_vDq_v}{vf_z^{y_v}a_p^{x_v}a_e^{u_v}Z^{p_v}}k_v\right)^{\frac{1}{m}}$ 进行计算，C_v、q_v、y_v、x_v、u_v、p_v、k_v、m 是常值系数，可从参考文献中查得（陈宏钧和马素敏，2000；艾兴和肖诗纲，1994），D 为刀具直径，Z 为刀具齿数。

（2）加工成本，单个零件的加工成本可用以下公式定义：

$$C_p=T_{\mathrm{ALL}}\times C_l+t_m\times\frac{C_t}{t_t} \tag{10.37}$$

式中，C_t 为刀具成本；C_l 为单位时间劳动力成本及其他的经常性开支。

（3）加工效益，单位时间的加工效益可以用以下公式定义：

$$E_p=\frac{P_{\mathrm{ALL}}-C_p}{T_{\mathrm{ALL}}} \tag{10.38}$$

式中，P_{ALL} 为单个零件的价格。

（4）可变的综合目标。以加工效益为优化目标，一般情况下是合理的，但是实际情况复杂，有时加工实施者会在不同的场合有不同的要求，为使优化目标能更灵活地反映各种情况下加工的要求，采用多目标线性加权求和法，实现多目标的综合。

$$M = \lambda_1 \frac{T_{\text{ALL}}}{T_{\text{ALL0}}} + \lambda_2 \frac{C_p}{C_{p0}} \tag{10.39}$$

式中，λ_1、λ_2 为权重系数，分别反映加工时间、加工成本的重要程度，根据不同的需求由工艺编程人员自行设定；T_{ALL0} 为优化前零件的加工时间；C_{p0} 为优化前零件的加工成本。为了消除加工时间、加工耗费的不同量纲对优化目标产生的影响，分别将原来的两个目标归一化。

根据设计变量的定义，将式（10.36）～式（10.38）代入式（10.39），则综合优化目标函数为

$$\begin{aligned} M = & \frac{\lambda_1}{T_{\text{ALL0}}}\left\{t_s + \sum_{i=1}^{n}\frac{1000\pi D l_i}{Z v_i f_{zi}} + t_c \times \sum_{i=1}^{n}\left[\left(\frac{C_v D q_v}{v_i f_{zi}^{y_v} a_{pi}^{x_v} a_{ei}^{u_v} Z^{p_v}} k_v\right)^{-\frac{1}{m}} \times \frac{1000\pi D l_i}{Z v_i f_{zi}}\right]\right\} \\ & + \frac{\lambda_2}{C_{p0}}\left(\left\{t_s + \sum_{i=1}^{n}\frac{1000\pi D l_i}{Z v_i f_{zi}} + t_c \times \sum_{i=1}^{n}\left[\left(\frac{C_v D q_v}{v_i f_{zi}^{y_v} a_{pi}^{x_v} a_{ei}^{u_v} Z^{p_v}} k_v\right)^{-\frac{1}{m}} \times \frac{1000\pi D l_i}{Z v_i f_{zi}}\right]\right\} \times C_l \right. \\ & \left. + C_t \times \sum_{i=1}^{n}\left[\left(\frac{C_v D q_v}{v_i f_{zi}^{y_v} a_{pi}^{x_v} a_{ei}^{u_v} Z^{p_v}} k_v\right)^{-\frac{1}{m}} \times \frac{1000\pi D l_i}{Z v_i f_{zi}}\right]\right) \end{aligned} \tag{10.40}$$

4. 约束

在实际应用中，切削速度和每齿进给量的取值范围会受到以下约束的限制。

（1）机床输出功率，材料切削所消耗的功率不能超过机床的最大输出功率：

$$P(v, f_z, a_e, a_p) = P_{sp}\text{MRR}(v, f_z, a_e, a_p) = P_{sp}\frac{v f_z a_e a_p Z}{60\pi D} \leqslant \eta P_{\max} \tag{10.41}$$

式中，MRR（material removal rate）是材料去除率，这里采用材料去除率模型，它与单位时间内的切削速度、每齿进给量、切深和切宽有关；P_{sp} 是与特定的刀具、零件材料相关的常值系数，W·s/mm^3，可根据零件的材料从文献中查得（陈宏钧和马素敏，2000；艾兴和肖诗纲，1994）；η 为机床的效率系数；$P_{\max}$ 为机床的最大输出功率，kW。

（2）切削进给力，切削进给力不能超过机床进给机构许可的进给力，根据切削圆周力 F_y 和功率 P 的关系：

$$F_y \pi D n = 6 \times 10^7 \times P \tag{10.42}$$

于是切削进给力 F 的约束可表示为

$$F = \frac{6\times10^7\times P}{\pi Dn}\cdot\rho \leqslant F_{\max} \tag{10.43}$$

式中，D 为刀具直径，mm；n 为主轴每分钟转数；ρ 为进给力与圆周力的比例系数；$F_{\max}$ 为机床允许的最大进给力，N。

（3）主轴转速和进给速度的限制：

$$n_{\min} \leqslant \frac{60v}{\pi D} \leqslant n_{\max} \tag{10.44}$$

$$f_{\min} \leqslant \frac{60vf_z Z}{1000\pi D} \leqslant f_{\max} \tag{10.45}$$

式中，$n_{\min}$、$n_{\max}$ 分别为最小的主轴转速和最大的主轴转速，r/min；$f_{\min}$、$f_{\max}$ 分别为最小的进给速度和最大的进给速度，m/min。

5. 优化问题的求解

以上描述的铣削加工参数多目标变参数的优化问题可以归结为

$$\begin{cases} \min M(v_1, f_{z1}, \cdots, v_i, f_{zi}, \cdots, v_n, f_{zn}) \\ \text{s.t.} P_i < P_{\max} \\ \quad F_i < F_{\max} \\ \quad n_{\min} \leqslant \dfrac{v_i}{\pi D} \leqslant n_{\max}, \quad i = 1, 2, \cdots, n \\ \quad f_{\min} \leqslant \dfrac{v_i f_{zi} Z}{\pi D} \leqslant f_{\max} \end{cases} \tag{10.46}$$

1）时段组合的计算

为了求解式（10.46）描述的优化问题，首先要通过加工仿真获取各时刻的切削深度和切削宽度数据。然后对切削深度和宽度采取划分数据带的方法近似求出有限的几个代表数据。例如，由仿真数据得到某工序的切削深度变化曲线的数据带划分如图 10.7 所示，先将深度曲线按深度值在其最大值和最小值之间划分若干数据带（图 10.7 中深度曲线被分成 3 条数据带），分别求出各数据带的平均深度，然后将每条数据带对应的各时刻的深度都用相应的平均深度表示，这样整道工序的切削深度就可近似地用三种深度值表示。同理，对于宽度曲线也进行类似的处理。

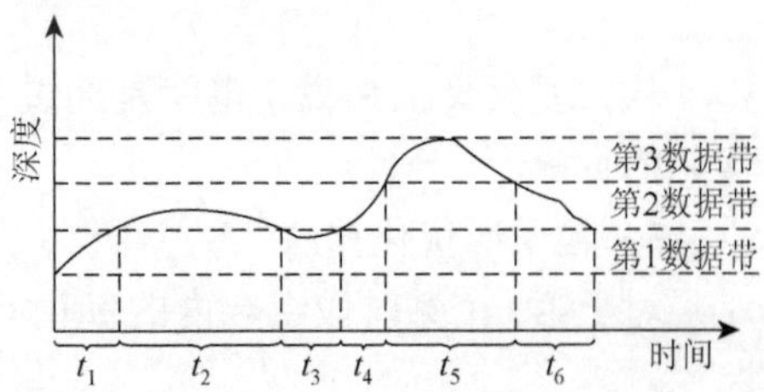

图 10.7　切削深度变化曲线的数据带划分

通过划分数据带近似计算，整道工序中各时刻的切削宽度和深度被近似地用有限的几组平均数值（即 10.5 节定义的 a_{pi} 和 a_{ei}）表示出来，从而可以在此基础上，对于每一组平均数值，再分别利用切削深度和切削宽度随时间的变化曲线，求出与它相对应的时段组合。例如，仅就切削深度而言，对应于图 10.7 中第 1、2、3 条数据带的时段组合分别为$\{t_1, t_3\}$、$\{t_2, t_4, t_6\}$、$\{t_5\}$。

2）优化问题的分解

式（10.46）描述的优化问题中，有 $2n$ 个设计参数 v_1、f_{z1}、…、v_i、f_{zi}、…、v_n、f_{zn}，过多的参数加大了求解此优化问题的难度。各个时段组合的设计参数切削速度 v 和每齿进给量 f_z 之间相互独立，因此综合优化目标函数可以分解为若干子目标函数之和。

$$M(v_1,f_{z1},\cdots,v_i,f_{zi},\cdots,v_n,f_{zn})=M'(v_1,f_{z1})+\cdots+M'(v_i,f_{zi})+\cdots+M'(v_n,f_{zn})+C$$

式中，C 为固定的准备时间及其对应的成本；M'为子目标函数。

$$\begin{aligned}M'(v_i,f_{zi})=&\frac{\lambda_1}{T_{\mathrm{ALL0}}}\left[\frac{1000\pi Dl_i}{Zv_if_{zi}}+t_c\times\left(\frac{C_vDq_v}{v_if_{zi}^{y_v}a_{pi}^{x_v}a_{ei}^{u_v}Z^{p_v}}k_v\right)^{-\frac{1}{m}}\times\frac{1000\pi Dl_i}{Zv_if_{zi}}\right]\\&+\frac{\lambda_2}{C_{p0}}\left\{\left[\frac{1000\pi Dl_i}{Zv_if_{zi}}+t_c\times\left(\frac{C_vDq_v}{v_if_{zi}^{y_v}a_{pi}^{x_v}a_{ei}^{u_v}Z^{p_v}}k_v\right)^{-\frac{1}{m}}\times\frac{1000\pi Dl_i}{Zv_if_{zi}}\right]\times C_l\right.\\&\left.+C_t\times\left(\frac{C_vDq_v}{v_if_{zi}^{y_v}a_{pi}^{x_v}a_{ei}^{u_v}Z^{p_v}}k_v\right)^{-\frac{1}{m}}\times\frac{1000\pi Dl_i}{Zv_if_{zi}}\right\}\end{aligned}$$

又因为各时段组合对应的切削条件组合之间也相互独立，所以式（10.46）描述的问题相应地转化为 n 个互相独立的子优化问题。

$$\left\{\begin{array}{l}\min M'(v_1,f_{z1})\\ \text{s.t.}\,P_1<P_{\max}\\ \quad F_1<F_{\max}\\ \quad n_{\min}\leqslant\dfrac{v_1}{\pi D}\leqslant n_{\max}\\ \quad f_{\min}\leqslant\dfrac{v_1f_{z1}Z}{\pi D}\leqslant f_{\max}\end{array}\right.\cdots\left\{\begin{array}{l}\min M'(v_i,f_{zi})\\ \text{s.t.}\,P_i<P_{\max}\\ \quad F_i<F_{\max}\\ \quad n_{\min}\leqslant\dfrac{v_i}{\pi D}\leqslant n_{\max}\\ \quad f_{\min}\leqslant\dfrac{v_if_{zi}Z}{\pi D}\leqslant f_{\max}\end{array}\right.\cdots\left\{\begin{array}{l}\min M'(v_n,f_{zn})\\ \text{s.t.}\,P_n<P_{\max}\\ \quad F_n<F_{\max}\\ \quad n_{\min}\leqslant\dfrac{v_n}{\pi D}\leqslant n_{\max}\\ \quad f_{\min}\leqslant\dfrac{v_nf_{zn}Z}{\pi D}\leqslant f_{\max}\end{array}\right.\tag{10.47}$$

从物理意义上来说，也就是通过各时段组合的局部优化以达到整个加工过程全局最优化的目标。

3）粒子群优化算法

对于第 i 个某时段组合内的优化问题：

$$\left\{\begin{array}{l}\min M'(v_i,f_{zi})\\ \text{s.t.}\,P_i<P_{\max}\\ \quad F_i<F_{\max}\\ \quad n_{\min}\leqslant\dfrac{v_i}{\pi D}\leqslant n_{\max}\\ \quad f_{\min}\leqslant\dfrac{v_if_{zi}Z}{\pi D}\leqslant f_{\max}\end{array}\right.\tag{10.48}$$

若采用传统的优化方法，不仅计算复杂而且不容易搜索到全局最优解，所以本书采用粒子群优化（particle swarm optimization，PSO）算法来解此问题。

PSO 算法是一种较新的进化算法，源于对鸟群捕食行为的研究，最先由 Eberhart 和 Kennedy 提出。它克服了遗传算法早熟和收敛速度慢的缺点，通过调整参数，PSO 算法不但具有遗传算法的全局寻优能力，还可同时具有较强的局部寻优能力。由于没有个体杂交、变异等运算操作，PSO 算法的参数调整变得简单而易行，更适合于计算机编程处理。PSO 算法虽然没有严格的数学证明，但却在实际应用中被证明是有效的。

在求解优化问题前，需要根据不同的对象和问题定义一个评估函数来衡量每个粒子的优越程度。对于式（10.48）描述的有约束的优化问题，可以采用惩罚函数法将其转化为一个无约束的优化问题：

$$\begin{aligned}\min E = M' + R_1 \cdot P(P_{\max} - P_i) + R_2 \cdot P(F_{\max} - F_i) + R_3 \cdot P\left(\frac{v_i}{\pi D} - n_{\min}\right) \\ + R_4 \cdot P\left(n_{\max} - \frac{v_i}{\pi D}\right) + R_5 \cdot P\left(\frac{v_i f_{zi} Z}{\pi D} - f_{\min}\right) + R_6 \cdot P\left(f_{\max} - \frac{v_i f_{zi} Z}{\pi D}\right)\end{aligned} \tag{10.49}$$

式中，$P(x) = [\min(0, x)]^2$ 为惩罚函数；$R_i(i = 1, 2, \cdots, 6)$为惩罚因子；E 为评估函数。

算法开始时，首先在解空间内随机初始化鸟群（鸟群中的每一只鸟称为粒子，即解空间中的一个矢量值）。然后这些粒子在解空间内根据自己和其他粒子的“飞行经验”移动，经过若干次迭代后最终找到最优解。在每一次迭代中，粒子自己的“飞行经验”通过它在历史搜索中达到的最优位置（用 $P_{i\text{best}}$ 表示，对应的优越度为 E_i）来体现，其他粒子的“飞行经验”通过整个粒子群在历史移动过程中找到的最优位置（用 G_{best} 表示，对应的优越度为 E_g，搜索结束时，G_{best} 就是优化解）来体现，然后结合粒子目前的位置和速度决定下一次移动的速度，并计算得到新的位置。用 present_i 表示粒子 i 在解空间中的当前位置，V_i 表示它的移动速度，则速度、位置的迭代计算公式为

$$\begin{cases} V_i = \omega \times V_i + c_1 \times \text{rand}(\cdot) \times (G_{\text{best}} - \text{present}_i) + c_2 \times \text{rand}(\cdot) \times (P_{i\text{best}} - \text{present}_i) \\ \text{present}_i = \text{present}_i + V_i \end{cases} \tag{10.50}$$

式中，ω 为加权系数，代表上一次的移动对本次运动的影响，ω 越大，则影响越大，能够进行较大范围的搜索，整个算法的全局搜索能力加强；若 ω 较小，则局部寻优能力加强。一般在寻优开始时，取较大的 ω，先在大范围内粗略地进行搜索，然后随着符合度的增大逐渐减小 ω，提高局部搜索能力。c_1、c_2 为学习因子，rand(·)是独立的随机函数，产生 0～1 的随机数。

4）粒子群优化算法的实现

粒子群优化算法的流程图如图 10.8 所示。

如果要用粒子群优化算法求解式（10.48）描述的优化问题，还必须先确定算法中相关的一些初始条件和计算式。

评估函数：取式（10.49）为评估函数，并取 $R_i = 1000(i = 1, 2, \cdots, 6)$。

粒子数量：对于一般的优化问题，粒子数取 10～40，而实际上对于大多数问题，取 10 个粒子已经能达到相当高的精度，这里取 20 个粒子。

最大迭代次数：$\text{inertia}_{\max}=2000$。

粒子群的初始化：在v、f_z空间中，$v_{\min}\leqslant v\leqslant v_{\max}$，$f_{z\min}\leqslant f_z\leqslant f_{z\max}$（其中$v_{\min}=\pi Dn_{\min}$，$v_{\max}=\pi Dn_{\max},f_{z\min}=\dfrac{f_{\min}}{Zn_{\max}},f_{z\max}=\dfrac{f_{\min}}{Zn_{\min}}$），在区域内随机地取 20 点，各点的初始位置分别为

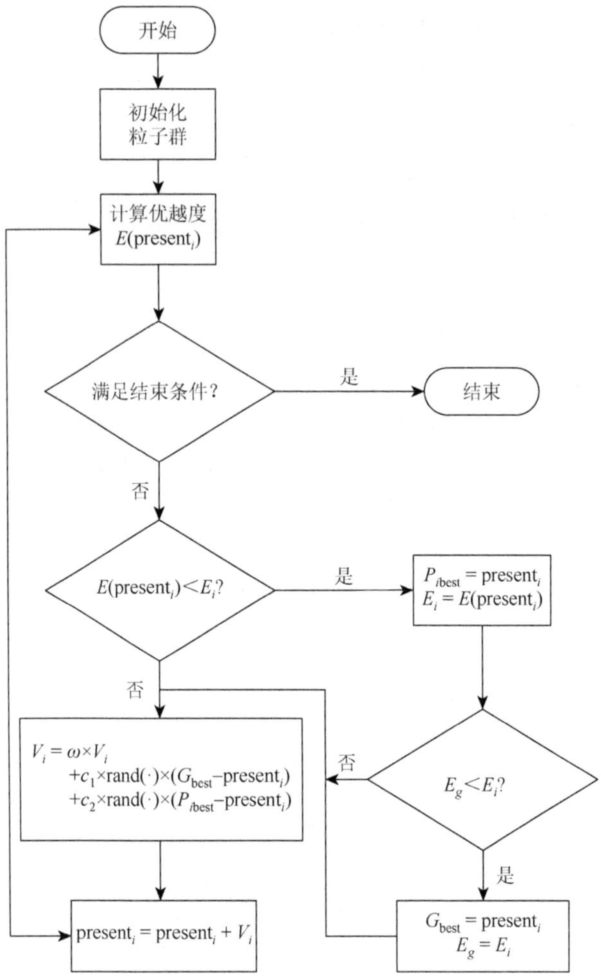

图 10.8　粒子群优化算法流程图

$$\text{present}_i=[v_{\min}+\text{rand}(\cdot)\times(v_{\max}-v_{\min}),f_{z\min}+\text{rand}(\cdot)\times(f_{z\max}-f_{z\min})]^{\mathrm{T}}$$

ω 取值：为了既能够在寻优开始时进行较大范围的搜索，又能随着寻优的进展增强局部寻优能力，取 $\omega=0.4\times(\text{inertia}_{\max}-j)/\text{inertia}_{\max}+0.4$，其中$j$为迭代的次数。

c_1、c_2 取值：经常将两值取为相等的 0～4 内的常数，这里取 $c_1=c_2=2$。

最大移动速度 $V_{\max}$：为了防止粒子过多地移动到可能的范围之外，在实际计算时往往对移动速度做出限制，在这里取

$$|V_{\max}| = \sqrt{\left(\frac{v_{\max} - v_{\min}}{2}\right)^2 + \left(\frac{f_{z\max} - f_{z\min}}{2}\right)^2}$$

结束条件：当迭代次数超过 $\text{inertia}_{\max}$ 或各个粒子的 E_i 与 E_g 相互间的差距不超过 E_g 的 5%时，搜索结束，此时的 G_{best} 就是最优解。

10.6　下料问题的优化设计

1. 问题描述

某车间有一大批长 180cm 的棒料，根据加工零件的要求，需要从这批棒料中成套截取 70cm 长的毛坯不少于 100 根，52cm 长的毛坯不少于 100 根，35cm 长的毛坯不大于 100 根。要求合理设计下料方案，使剩下的边角料总长最短。

2. 确定设计变量

根据初步估算，有 8 种可能的下料方案，如表 10.2 所示。

表 10.2　下料方案

		根数							
		下料方案 1	下料方案 2	下料方案 3	下料方案 4	下料方案 5	下料方案 6	下料方案 7	下料方案 8
下料长度	70cm	2	1	1	1	0	0	0	0
	52cm	0	2	1	0	3	2	1	0
	35cm	1	0	1	3	0	2	3	5
边角料长度/cm		5	6	23	5	24	6	23	5

从表 10.2 中可看出，虽然 1、4、8 三种下料方案最省料，但这三种方案都不能满足规定的配套要求，即不能满足各种长度的毛坯数量要求，因此不能只采取一种下料方案截料，而必须同时采用几种下料方案搭配起来使用，以达到既满足配套的要求，又使总边角料长度最短的目的。设 $x_1, x_2, x_3, x_4, x_5, x_6, x_7, x_8$ 分别代表每种下料方案所需原料的根数，则设计变量为

$$\boldsymbol{X} = [x_1, x_2, x_3, x_4, x_5, x_6, x_7, x_8]^{\mathrm{T}} \tag{10.51}$$

3. 确定目标函数

根据表 10.2 最下面一行的数据可以直接写出剩余总长度的表达式：

$$F(\boldsymbol{X}) = 5x_1 + 6x_2 + 23x_3 + 5x_4 + 24x_5 + 6x_6 + 23x_7 + 5x_8 \tag{10.52}$$

这是一个以总边角料长度最小为目标的优化设计问题。因此，该优化问题的目标函数为

$$\min F(\boldsymbol{X}) = 5x_1 + 6x_2 + 23x_3 + 5x_4 + 24x_5 + 6x_6 + 23x_7 + 5x_8 \tag{10.53}$$

4. 确定约束条件与数学模型

约束条件可根据需要截取的三种毛坯的数量及各种下料方案所需原料的数量必须为正的要求建立，如下所示：

$$\begin{cases} 2x_1 + x_2 + x_3 + x_4 - 100 \geqslant 0 \\ 2x_2 + x_3 + 3x_5 + 2x_6 + x_7 - 100 \geqslant 0 \\ x_1 + x_3 + 3x_4 + 2x_6 + 3x_7 + 5x_8 - 100 \geqslant 0 \\ x_i \geqslant 0, \quad i = 1, 2, 3, \cdots, 8 \end{cases} \tag{10.54}$$

所以，该优化设计的数学模型是

$$\begin{cases} \boldsymbol{X} = [x_1, x_2, x_3, x_4, x_5, x_6, x_7, x_8]^{\mathrm{T}} \\ \min \ F(\boldsymbol{X}) = 5x_1 + 6x_2 + 23x_3 + 5x_4 + 24x_5 + 6x_6 + 23x_7 + 5x_8 \\ \text{s.t.} \quad g_1(\boldsymbol{X}) = 2x_1 + x_2 + x_3 + x_4 - 100 \geqslant 0 \\ \qquad g_2(\boldsymbol{X}) = 2x_2 + x_3 + 3x_5 + 2x_6 + x_7 - 100 \geqslant 0 \\ \qquad g_3(\boldsymbol{X}) = x_1 + x_3 + 3x_4 + 2x_6 + 3x_7 + 5x_8 - 100 \geqslant 0 \\ \qquad g_4(\boldsymbol{X}) = x_i \geqslant 0, \quad i = 1, 2, 3, \cdots, 8 \end{cases} \tag{10.55}$$

5. 优化问题的求解

数学模型中目标函数和约束函数为线性函数，故该设计问题既是线性规划问题，又是有约束的多维优化问题。采用单纯形法可求得最优解为

$$\boldsymbol{X}^* = [25, 50, 0, 0, 0, 0, 0, 0]^{\mathrm{T}}, \quad F(\boldsymbol{X}^*) = 425$$

即按第 1、2 两种下料方案下料，则应分别取 180cm 的原料 25 根和 50 根，这时所剩余的边角料总长度最小，等于 425cm。

习　　题

10.1　已知一个二级圆柱减速器总传动比 $i = 17$，要求正确分配传动比，使二级传动中心距之和 λ 为最小，试建立这一问题的优化数学模型。

10.2　设一承受纯扭载荷的空心传动轴，传递的扭矩为 T，轴的外径为 D，内径为 d，试在满足强度和扭转稳定的条件下，求用料最省的设计方案。试建立这一问题的优化数学模型。

10.3　某地区有 A、B、C 三个原料仓库负责向 4 个工厂运送不同的原材料，3 个仓库能提供的原料数量分别为 200t、700t 和 700t。设 4 个工厂的编号为 1、2、3、4，它们所需的原料吨数分别为 400t、300t、400t 和 500t。由于各仓库所在地不同，每百吨的运费也不同，向不同工厂运送原材料的运输费用列在习题表 10.1 中。要求合理设计原材料的运输方案，在满足各厂需要的条件下使总运费最省。

习题表 10.1　各仓库向各厂运送每百吨原材料的运费　　（单位：千元）

		工厂			
		1	2	3	4
仓库	A	3	3	7	8
	B	5	6	12	7
	C	2	8	3	4

参考文献

艾兴，肖诗纲. 1994. 切削用量简明手册. 北京：机械工业出版社.

白新理，马文亮. 2015. 结构优化设计方法与工程应用. 北京：中国电力出版社.

蔡宣三. 1983. 最优化与最优控制. 北京：清华大学出版社.

曹卫华，郭正. 2005. 最优化技术方法及 MATLAB 的实现. 北京：化学工业出版社.

陈宏钧，马素敏. 2000. 金属切削速查速算手册. 北京：机械工业出版社.

陈继平，李元科. 1997. 现代设计方法. 武汉：华中科技大学出版社.

陈立周. 2005. 机械优化设计方法. 北京：冶金工业出版社.

陈立周，俞必强. 2014. 机械优化设计方法. 4 版. 北京：冶金工业出版社.

陈卫东，蔡荫林，于诗源，等. 2017. 工程优化方法. 哈尔滨：哈尔滨工程大学出版社.

程极泰. 1981. 最优设计的数学方法. 北京：国防工业出版社.

杜建镔. 2015. 结构优化及其在振动和声学设计中的应用. 北京：清华大学出版社.

福克斯 R L. 1981. 工程设计的优化方法. 张建中，译. 北京：科学出版社.

江爱川. 1986. 结构优化设计. 北京：清华大学出版社.

梁尚明，殷国富. 2015. 现代优化设计方法. 北京：化学工业出版社.

钱令希. 1983. 工程结构优化设计. 北京：水利电力出版社.

孙虎儿. 2009. 基于神经网络的优化设计及应用. 北京：国防工业出版社.

孙靖民，梁迎春. 1999. 机械优化设计. 5 版. 北京：机械工业出版社.

王安麟，姜涛，刘广军. 2010. 现代设计方法. 武汉：华中科技大学出版社.

王安麟，刘广军，姜涛. 2008. 广义机械优化设计. 武汉：华中科技大学出版社.

王栋. 2018. 结构优化设计：探索与进展. 北京：国防工业出版社.

王启广，叶平. 2005. 现代设计理论. 徐州：中国矿业大学出版社.

王文博. 1990. 机构和机械零部件优化设计. 北京：机械工业出版社.

谢里阳. 2010. 现代机械设计方法. 北京：机械工业出版社.

薛嘉庆. 1983. 最优化原理与方法. 北京：冶金工业出版社.

严大考. 1990. 机械优化设计. 北京：水利电力出版社.

杨挺. 2014. 优化设计. 北京：机械工业出版社.

姚寿文，崔红伟. 2018. 机械结构优化设计. 北京：北京理工大学出版社.

章成器. 1993. 优化设计方法在工程机械中的应用. 上海：同济大学出版社.

张鄂. 1999. 现代设计方法. 西安：西安交通大学出版社.

张鄂. 2008. 机械与工程优化设计. 北京：科学出版社.

张可村，李换琴. 2007. 工程优化方法及其应用. 西安：西安交通大学出版社.

张燕，刘世豪. 2015. 机械优化设计方法及应用. 北京：化学工业出版社.

曾昭华，傅祥志. 1992. 优化设计. 北京：机械工业出版社.

赵松年，佟杰新. 1996. 现代设计方法. 北京：机械工业出版社.

Armarego E J A，Smith A J R，Wang J. 1994. Computer-aided constrained optimization analyses and strategies for multipass helical tooth milling operations. CIRP Annals-Manufacturing Technology，43（1）：437-442.

Imani B M，Elbestawi M A. 1997. Scallop height control in die semi-finishing operations. Proceedings of 29th CIRP International Seminar on Manufacturing Systms，Osaka.

Kirkpatrick S，Gelatt C D，Vecchi M P. 1983. Optimization by simulated annealing. Science，220（4598）：671-680.

Rosenblatt F. 1958. The perceptron：A probabilistic model for information storage and organization in the brain. Psychological Review，65（6）：386-408.

Sonmez A I，Baykasoglu A，Turkay D，et al. 1999. Dynamic optimization of multipass milling operations via geometric programming. International Journal of Machine Tools and Manufacture，39（2）：297-320.

附录 A　MATLAB 编程教程

A.1　MATLAB 界面简介

以 MATLAB 2016a 为例，介绍其基本使用方法。

打开 MATLAB 软件界面，界面布局如图 A.1 所示。

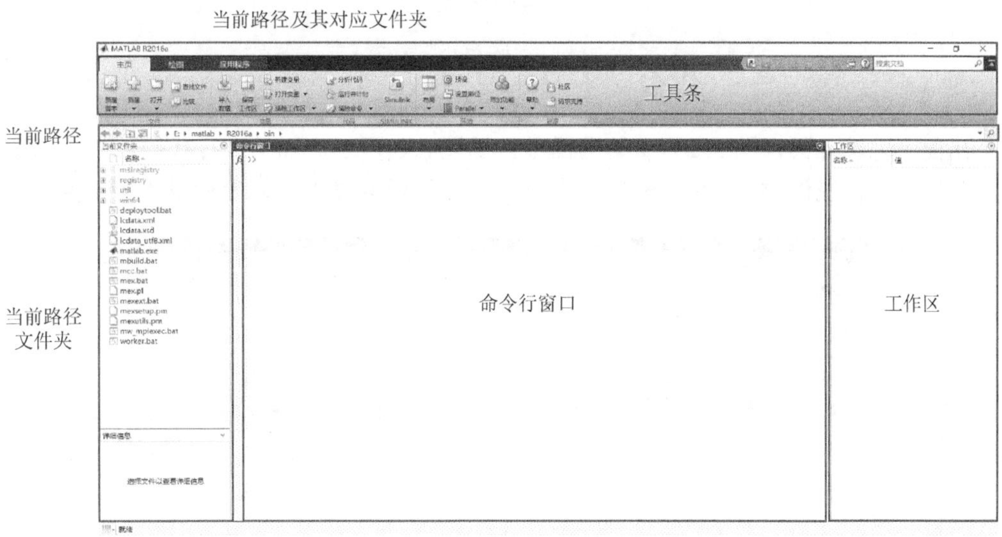

图 A.1　MATLAB 初始界面布局

其中通过单击“当前路径”一栏中的按钮，可以进行路径修改，需要注意的是，在 MATLAB 中编写的代码文件及其涉及读取写出的其他文件都需要添加至当前路径下，用户可以新建一个文件夹，将其改为当前目录以便于管理。

在命令行窗口中，可以输入指令，按回车键后即执行，指令代码涉及的变量会保存其值，并列在右侧的工作区中。介绍两个基本指令：clc（清除命令行的所有历史消息）、clear（清除当前所有变量的值）。在命令行窗口按键盘的上方向键，可以快速检索历史输入消息。

单击工具条中的“新建脚本”按钮，即进入代码编写界面，与初始界面相比，代码编写界面新增了编辑器窗口，且上方工具条自动切换至“编辑器”一栏，如图 A.2 所示。在编辑器中，可输入代码，编写完成后，单击上方工具条中的“保存”按钮进行保存，单击“运行”按钮可运行代码。

图 A.2　程序编辑界面

A.2　MATLAB 程序编写

在程序编辑界面（图 A.2）中编写函数，如图 A.3 所示。如第一行代码所示，函数具有特定的格式，左侧[]内为函数输出，右侧（）内为函数输入，以上变量均为形参。

图 A.3　加法函数

编写程序时，在一行代码前添加%即可将其变为注释行，在编写复杂的程序时，需多添加注释行以提高代码可读性。使用快捷键组合 Ctrl + R 及 Ctrl + T 可以对选中的多行代码进行快速注释/取消注释。

对于函数而言，编写完成后，保存的文件名需与函数名保持一致，函数文件保存后，在同一工作目录下的其他代码文件可以通过函数名（包括括号中的形参）对其进行调用；或当函数保存位置在当前工作路径内时，在命令中输入函数名也可以调用，如图 A.4 所示。

图 A.4　命令行调用结果

在 MATLAB 中编写代码时，若在程序语句后添加分号“；”，变量运算后便不会在命令行输出，反之则会在命令行中输出，读者可以通过运行实际程序体验其中差别。

A.3　MATLAB 程序调用

编写较复杂的程序时，常常会涉及多个子函数的调用。需将所有函数文件均放置在同一个文件夹中，每一个. m 文件对应一个函数，可在命令行（图 A.4）或在程序中（图 A.5）进行调用。

若需要编写一个仅能被本程序文件内部调用，无法被其他函数调用的子函数，则需要将子函数代码与程序文件代码放在同一个文件中，如图 A.6 所示。

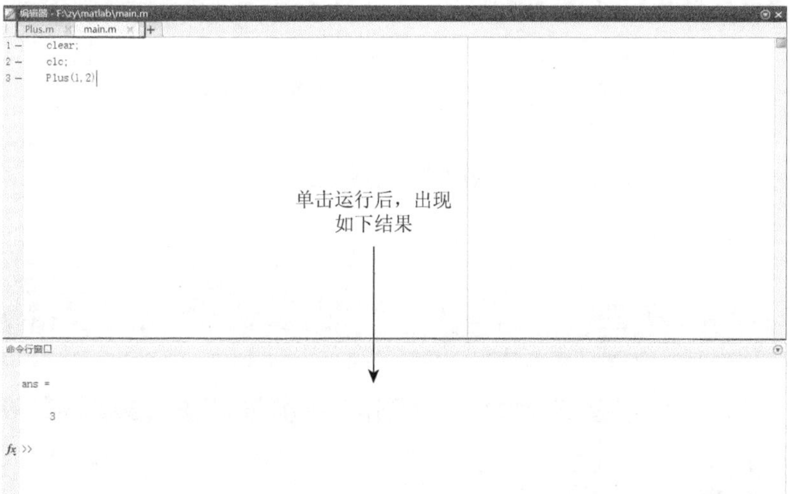

图 A.5　子函数调用结果

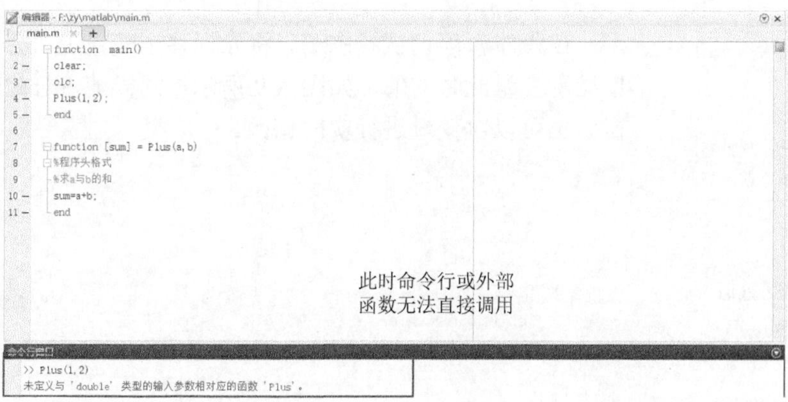

图 A.6　内部子函数

A.4　MATLAB 程序调试

程序开发中运行调试是必不可少的环节，接下来简要介绍程序调试方法。

一个程序成功运行后，涉及的相关变量都会保存在工作区中，此时在工作区中双击某变量，则可以在编辑器界面查看其内部情况。

在编辑器界面，可以看到代码行左侧的–图案，单击即可对对应行添加断点，单击第二次即可取消，如图 A.7 所示。一个断点设置成功后，运行程序，程序会自动执行至第一个断点对应的代码行处，此时该行代码处于未执行状态，可以单击“继续”按钮继续运行，或单击“步进”按钮逐行执行代码，如图 A.8 所示。

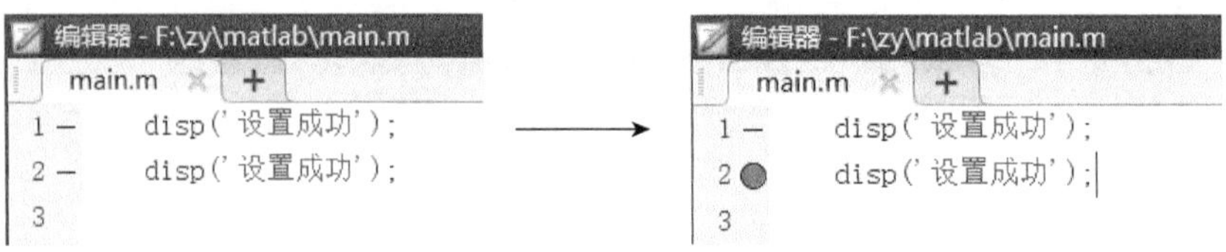

图 A.7　断点设置

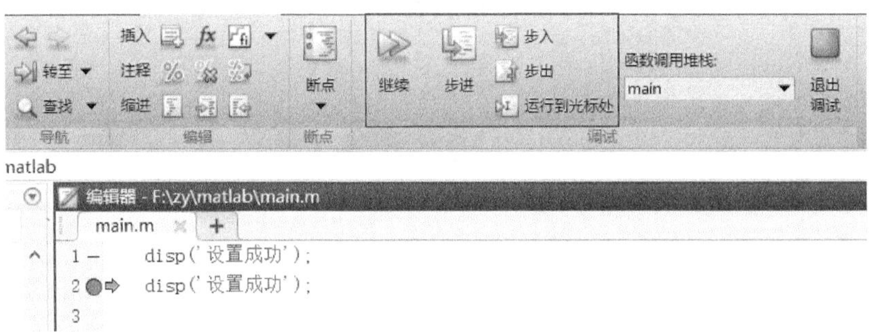

图 A.8　断点暂停

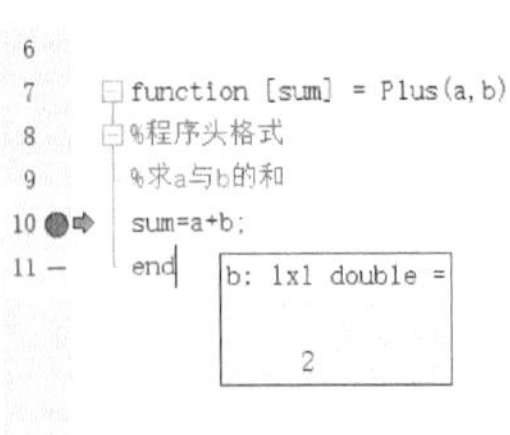

图 A.9　变量值

在程序暂停调试状态下，将光标移至变量上，会出现一个窗口显示变量此时的值，如图 A.9 所示；同样地，若此时在命令行窗口也可以对变量进行实时修改。

附录 B　优化问题的 MATLAB 编程求解

附录 B 针对优化问题，给出了 MATLAB 自带函数或自行编写程序的解决方法。

B.1　线性规划问题

1）问题

$$\min_{AX \leqslant b} f^{\mathrm{T}} X$$

应用 MATLAB 求解步骤：

（1）将一般的线性规划问题转化为标准形式；

（2）在命令行输入 ***f***, ***A***, ***b*** 相应值；

（3）输入 ***X*** = linprog(***f***, ***A***, ***b***)；

（4）按回车键，输出问题优化解。

2）实例

求解下列优化问题：

$$\begin{cases} \min f(X) = -2x_1 - x_2 + 3x_3 - 5x_4 \\ \text{s.t.}\ x_1 + 2x_2 + 4x_3 - x_4 \leqslant 6 \\ \quad\ 2x_1 + 3x_2 - x_3 + x_4 \leqslant 12 \\ \quad\ x_1 + x_3 + x_4 \leqslant 4 \\ \quad\ x_j \geqslant 0, j = 1,2,3,4 \end{cases}$$

命令行输入：

f = [−2, −1, 3, −5];

A = [1, 2, 4, −1; 2, 3, −1, 1; 1, 0, 1, 1; −1, 0, 0, 0; 0, −1, 0, 0; 0, 0, −1, 0; 0, 0, 0, −1];

b = [6, 12, 4, 0, 0, 0, 0];

X = linprog(*f*, *A*, *b*)

B.2　求解优化问题

1）问题

$$\begin{aligned} & f(x) = \mathrm{e}^{x_1} \times (4x_1^2 + 2x_2^2 + 4x_1x_2 + 2x_2 + 1) \\ & \text{s.t.}\ x_1x_2 - x_1 - x_2 + 1.5 \leqslant 0 \\ & \quad\ -x_1x_2 - 10 \leqslant 0 \end{aligned}$$

应用 MATLAB 求解步骤：

（1）定义问题，确定输入和输出。

（2）编写 .m 文件。

（3）运行和验证，需要的话进行调试。

2）MATLAB 程序

```
function f=objfun(x)
% evaluate objective function
f=exp(x(1))*(4*x(1)^2+2*x(2)^2+4*x(1)*x(2)+2*x(2)+1);
end
% 以上为目标函数子程序 1

function [c,ceq]=confun(x)
% Nonlinear inequality constraints
c=[1.5+x(1)*x(2)-x(1)-x(2),-x(1)*x(2)-10];
% No nonlinear equality constraint in this problem
% Must be specified as a null matrix
ceq=[];
end
% 以上为约束函数子程序 2

% 以下为主程序
function labsession1
% call optimization
display('Optimization begins')
x0=[-1,1];%set initial point
options=optimset('LargeScale','off','Algorithm','active-set',
'Display','Iter');
[x,fval]=fmincon('objfun',x0,[],[],[],[],[],[],'confun',options)
display('Optimization ends')
end
```

3）实例操作

按以上代码，保存三个函数文件，分别为 objfun.m、confun.m、labsession1.m。编辑器界面在 labsession1.m 下，单击“运行”按钮，命令行窗口将显示运行结果。